2021全国一级建造师执业资格考试

★名师讲义★

名师讲义及同步强化训练

建筑工程管理与实务

孙文波 / 特邀主编

建造师考试研究院 / 编

U0321851

天津出版传媒集团

天津科学技术出版社

图书在版编目（CIP）数据

建筑工程管理与实务 / 建造师考试研究院编. -- 天
津：天津科学技术出版社，2021.7

全国一级建造师执业资格考试名师讲义及同步强化训练

ISBN 978-7-5576-9482-1

Ⅰ.①建… Ⅱ.①建… Ⅲ.①建筑工程-工程管理-
资格考试-自学参考资料 Ⅳ.①TU71

中国版本图书馆 CIP 数据核字（2021）第 120873 号

建筑工程管理与实务

JIANZHU GONGCHENG GUANLI YU SHIWU

责任编辑：吴　頔

责任印制：兰　毅

出　　版：**天津出版传媒集团**
　　　　　天津科学技术出版社

地　　址：天津市西康路 35 号

邮　　编：300051

电　　话：(022) 23332377（编辑部）

网　　址：www.tjkjcbs.com.cn

发　　行：新华书店经销

印　　刷：三河市中晟雅豪印务有限公司

开本 787×1092　1/16　印张 16.5　字数 410 000

2021 年 7 月第 1 版第 1 次印刷

定价：89.00 元

编者寄语

　　建造师是以专业技术为依托、以工程项目管理为主的懂管理、懂技术、懂经济、懂法规，综合素质较高的专业人才。建造师既要具备一定的理论水平，也要有一定的实践经验和组织管理能力。为了检验建设工程项目总承包及施工管理岗位人员的知识结构及能力是否达到以上要求，国家对建设工程项目总承包及施工管理关键岗位的专业技术人员实行执业资格考试制度。

　　一级建造师执业资格考试属于国家设定的准入性考试。通过全国统一考试，成绩合格，可获得人力资源和社会保障部、住房和城乡建设部共同印发的《中华人民共和国一级建造师执业资格证书》，证书经注册后，可以建造师的名义担任建设工程总承包或施工管理的项目经理，从事其他施工活动的管理，也可从事相关部门规定的其他业务。

　　一级建造师执业资格考试分综合考试和专业考试。综合考试包括《建设工程经济》《建设工程项目管理》《建设工程法规及相关知识》3个科目，这3个科目为各专业考生统考科目。专业考试为《专业工程管理与实务》，该科目分建筑工程、公路工程、铁路工程、水利水电工程、矿业工程、机电工程、市政公用工程、通信与广电工程等共10个专业。考生在报名时根据工作需要和自身条件选择一个专业进行考试。一级建造师考试科目、考试时间、满分、合格分、考试题型见表1。

表1　一级建造师考试科目、时间、满分、合格分、考试题型

考试科目	考试时间/小时	满分/分	合格分/分	考试题型
建设工程经济	2	100	60	单项选择题 多项选择题
建设工程项目管理	3	130	78	
建设工程法规及相关知识	3	130	78	
专业工程管理与实务	4	160	96	单项选择题 多项选择题 实务操作和案例分析题

　　为帮助考生更好地复习备考，建造师考试研究院的名师团队依据一级建造师执业资格考试新版考试大纲，精心选择并剖析常考知识点，深入研究历年真题，倾心打造了这套集准确性、实战性于一体的《全国一级建造师执业资格考试名师讲义及同步强化训练》系列辅导用书。

　　本套辅导用书具有如下主要特点：

　　◇**知识点精讲：图文并茂、要点突出**

　　本套辅导用书依据新版考试大纲以及知识点之间的内在逻辑关系，精心选择并阐述相关知识点。由于长篇幅的文字内容不便于记忆和理解，本套辅导用书在对知识点进行阐释时，采用了大量的图、表，并用波浪线标注了重点内容，便于读者快速抓取关键词句，高效备考。

　　◇**名师点拨：学习提示、巧记速记**

　　本套辅导用书设有"学习提示""考情分析"等版块，并在知识点后用星号表示需要达到的学习程度（★表示学习程度为"理解"；★★表示学习程度为"熟悉"；★★★表示学习程度为"掌握"），旨在通过分析历年考试特点、命题规律来使读者准确把握考试趋势，从而有针

对性地进行复习备考。

备战一级建造师执业资格考试的过程中，有大量的知识点需要记忆。本套辅导用书提供了很多记忆口诀，帮助读者巧记、速记，提高备考效率。

◇**经典习题：实战演练、解析精准**

做题是检验学习效果的必要手段。本套辅导用书在相关知识点后设置了"实战演练"版块，题目内容以历年真题、经典例题为主；在每个篇章的内容结束后，设置了"同步强化训练"版块，题目内容以典型习题为主。每道题目都给出了精准的答案和解析，方便读者查漏补缺。通过大量做题，读者可以巩固知识，提高做题的正确率，从而胸有成竹地参加考试。

◇**增值服务：移动课堂、海量题库**

为方便读者更好地复习备考，建造师考试研究院统计了考生不容易理解的知识点，在这些知识点旁边印有二维码，读者通过微信扫码即可看到老师对该知识点的讲解。此外，还可以下载一级建造师题库APP（包含章节练习、历年真题和模拟试卷三大模块），随时随地进行自测，以提升应试水平。

本书在撰写过程中，得到了潘晓宇老师的大力支持和帮助，在此特表感谢。

本套辅导用书在编写过程中，虽几经斟酌和校阅，但仍难免有不足之处，恳请广大读者和考生予以批评指正。

建造师考试研究院

备考指导

一、学科特点分析

（一）科目框架

《建筑工程管理与实务》是一级建造师考试科目中的专业课程，包括技术、管理、法律法规三大部分。技术部分主要讲述建筑的分类、建筑的主要构造要求、建筑工程材料及建筑工程的分部工程（地基与基础、主体结构、屋面与地下防水工程、装饰装修工程）的施工技术要求；管理部分包括进度管理、质量管理、安全管理、成本管理、合同与招标投标管理及施工现场管理几大方面，是对公共课《建设工程项目管理》与《建设工程法规及相关知识》的高度概括和总结；法律法规部分主要讲述与建筑有关的安全、节能、保修、验收等方面的相关法规以及与建筑工程相关的技术标准，与技术部分的施工技术要求重复较大，但侧重点及考查要求不同。从建造师的角度而言，以上所有内容可以概括为：以技术为基础，以法律法规为依据，从进度、质量、安全、成本、合同与招投标、施工现场等几个角度对建筑工程进行全面管理。从考生学习角度而言，以技术部分为基础，管理部分为核心，法律法规部分为辅助内容对建筑工程相关知识进行学习。

（二）命题趋势

从考试角度而言，实务科目考试形式上分为单选、多选和案例分析三种题型，单选和多选题又称之为客观题，主要考查考生对基本的理论原理、概念和方法的浅显理解与记忆，相对简单，案例分析题又称之为主观题，主要考查考生对理论、概念及方法的深度理解与运用，难度相对较大。考查范围较广，就近几年的真题分析来看，题目的考查角度多变，考查细度逐渐增加，且联系具体施工现场的实践经验考查考生对施工原理以及工程管理的理解与运用，不再局限于对知识点的浅显考查。

（三）应考攻略

鉴于《建筑工程管理与实务》这门专业课程的科目特点及考查难度，建议考生重在夯实基础，把握施工技术部分和案例部分的重要考查方向，对重要考点进行深度理解。通过做题，加强对知识点的灵活运用，对知识的融会贯通。为更好地帮助大家明确近几年考题的考查方向及考查核心，现列出近几年的考题中各篇所占的分值，具体见表1。

表 1 近四年考试真题分值统计表 （单位：分）

篇序	篇名	2020 年			2019 年			2018 年			2017 年		
		单选	多选	案例	单选	多选	案例	单选	多选	案例	单选	多选	案例
第一篇	建筑工程技术	15	6	5	12	18	17	16	18	20	10	16	17
第二篇	建筑工程项目施工管理	4	8	73	3	2	78	2	2	82	3	4	70
第三篇	建筑工程项目施工相关法规与标准	1	6	8	5	0	22	2	0	5	2	2	19

二、题目技巧分析

（一）考题类型分析

1. 单选题

一般考查基础的概念及原理，考生做题时要认真审题，注意题干中的限制条件，识别陷阱，以防出现失误。

2. 多选题

考查难度增加，综合性较强，考试漏选每选对 1 项得 0.5 分、有错项不得分，做多选题要小心谨慎，对于不把握的选项建议放弃。每小题做题时间一般控制在 2 分钟。

3. 案例分析题

（1）题型介绍：

1）概念问答题。直接提问知识点，但提问方式灵活，多考查技术部分工艺流程、质量通病原因分析及处理措施、监控量测及检验项目，管理部分中各类文件构成、管理原则及程序相关知识点，法规中基本规定等内容。这部分内容需要考生在考前集中进行记忆。

2）分析改错题。根据考题背景资料中工程施工过程出现的问题让考生判断对错，多考查施工工艺过程中的技术要求、规范规定的常用数值等要点。要求考生在基础复习过程中加强对细节性考点的记忆与原理梳理。

3）计算分析题。根据考题背景资料进行计算问题的解答，或者通过计算结果进行方法、机械设备及材料的选择。该类问题一般在进度管理、成本管理及机械设备的使用管理中进行考查。

4）图片识别题。第一种形式是根据考题中给出的断面示意图、结构示意图及施工流程图等图片进行结构构件的识别、施工工序的名称补充，考查较为直观；第二种形式是考查图片中的错误信息识别，比如材料、尺寸、单位等信息的错误；第三种形式主要考查管理部分的现场临时工程，根据考题中给出的平面布置图进行缺失区域的补充、区域位置的调整等内容。

（2）答题建议：

案例分析题目综合性比较强，难度大，要求高，考试时间紧迫，需要考生熟练掌握知识内容。如遇超纲部分，开拓思路，有时答案是可以经过"常理推导"结合基本知识进行判断的。

时间安排要合理，建议考生留出检查时间以及 10 分钟左右涂卡时间，确保案例分析题的答案写在要求指定的答题区域，尽量做到卷面整洁有条理。

（二）解题技巧分析

1. 选择题应对技巧

（1）排除法。

i 实战演练

[经典例题·单选] 暗龙骨吊顶施工工序有：①安装主龙骨；②安装副龙骨；③安装水电管线；④安装压条；⑤安装罩面板。下列排序中，正确的是（　　　）。

A. ①②③④⑤　　　　　　　　　　　　B. ③②①④⑤

C. ③①②⑤④　　　　　　　　　　　　D. ①③②④⑤

[技巧运用] 选项 A、B、D 最后一个选项是⑤安装罩面板，而选项 C 最后一个选项是④安装压条，按照常识，无罩面板就无法安装压条，故排除 A、B、D 三个选项，答案为选项 C。施工工艺排序的选择题，考查频次较高，对于熟悉考点，利用排除法可以提高答题效率；对于

生疏考点，排除法可以提高答题正确率。

［答案］C

（2）矛盾分析法。

<hr>

✐实战演练

［经典真题·单选］关于普通混凝土小型空心砌块的说法，正确的是（　　）。

A. 施工时先灌水湿透 　　　　　　　　　B. 生产时的底面朝下正砌

C. 生产时的底面朝上反砌 　　　　　　　D. 出厂龄期 14 天即可砌筑

［技巧运用］上述四个选项，只有 B、C 两个选项是对立矛盾选项，一般是二选一，故 A、D 两个选项就可以排除，答题正确率从 25％提高至 50％。在选项 B、C 中，选项 B 是底面朝下正砌，选项 C 是底面朝上反砌，而施工技术要求的考查核心一般是对技术要求的特殊特点考查，这里"特殊特点"一般有悖于人的正向思维，故选择底面朝上反砌，而不是底面朝下正砌。

［答案］C

<hr>

（3）经验法。

<hr>

✐实战演练

［经典例题·单选］通常情况下，向施工单位提供施工场地内地下管线资料的单位是（　　）。

A. 勘察单位 　　　　　　　　　　　　　B. 建设单位

C. 设计单位 　　　　　　　　　　　　　D. 监理单位

［答案］B

［经典例题·单选］房屋建筑工程在保修期内出现质量缺陷，可向施工单位发出保修通知的是（　　）。

A. 建设单位 　　　　　　　　　　　　　B. 设计单位

C. 监理单位 　　　　　　　　　　　　　D. 政府主管部门

［技巧运用］综上两道题目，都是进行单位选择，建造师考试针对的是施工单位的项目管理人员，而施工单位与建设单位的沟通与联系最大，所以，考点生疏时，一般选择"建设单位"这个选项。

［答案］A

<hr>

2. 案例分析题应对思路

（1）问答题的应对思路。

1）不管怎样的问答题，核心还是知识点本身，所以建议考生在对知识点理解全面的基础上进行记忆。

2）复习时不要只关注内容，而是要将知识点还原成问答题的形式，连同知识点的名称一起记忆，以免记忆内容较多，看到题想不到相对应的知识内容。

3）具体题目分析：

大家先看答案：临边防护、洞口防护、通道口防护、攀登作业、悬空作业、移动式操作平台。

对以上答案中的每一个词语都很熟悉，但具体出自哪个知识点却一时想不起来。

上题答案所对应的题目为［2016年一建真题］，问题为：按照《建筑施工安全检查标准》（JGJ 59—2011），现场高处作业检查的项目还应补充哪些？

技巧总结：不要一味死记硬背内容，要概括内容所包含的知识点名称，一同记忆。

（2）改错题的应对思路。

1）案例改错题，考生遇见的问题往往是在背景资料中无法准确定位与问题相关的信息；不能准确理解背景资料中信息的真正含义；处理信息能力欠佳，无法按照题目要求分析出答案。

2）总体应对思路：细看问题——带着问题筛选有效信息——将筛选出来的信息与主背景资料放在一起细读分析。

3）具体题目分析：

实战演练

［经典例题·案例节选］

背景资料：

某办公楼工程，钢筋混凝土框架结构，地下1层，地上8层，层高4.5m，工程桩采用泥浆护壁钻孔灌注桩，墙体采用普通混凝土小砌块，工程外脚手架采用双排落地扣件式钢管脚手架，位于办公楼顶层的会议室，其框架柱间距为8m×8m。项目部按照绿色施工要求，收集现场施工废水循环利用。

在施工过程中，发生了以下事件：

……

事件二：会议室顶板底模支撑拆除前，试验员从标准养护室取一组试件进行试验，试验强度达到设计强度的90%，项目部据此开始拆模。

问题：

2. 事件二中，项目部的做法是否正确？说明理由。当设计无规定时，通常情况下模板拆除顺序的原则是什么？

［答案］

2. 不正确。

理由：试件应该在同条件养护后测试，框架间距为8m×8m时，强度达到75%后才能拆模。

拆模顺序为：按后支先拆、先支后拆，先拆除非承重部分后拆除承重部分的拆模顺序进行。

［名师点拨］此题目单看事件根本找不出问题的考点，必须结合主背景资料进行分析和作答。

（3）计算题的应对思路。

1）案例计算题公式太多，即便是选择正确的公式，却用不到位，规避不了深层次考查陷阱；有的考生往往不会处理数据，最后得不出题目要求得出的结论。

2）总体应对思路：①理解公式原理；②掌握正确的计算方法。

3）具体题目分析：

[经典例题·案例节选]

背景资料：

某新建办公楼工程，建筑面积 48000m²，地下 2 层，地上 6 层，中庭高度为 9m，钢筋混凝土框架结构。经公开招投标，总承包单位以 31922.13 万元中标，其中暂定金额 1000 万元。

双方根据《建设工程施工合同（示范文本）》（GF—2013—0201）签订了施工总承包合同，合同工期为 2013 年 7 月 1 日起至 2015 年 5 月 30 日止，并约定在项目开工前 7 天内支付工程预付款，预付比例为 15%，从未完施工工程尚需的主要材料的价值相当于工程预付款数额时开始扣回，主要材料所占比重为 65%。

自工程招标开始至工程竣工结算的过程中，发生了下列事件：

……

事件四：总承包单位于合同约定之日正式开工，截至 2013 年 7 月 8 日建设单位仍未支付工程预付款，于是总承包单位向建设单位提出如下索赔：购置钢筋资金占用费 1.88 万元、利润 18.26 万元、税金 0.58 万元，监理工程师签认情况属实。

问题：

4. 事件四中，列式计算工程预付款、工程预付款起扣点（单位：万元，保留两位小数），总承包单位的哪些索赔成立？

[答案]

4.（1）预付款＝（中标价－暂列金额）×15%＝（31922.13－1000）×15%＝4638.32（万元）。

起扣点＝（承包工程价款总额－暂列金额）－（预付备料款/主要材料所占比重）＝（31922.13－1000）－（4638.32/65%）＝23786.25（万元）。

（2）总承包单位索赔成立的有：购置钢筋资金占用费 1.88 万元，利润 18.26 万元。

[名师点拨] 大多数考生只记住了预付款的计算公式，却不能理解公式深层次的概念，公式中合同价不包含暂列金额，因为暂列金额这项费用在施工过程中可发生可不发生，既然不是必然发生的费用，所以在计算预付款时，合同价就要减去暂列金额。

[经典例题·案例节选]

背景资料：

某工程，施工单位提交了室内装饰装修工期进度计划网络图（如图 1 所示），经监理工程师确认后按此图组织施工。

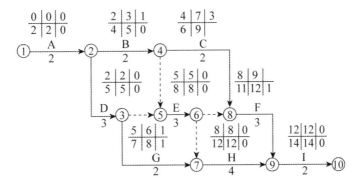

图 1　室内装饰装修工期进度计划网络图（单位：周）

在室内装饰装修工程施工过程中，因设计变更导致工作 C 的持续时间为 36 天，施工单位以设计变更影响施工进度为由，提出 22 天的工期索赔。

问题：

3. 针对室内装饰装修工期进度计划网络图，列式计算工作 C 和工作 F 时间参数，并确定该网络图的计算工期（单位：周）和关键线路（用标号表示）。

4. 施工单位提出的工期索赔是否成立？说明理由。

[答案]

3. 工作 C 自由时差 $= ES_F - EF_C = 8 - 6 = 2$（周）。

工作 F 的总时差 $= LS_F - ES_F = 9 - 8 = 1$（周）。[或者工作 F 的总时差 $= LF_F - EF_F = 12 - 11 = 1$（周）]。

计算工期：14 周。

关键线路：①→②→③→⑤→⑥→⑦→⑨→⑩。

4. 施工单位提出的工期索赔成立，因为设计变更是非承包商原因。但不能索赔 22 天。

工作 C 总时差为 3 周（21 天），则由于设计变更产生的工期索赔应为：22 − 21 = 1（天）。

[名师点拨] 本题的关键是最后数据的处理，注意看清题目中的单位。

目　录

第一篇　建筑工程技术

第二篇　建筑工程项目施工管理

第三篇　建筑工程项目施工相关法规与标准

第一篇

建筑工程技术

第一章

建筑设计与构造

▶学习提示

本章为建筑设计与构造，是建筑结构的设计基础，历年考试中选择题占有一定分值。本章内容与后续章节的学习内容联系较小，多为记忆性内容，但涉及房屋建筑学相关内容，逻辑性较强。学习时应结合房屋建筑学相关知识，重在理解。

▶考情分析

近四年考试真题分值统计表 （单位：分）

节序	节名	2020 年			2019 年			2018 年			2017 年		
		单选	多选	案例	单选	多选	案例	单选	多选	案例	单选	多选	案例
第一节	建筑设计	—	—	—	1	2	—	—	2	—	—	—	—
第二节	建筑构造	—	2	—	—	2	—	1	6	—	1	8	2
合计		—	2	—	1	4	—	1	8	—	1	8	2

第一节 建筑设计

考点 **1** 建筑物分类★★

扫码听课

一、建筑物按用途分类

建筑物按用途分类见表1-1-1。

表1-1-1 建筑按用途分类

类别		场所
民用建筑	居住建筑	宿舍建筑、住宅建筑
	公共建筑	商业建筑、文教建筑、科研建筑、医疗建筑、行政办公建筑等
工业建筑		仓储建筑、生产车间、动力用房、辅助车间等
农业建筑		温室、粮食和饲料加工站、农机修理站、畜禽饲养场等

二、住宅建筑按层数分类

根据《民用建筑设计统一标准》（GB 50352—2019），民用建筑按地上层数或高度（应符合防火规范）分类划分应符合下列规定：

（1）建筑高度不大于27m的住宅建筑、建筑高度不大于24m的公共建筑及建筑高度大于24m的单层公共建筑为低层或多层民用建筑。

（2）建筑高度大于27m的住宅建筑和建筑高度大于24m的非单层公共建筑，且高度不大于100m，为高层民用建筑。

（3）建筑高度大于100m的民用建筑为超高层建筑。

实战演练

[经典例题·单选] 下列选项中，不属于低层或多层民用建筑的是（ ）。

A. 建筑高度不大于27m的非单层住宅建筑

B. 建筑高度等于24m的非单层公共建筑

C. 建筑高度大于24m的单层公共建筑

D. 建筑高度不大于27m的非单层公共建筑

[解析] 建筑高度不大于27m的非单层住宅建筑、建筑高度不大于24m的非单层公共建筑及建筑高度大于24m的单层公共建筑为低层或多层民用建筑。

[答案] D

[经典例题·单选] 某单层火车站候车厅的高度为27m，该建筑属于（ ）。

A. 超高层建筑　　　　　　　　　　　B. 高层建筑

C. 中高层建筑　　　　　　　　　　　D. 单层建筑

[解析] 本题的关键是"单层"火车站候车厅，无论高度是多少米，单层建筑永远为单层。

[答案] D

考点 **2** 《建筑设计防火规范》民用建筑分类★

根据《建筑设计防火规范》，民用建筑分类见表1-1-2。

表1-1-2　民用建筑的分类

名称	高层民用建筑		单、多层民用建筑
	一类	二类	
住宅建筑	建筑高度大于54m的居住建筑（包括设置商业服务网点的居住建筑）	建筑高度大于27m，但不大于54m的住宅建筑（包括设置商业服务网点的住宅建筑）	建筑高度不大于27m住宅建筑（包括设置商业服务网点的住宅建筑）
公共建筑	（1）建筑高度大于50m的公共建筑 （2）建筑高度24m以上部分任一楼层建筑面积大于1000m²的商店、展览、电信、邮政、财贸金融建筑和其他多种功能组合的建筑 （3）医疗建筑、重要公共建筑 （4）省级及以上的广播电视和防灾指挥调度建筑、网局级和省级电力调度建筑 （5）藏书超过100万册的图书馆	除一类高层公共建筑外的其他高层公共建筑	（1）建筑高度大于24m的单层公共建筑 （2）建筑高度不大于24m的其他公共建筑

考点 3　可不计入建筑层数的空间★★

可不计入建筑层数的空间有以下几类：

（1）建筑屋顶上突出的局部设备用房、出屋面的楼梯间等。

（2）室内顶板面高出室外设计地面的高度不大于1.5m的地下或半地下室。

（3）设置在建筑底部且室内高度不大于2.2m自行车库、储藏室、敞开空间。

━━━━━━ 实战演练 ━━━━━━

［2019真题·多选］属于一类高层民用建筑的有（　　）。

A. 建筑高度40m的居住建筑

B. 建筑高度60m的公共建筑

C. 医疗建筑

D. 省级电力调度建筑

E. 藏书80万册的图书馆

［解析］建筑高度大于54m的居住建筑（包括设置商业服务网点的居住建筑）属于一类高层民用建筑，选项A错误；藏书超过100万册的图书馆属于一类高层民用建筑，选项E错误。

［答案］BCD

考点 4　建筑的组成体系★★

建筑由结构体系、围护体系、设备体系组成，具体见表1-1-3。其中结构体系如图1-1-1所示。

表1-1-3　建筑的组成体系

体系	组成部分
结构体系（受力）	梁、柱、基础结构、屋顶、墙

续表

体系	组成部分
围护体系（遮挡）	门、窗、外墙、屋面
设备体系（生活）	供电系统（强电、弱电）、智能系统、供热通风系统、排水系统

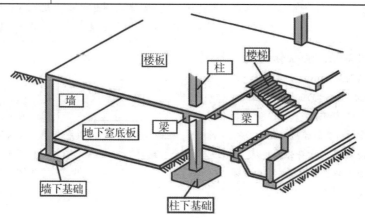

图 1-1-1　建筑结构体系

重点提示

（1）建筑体系组成要理解含义，不要死记。与结构受力相关的是结构体系，建筑最外层起遮挡和隔离作用的是围护体系，与居住人正常生活相关的是设备体系；通俗一点来说，建筑物就相当于一个人，结构体系就相当于人的骨骼，起到受力、支撑的效果，围护体系相当于人的皮肤，起到保护效果；设备体系相当于人的器官，达到各种功能效果。

（2）建筑物的围护体系由屋面、外墙、门、窗等组成，不包括内墙。

（3）本考点属于高频考点，一般考查选择题，重点掌握。

实战演练

［经典例题·多选］下列属于建筑物的围护体系的有（　　）。

A. 屋面 　　　　　　　　　　　　B. 外墙

C. 内墙 　　　　　　　　　　　　D. 外门

E. 外窗

［解析］见表 1-1-3。

［答案］ABDE

第二节　建筑构造

考点 1　楼梯构造要求

一、室内疏散楼梯的最小净宽度

室内疏散楼梯的最小净宽度：医院病房楼 1.30m，居住建筑 1.10m，其他建筑 1.20m。

二、楼梯踏步最小宽度和最大高度

楼梯踏步最小宽度和最大高度见表1-2-1。

表1-2-1　楼梯踏步最小宽度和最大高度

楼梯类别	最大高度/m	最小宽度/m
商场、医院、电影院、大中学校、体育馆、旅馆和剧场等楼梯	0.16	0.28
住宅共用楼梯	0.175	0.26
小学校、幼儿园等楼梯	0.15	0.26
住宅套内楼梯、服务楼梯	0.20	0.22
专用疏散楼梯	0.18	0.25
其他建筑楼梯	0.17	0.26

重点提示

本考点为重要考点，为楼梯的基本构造要求，重点考查楼梯每个部位的数字表达。

实战演练

[2018真题·单选] 住宅建筑室内疏散楼梯的最小净宽度为（　　）。

A. 1.0m　　　　B. 1.1m　　　　C. 1.2m　　　　D. 1.3m

[解析] 居住建筑室内疏散楼梯的最小净宽度为1.1m。

[答案] B

[2013真题·单选] 楼梯踏步最小宽度不应小于0.28m的是（　　）的楼梯。

A. 幼儿园　　　　　　　　　　B. 医院

C. 住宅套内　　　　　　　　　D. 专用疏散

[解析] 医院楼梯踏步最小宽度不应小于0.28m。

[答案] B

考点 2　墙体构造要求★

（1）结构梁板与外墙连接处和圈梁处，设计时应考虑分缝措施。

（2）外墙采取内保温，会产生冷桥现象，装修时应采取相应措施，外墙采取外保温不存在此类问题。墙体外保温和内保温施工现场图如图1-2-1和图1-2-2所示。

图1-2-1　外保温施工现场图

图1-2-2　内保温施工现场图

考点 3 防火门、防火窗和防火卷帘构造的基本要求 ★★

根据《建筑设计防火规范》(GB 50016—2014)的相关规定：

(1) 防火门、防火窗应划分为甲、乙、丙三级，其耐火极限：甲级应为 1.5h；乙级应为 1.0h；丙级应为 0.5h。

(2) 防火门应为向疏散方向开启的平开门，并在关闭后应能从任何一侧手动开启。

(3) 用于疏散的走道、楼梯间和前室的防火门，应具有自行关闭的功能。双扇和多扇防火门，还应具有按顺序关闭的功能。

(4) 常开的防火门，当发生火灾时，应具有自行关闭和信号反馈的功能。

(5) 设在变形缝处附近的防火门，应设在楼层数较多的一侧，且门开启后门扇不应跨越变形缝。

(6) 设在疏散走道上的防火卷帘应在卷帘的两侧设置启闭装置，并应具有自动、手动和机械控制的功能。

实战演练

[2018真题·多选] 下列防火门构造的基本要求中，正确的有 (   )。

A. 甲级防火门耐火极限应为 1.0h

B. 向内开启

C. 关闭后应能从内外两侧手动开启

D. 具有自行关闭功能

E. 开启后，门扇不应跨越变形缝

[解析] 防火门、防火窗应划分为甲、乙、丙三级，其耐火极限：甲级应为 1.5h。防火门应为向疏散方向开启的平开门，并在关闭后应能从其内外两侧手动开启。用于疏散的走道、楼梯间和前室的防火门，应具有自行关闭的功能。设在变形缝处附近的防火门，应设在楼层数较多的一侧，且门开启后门扇不应跨越变形缝。

[答案] CDE

名师总结

本章为建筑设计与构造，是建筑结构的设计基础。本章内容历年考试只考查选择题，建筑物在高度上的分类是重点内容。

同步强化训练

一、单项选择题 (每题的备选项中，只有 1 个最符合题意)

1. 下列建筑物中，属于民用建筑的是 (   )。

    A. 科研建筑

    B. 仓储建筑

    C. 畜禽饲养场

    D. 生产车间

2. 在建筑物的组成体系中，承受竖向和侧向荷载的是 (   )。

    A. 结构体系   B. 设备体系

    C. 围护体系   D. 支撑体系

二、多项选择题（每题的备选项中，有2个或2个以上符合题意，至少有1个错项）

1. 在建筑物的组成体系中，能够保证使用人群的安全性和私密性的是（　　　），包括（　　　）等。

   A. 结构体系，排水系统、供电系统

   B. 结构体系，墙、柱、梁

   C. 围护体系，屋面、外墙

   D. 围护体系，门、窗

   E. 支撑体系，基础结构

2. 某医院病房楼，当设计无要求时，室内疏散楼梯净宽度可能有（　　　）。

   A. 1.0m   B. 1.1m

   C. 1.2m   D. 1.3m

   E. 1.4m

参考答案及解析

一、单项选择题

1. ［答案］A

［解析］民用建筑包括居住建筑和公共建筑，居住建筑包括住宅建筑和宿舍建筑，公共建筑包括行政办公建筑、文教建筑、科研建筑、医疗建筑、商业建筑等。仓储建筑、生产车间属于工业建筑；畜禽饲养场属于农业建筑。

2. ［答案］A

［解析］建筑由结构体系、围护体系、设备体系组成。其中，结构体系是受力体系，承受竖向和侧向荷载。

二、多项选择题

1. ［答案］CD

［解析］围护体系起遮挡作用，包括屋面、外墙、门、窗等。

2. ［答案］DE

［解析］医院病房楼疏散楼梯的最小净宽度为1.30m。

第二章
结构设计与构造

▶学习提示

　　本章为结构设计与构造，是建筑结构的受力基础，历年考试中选择题分值占比较大。本章内容多为记忆性内容，但涉及结构受力相关内容，逻辑性强。学好本章，后面内容的学习会事半功倍，学习时应结合建筑力学相关知识学习，重在理解，切不可死记硬背。

▶考情分析

近四年考试真题分值统计表　　　　　　　　　（单位：分）

节序	节名	2020 年			2019 年			2018 年			2017 年		
		单选	多选	案例	单选	多选	案例	单选	多选	案例	单选	多选	案例
第一节	结构可靠性要求	—	—	—	—	—	—	1	—	—	1	2	—
第二节	结构设计	2	—	—	—	2	—	1	2	—	—	—	—
第三节	结构构造	—	—	—	1	2	—	—	—	—	—	—	—
合计		2	—	—	1	4	—	2	2	—	1	2	—

第一节　结构可靠性要求

考点 1　结构功能要求 ★★★

建筑结构的功能要求有安全性、适用性和耐久性三点，其具体内容见表 2-1-1。

表 2-1-1　建筑结构的功能要求

功能类型	含义	实例
安全性	在偶然事件发生后可以保持必要的整体稳定性，在正常施工使用过程中不会发生破坏	住宅、写字楼、厂房等民用结构在平时受设备、自重、风、雨等荷载作用时坚固不坏 在遇到高烈度地震等偶然事件时，局部容许有损伤，但结构的整体稳定依然保持，不会发生倒塌
适用性	在正常使用时可以具有良好的工作性能	厂房的受力梁变形过大导致设备无法正常运行，蓄水结构出现裂缝不能蓄水
耐久性	在正常维护的条件下，在预计的使用年限内，能够满足各项功能要求	因材料的老化等影响结构的使用寿命

注：以上内容，要从受力和变形两个角度进行理解记忆，安全性涉及受力，适用性涉及变形，耐久性是时间上的安全性和适用性。

考点 2　极限状态分类 ★

一、极限状态含义

极限状态是结构可靠（有效）或不可靠（失效）的界限。表示如下：

S：外界对构件的影响；R：构件抵抗影响的能力。

（1）$S>R$，不可靠状态，构件破坏。

（2）$S<R$，可靠状态，R 越大越不经济。

（3）$S=R$，极限状态。

二、极限状态分类

极限状态分类见表 2-1-2。

表 2-1-2　极限状态分类

极限状态	含义	实例
承载能力极限状态	结构或构件达到最大承载能力（强度）或不适于继续承载的变形（稳定性）	结构的某一部分受力超过其承载能力导致破坏；结构整体或一部分失去平衡
正常使用极限状态	结构或构件达到正常使用或耐久性的某项规定的限值（刚度）	正常使用条件下，构件出现变形过大或裂缝过宽等情况

重点提示

（1）此部分重点为结构的功能要求及极限状态要求，两大部分内容结合起来理解记忆。

（2）重要知识点可以用图 2-1-1 中的逻辑关系进行梳理。

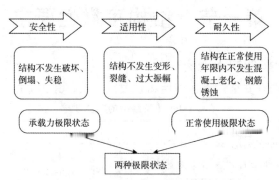

图 2-1-1 极限状态各知识点逻辑关系

（3）此部分考点为高频考点，一般以选择题形式考查，特别是对安全性、适用性及耐久性具体实例的考查，如果理解不了，建议大家记住一点，凡是出现了"破坏""倒塌""失稳"的字眼，就和安全性有关；凡是出现"变形""裂缝""振幅"的字眼，就和适用性有关；凡是出现了"老化""锈蚀"的字眼，就和耐久性有关。

实战演练

[2015 真题·单选] 某厂房在经历强烈地震后，其结构仍能保持必要的整体性而不发生倒塌，此项功能属于结构的（　　）。

A. 安全性

B. 适用性

C. 耐久性

D. 稳定性

[解析] 必会基础题。考查对结构安全性要求的理解。结构的安全性是指正常施工和使用时不发生破坏，偶然事件后保持必要的整体稳定性不发生倒塌（题干的事件描述中出现了关键词"倒塌"，为结构安全性的范畴）。

[答案] A

[2017 真题·多选] 建筑结构可靠性包括（　　）。

A. 安全性
B. 经济性
C. 适应性
D. 耐久性
E. 合理性

[解析] 必会基础题。考查建筑结构工程的可靠性。建筑结构工程的可靠性包括安全性、适用性、耐久性。

[答案] AD

[经典例题·多选] 下列与承载能力极限状态对应的要素指标不包括（　　）。

A. 失去平衡

B. 过早的裂缝

C. 强度破坏

D. 过大振幅

E. 疲劳破坏

[解析] 易错题。此题考查承载力极限状态的对应要素指标即达到极限状态时的现象特征，

承载力极限状态从受力角度来说，包括强度、稳定性破坏及反复荷载下的疲劳破坏这些现象特征，但本题是一道反选题，如不认真审题，容易出错。

［名师点拨］承载力极限状态的内涵是结构受力，反映的是构件的强度和稳定性；正常使用极限状态的内涵是结构变形，反映的是构件的刚度。在进行理解记忆时，可以和结构的安全性、适用性及耐久性功能结合起来理解。

［答案］BD

考点　3　结构受力变形★

（1）构件抵抗变形的能力，是构件的变形性能，其变形示意图如图 2-1-2 所示。

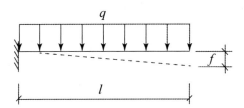

图 2-1-2　构件变形性能示意图

（2）悬臂梁端部位移计算公式：

$$f = \frac{ql^4}{8EI}$$

【注意】外荷载与长度越大，结构受力越不利；材料与截面越好，结构受力越有利。

（3）位移影响因素如图 2-1-3 所示。

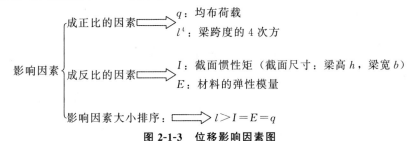

图 2-1-3　位移影响因素图

（4）大部分混凝土构件都是带裂缝工作的，裂缝控制分为三个等级：①构件受力过程中，无拉应力；②构件受力过程中，有拉应力，但未导致混凝土开裂；③构件出现裂缝但宽度符合要求。对前两个等级的混凝土构件，一般只有预应力构件才能达到。

重点提示

（1）知识拓展：一般的混凝土构件都是带裂缝工作的，出现裂缝时，证明混凝土在荷载作用下内部已经产生了拉应力，而且超过了混凝土的抗拉强度。如果不想有裂缝的产生，甚至是内部不出现拉应力，就要在构件的两端加上预加的压力来抵消构件因抵抗荷载内部产生的拉应力，这样就不会就拉应力及裂缝的产生，故前两个等级只有预应力构件可以达到，第三个等级一般构件可以达到。

（2）此考点一般以选择题形式考查，对于裂缝等级控制有可能出案例问答题，希望大家可以在理解的基础上重点把握。

（3）梁的位移属于构件适用性要求的定量要求的表达，除把握公式外，必须明确影响梁位移的因素有哪些，这样才能在具体的工作实践中对梁的过大变形加以控制。

实战演练

[经典例题·单选] 下列关于悬臂梁端部最大位移的说法，正确的是（　　）。

A. 与截面的惯性矩成正比

B. 与材料的弹性模量成正比

C. 与荷载成反比

D. 与跨度成正比

[解析] 必会基础题。根据梁的最大位移计算公式 $f = \dfrac{ql^4}{8EI}$ 得出，梁的最大位移与梁的弹性模量成反比，与梁的荷载成正比，与梁的惯性矩成反比，与跨度成正比。

[答案] D

[经典例题·单选] 下列选项中，对梁的变形影响最大的因素是（　　）。

A. 构件材料强度　　　　　　　　　　　B. 截面惯性矩

C. 构件的跨度　　　　　　　　　　　　D. 构件抗剪性能

[解析] 必会基础题。通过梁的位移公式 $f = \dfrac{ql^4}{8EI}$ 考查梁变形或最大位移的最大影响因素，梁变形的最大位移因素为梁构件的跨度。

[答案] C

考点 4　设计使用年限分类★

设计使用年限是设计规定的结构或结构构件不需进行大修即可按其预定目的使用的时期，其年限分类见表 2-1-3。

表 2-1-3　设计使用年限分类

类别	设计使用年限/年	示例
1	100	特别重要的建筑结构、纪念性建筑
2	50	普通构筑物和房屋
3	25	易于替换的结构构件
4	5	临时性结构

重点提示

知识拓展：这里的设计使用年限是不需大修的情况下，结构可以完成预定功能的一个时期。还要注意一点，设计使用年限的第二个类别与其他几个类别稍微不同，第二个类别是"结构构件"，而其他三个类别是"结构"。

考点 5　混凝土结构耐久性的环境类别★★

根据《混凝土结构耐久性设计标准》（GB/T 50476—2019），混凝土结构耐久性的环境类别有五类，具体见表 2-1-4。

表 2-1-4　混凝土结构耐久性的环境类别

环境类别	名称	劣化机理
I	一般环境	正常大气作用引起钢筋锈蚀

续表

环境类别	名称	劣化机理
Ⅱ	冻融环境	反复冻融导致混凝土损伤
Ⅲ	海洋氯化物环境	氯盐侵入引起钢筋锈蚀
Ⅳ	除冰盐等其他氯化物环境	氯盐侵入引起钢筋锈蚀
Ⅴ	化学腐蚀环境	硫酸盐等化学物质对混凝土的腐蚀

注：规范参照《混凝土结构耐久性设计标准》（GB/T 50476—2019），而不是《混凝土结构设计规范》（GB/T 50010—2010）。

━━━ ✐实战演练 ━━━

[2017真题·单选] 海洋环境下，引起混凝土内钢筋锈蚀的主要因素是（　　）。

A. 混凝土硬化　　　　B. 反复冻融　　　　C. 氯盐　　　　D. 硫酸盐

[解析] 海洋氯化物环境中氯盐引起钢筋锈蚀。

[答案] C

考点 6　混凝土最低强度等级★★

（1）根据《混凝土结构耐久性设计标准》（GB/T50476—2019），混凝土最低强度等级见表2-1-5。

表 2-1-5　满足耐久性要求的混凝土最低强度等级

环境类别与作用等级	设计使用年限		
	100 年	50 年	30 年
Ⅰ-A	C30	C25	C25
Ⅰ-B	C35	C30	C25
Ⅰ-C	C40	C35	C30
Ⅱ-C	C_a35、C45	C_a30、C45	C_a30、C40
Ⅱ-D	C_a40	C_a35	C_a35
Ⅱ-E	C_a45	C_a40	C_a40
Ⅲ-C、Ⅳ-C、Ⅴ-C、Ⅲ-D、Ⅳ-D	C45	C40	C40
Ⅴ-D、Ⅲ-E、Ⅳ-E	C50	C45	C45
Ⅴ-E、Ⅲ-F	C50	C50	C50

（2）大截面混凝土墩柱在加大混凝土保护层厚度的前提下，其混凝土强度可低于表中规定的要求，但降低幅度不应超过两个强度等级，且设计使用年限为100年和50年的构件，其强度等级不应低于C25和C20。

（3）直接接触土体浇筑的构件，其混凝土保护层厚度不应小于70mm。

（4）预应力混凝土构件的最低强度等级不应低于C40。

━━━ ✐实战演练 ━━━

[2014真题·单选] 预应力混凝土构件的混凝土最低强度等级不应低于（　　）。

A. C30　　　　B. C35　　　　C. C40　　　　D. C45

[解析] 必会基础题。预应力混凝土构件的最低强度等级不应低于C40。

[名师点拨] 数字记忆以 C25 为中心，同一环境类别下，设计使用年限增大，强度增大 5MPa，但最低强度等级不应低于 C25；同一设计使用年限下，环境类别与作用等级每增加一个等级，混凝土强度增大 5MPa。

[答案] C

[2013真题·单选] 设计使用年限 50 年的普通住宅工程，其结构混凝土的强度等级不应低于（　　）。

A. C20

B. C25

C. C30

D. C35

[解析] 必会基础题。一般环境下，设计使用年限为 50 年的普通住宅工程的最低混凝土强度等级为 C25。

[答案] B

考点 7　混凝土最小保护层厚度★★

根据《混凝土结构耐久性设计标准》（GB/T 50476—2019），混凝土最小保护层厚度见表2-1-6。

表 2-1-6　一般环境中混凝土材料与钢筋最小保护层厚度

设计使用年限 环境作用等级		100 年			50 年			30 年		
		混凝土强度等级	最大水胶比	最小保护层厚度/mm	混凝土强度等级	最大水胶比	最小保护层厚度/mm	混凝土强度等级	最大水胶比	最小保护层厚度/mm
板、墙等面形构件	Ⅰ-A	≥C30	0.55	20	≥C25	0.60	20	≥C25	0.60	20
	Ⅰ-B	C35	0.50	30	C30	0.55	25	C25	0.60	25
		≥C40	0.45	25	≥C35	0.50	20	≥C30	0.55	20
	Ⅰ-C	C40	0.45	40	C35	0.50	35	C30	0.55	30
		C45	0.40	35	C40	0.45	30	C35	0.50	25
		≥C50	0.36	30	≥C45	0.40	25	≥C40	0.45	20
梁、柱等条形构件	Ⅰ-A	C30	0.55	25	C25	0.60	25	≥C25	0.60	20
		≥C35	0.50	20	≥C30	0.55	20			
	Ⅰ-B	C35	0.50	35	C30	0.55	30	C25	0.60	30
		≥C40	0.45	30	≥C35	0.50	25	≥C30	0.55	25
	Ⅰ-C	C40	0.45	45	C35	0.50	40	C30	0.55	35
		C45	0.40	40	C40	0.45	35	C35	0.50	30
		≥C50	0.36	35	≥C45	0.40	30	≥C40	0.45	25

第二节　结构设计

考点 1　常见建筑结构体系和应用★★

建筑结构体系及其特点是学习建筑实务的基础，也是了解各结构体系的关键，具体内容见表 2-2-1。

表 2-2-1　建筑结构体系分类与特点

结构类型		适用性
支撑体系	混合结构体系	最适合住宅，不宜建造大空间房屋（6 层以下）
	框架结构体系	适用于 15 层以下的建筑平面，布置灵活
	剪力墙体系	适合小开间的住宅和旅馆，不适合大空间公共建筑（180m 高度范围内）
	框架-剪力墙结构	适用于不超过 170m 高的建筑
	筒体结构	适用于不超过 300m 的建筑
屋架体系	桁架结构体系	（1）只在节点受力 （2）上弦杆受压，下弦杆受拉的平面结构
	网架结构	（1）只在节点受力 （2）只在节点受力，所有杆件只受轴力作用的空间受力体系
	拱式结构	（1）主要承受压力 （2）平面受力 （3）在竖向力作用下会产生水平反力
	悬索结构	悬索承受拉力，跨中垂直度越小拉力越大
	薄壁空间结构	四向受压的空间受力结构

一、剪力墙体系

剪力墙体系为利用剪力墙（能承受水平力）来承重的刚性体系，其实例如图 2-2-1 所示。适用范围为小开间的住宅和旅馆，不适合大空间公共建筑，在高度 180m 范围之内的建筑都适用。其优缺点见表 2-2-2。

图 2-2-1　剪力墙实例图

表 2-2-2　剪力墙体系的优缺点

优点	结构受到水平荷载时横向位移，侧向刚度大
缺点	自重较大，平面布置不灵活，大空间的平面建筑使用受限

二、框架结构体系

框架结构是利用梁、柱组成的框架类型的受力体系。其适用范围为 15 层以下的建筑。框架结构体系样例如图 2-2-2 所示，其优缺点见表 2-2-3。

图 2-2-2　框架结构体系样例图

表 2-2-3　框架结构体系的优缺点

优点	可形成较大建筑空间，建筑平面布置灵活
缺点	层数过多时会产生过大侧移导致装修结构破坏，且侧向刚度小

三、框架-剪力墙结构

（1）概念：在框架结构中设置适当剪力墙的半刚性结构。其实例如图 2-2-3 所示。

（2）特点：拥有平面布置灵活和侧向刚度大两个优点。其受力如图 2-2-4 所示。

（3）受力性能：竖向荷载主要由框架承担；横向荷载主要由剪力墙承担（80％以上）。

（4）适用范围：适用于不超过 170m 的建筑。

图 2-2-3　框架-剪力墙实例图

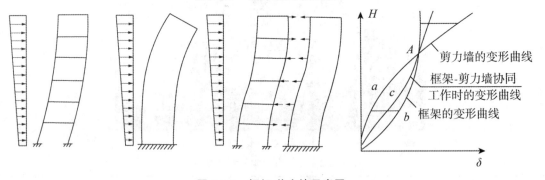

图 2-2-4　框架-剪力墙示意图

四、筒体结构

（1）概念：以封闭筒式悬臂梁来抵抗水平荷载的结构体系。

（2）适用范围：不超过 300m 的建筑。

筒体结构在水平力作用下的计算简图如图 2-2-5 所示；筒体结构形式如图 2-2-6 所示。

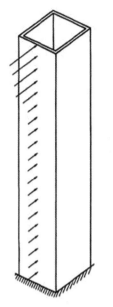

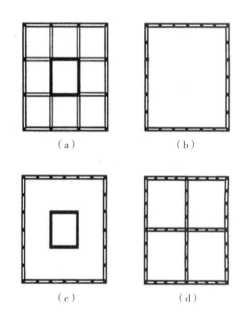

图 2-2-5　筒体在水平力作用下的计算简图

图 2-2-6　筒式体系的结构形式示意图

（a）内筒体系；（b）框筒体系；

（c）筒中筒体系；（d）成束筒体系

五、混合结构体系

混合结构体系是砌体与混凝土的混合结构。其适用范围为住宅，不宜建造大空间房屋。其承重方式见表 2-2-4。

表 2-2-4　混合结构体系承重方式

承重方式	横墙承重	整体性好、横向刚度大、使用灵活性差
	纵墙承重	使用灵活、房屋开间大

构造柱施工顺序为绑扎钢筋→墙体砌筑→支模板→浇筑混凝土。混合结构体系实例如图 2-2-7所示。

图 2-2-7　混合结构体系实例图

六、拱式结构

受力特点：①平面受力；②在竖向力作用下会产生水平反力；③主要承受压力。其实例如图 2-2-8 所示。

图 2-2-8　拱式结构实例图

七、薄壁空间结构

（1）受力特点：四向受压的空间受力状态（与拱类似）。其实例如图 2-2-9 所示。

（2）适用范围：适用于大跨度的屋盖结构如展览馆、俱乐部、飞机库等。

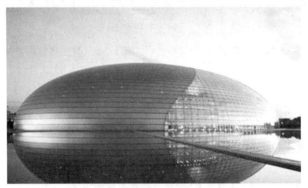

图 2-2-9　薄壁空间结构实例图

重点提示

（1）该考点内容为专业基础知识，是对建筑结构体系的初步认识。

（2）在所有的结构体系应用中，各种结构体系的抗震性能从小到大依次为混合结构体系、框架结构体系、框架-剪力墙结构体系、剪力墙结构体系、筒体结构体系。

（3）在所有的屋架体系中，结合图片重点理解并掌握每种屋架体系的受力特点。

八、桁架结构体系

受力特点：只在节点受力，所有杆件只受轴力作用。桁架结构如图 2-2-10 所示。

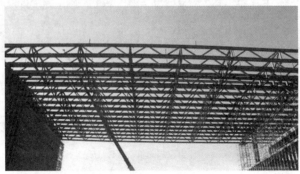

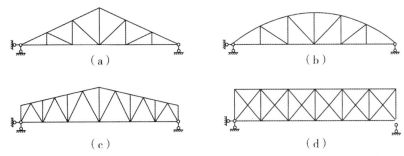

（a）　　　　　　　　　　（b）

（c）　　　　　　　　　　（d）

图 2-2-10　桁架结构示意图

九、网架结构

受力特点：与桁架相同，但属于高次超静定的空间结构（比桁架结构安全性高）。其实例如图 2-2-11 所示。

图 2-2-11　网架结构实例图

十、悬索结构

（1）受力特点：悬索承受拉力，跨中垂直度越小拉力越大。其结构如图 2-2-12 所示。

（2）适用范围：适用于大跨度的体育馆、展览馆。

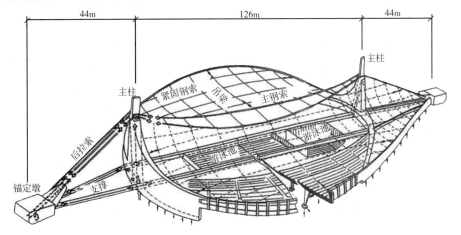

图 2-2-12　悬索结构示意图

实战演练

[2016真题·单选] 下列建筑结构体系中，侧向刚度最大的是（　　）。

A. 桁架结构体系

B. 筒体结构体系

C. 框架-剪力墙结构体系

D. 混合结构体系

[解析] 筒体结构是抵抗水平荷载最有效的结构体系。

[答案] B

[2012真题·单选] 结构的内筒，一般由（　　）组成。

A. 电梯间和设备间

B. 楼梯间和卫生间

C. 设备间和卫生间

D. 电梯间和楼梯间

[解析] 筒体结构可分为框架-核心筒结构、筒中筒和多筒结构等，筒中筒结构的内筒一般由电梯间、楼梯间组成。内筒与外筒由楼盖连接成整体，共同抵抗水平荷载及竖向荷载。

[答案] D

[2012真题·单选] 楼盖和屋盖采用钢筋混凝土结构，而墙和柱采用砌体结构建造的房屋属于（　　）体系建筑。

A. 混合结构

B. 框架结构

C. 剪力墙

D. 桁架结构

[解析] 混合结构房屋一般是指楼盖和屋盖采用钢筋混凝土或钢木结构，而墙和柱采用砌体结构建造的房屋，大多用在住宅、办公楼、教学楼建筑中。因为砌体的抗压强度高而抗拉强度很低，所以住宅建筑最适合采用混合结构，一般在6层以下。

[答案] A

[2018真题·多选] 关于剪力墙优点的说法，正确的有（　　）。

A. 结构自重大

B. 水平荷载作用下侧移小

C. 侧向刚度大

D. 间距小

E. 平面布置灵活

[解析] 剪力墙结构的优点是侧向刚度大，水平荷载作用下侧移小；缺点是剪力墙的间距小，结构平面布置不灵活，不适用于大空间的公共建筑，另外结构自重也较大。

[答案] BC

考点 2 · 荷载的分类★★

引起结构失去平衡或破坏的外部作用主要有：直接施加在结构上的各种力，习惯上亦称为荷载，例如结构自重（恒载）、活荷载、积灰荷载、雪荷载、风荷载等；另一类是间接作用，指在结构上引起外加变形和约束变形的其他作用，例如混凝土收缩、温度变化、焊接变形、地基沉降等。荷载有不同的分类方法，具体见表2-2-5。

表 2-2-5　荷载的分类

分类依据	类别	举例
按时间的变异分类	永久作用	土压力、预应力、结构自重
	可变作用	雪荷载、风荷载、楼面活荷载
	偶然作用	地震、台风、爆炸力

续表

分类依据	类别	举例
按结构的反映分类	静态作用	土压力、预加应力
	动态作用	爆炸力、撞击力
按荷载作用面大小分类	均布面荷载	地板砖、地面找平层等
	线荷载	填充墙、外包阳台隔墙等
	集中荷载	吊扇、洗衣机等
按荷载作用方向分类	垂直荷载	楼面活荷载、结构自重
	水平荷载	风荷载、水平地震作用

重点提示

首先理解荷载的分类标准及每一个标准的具体分类，从定义理解，不可死记硬背。理解荷载的概念后，具体实例即可掌握。

实战演练

［经典例题·单选］某框架结构梁上砌筑陶粒砌体隔墙，该结构所受荷载是（　　　）。

A. 均布面荷载　　　　　　　　　　B. 点荷载

C. 集中荷载　　　　　　　　　　　D. 线荷载

［解析］建筑物原有的楼面或层面上的各种面荷载传到梁上或条形基础上时，可简化为单位长度上的分布荷载。

［答案］D

［2019真题·多选］下列属于偶然作用（荷载）的有（　　　）。

A. 雪荷载　　　　　　　　　　　　B. 风荷载

C. 火灾　　　　　　　　　　　　　D. 地震

E. 吊车荷载

［解析］偶然作用是指在结构设计使用年限内不一定出现，也可能不出现，而一旦出现其量值很大，且持续时间很短的荷载。例如爆炸力、撞击力、火灾、地震等。

［答案］CD

考点 3　偶然荷载对结构的影响★

（1）地震力是惯性力，与建筑质量的大小成正比；抗震建筑的材料最好选用轻质高强的材料。

（2）在非地震区，风荷载是建筑结构的主要水平力。

（3）平面为圆形的建筑其风压较方形或矩形建筑减小近40%，不仅风压小，而且各向的刚度比较接近，有利于抵抗水平力的作用。

第三节　结构构造

考点 1　受力计算相关内容★

（1）建筑钢筋分类及特性见表2-3-1。

表 2-3-1　建筑钢筋分类及特性

分类	特性
有明显流幅	塑性好，延伸率大，含碳量少
无明显流幅	延伸率小，没有屈服台阶，强度高，塑性差，脆性破坏，含碳量多

对于有明显流幅的钢筋，其性能的基本指标有屈服强度、延伸率、强屈比和冷弯性能四项。

┌─ 重点提示 ─────────────────────────────────┐

知识拓展：钢筋与混凝土的黏结可以提高钢筋与混凝土各自的工作性能，故一般在重要的受力构件中使用带肋钢筋来提高混凝土与钢筋的黏结强度。

└──┘

（2）结构功能：建筑结构必须满足安全性、适用性和耐久性的要求。

（3）结构在规定的时间内，在规定的条件下，完成预定功能要求的能力，称为结构的可靠性，可靠度是可靠性的定量指标。

（4）为了满足可靠度的要求，在实际设计中采取如下措施：

1）采用重要性系数对安全等级不同的建筑结构进行调整。

2）使用材料分项系数调整，将材料的标准值除以一个大于 1 的系数。

3）使用荷载分项系数调整，对荷载标准值乘以一个大于 1 的系数。

考点 2　混凝土结构受力原理★★★

一、混凝土构件特点

（一）混凝土结构的缺点

（1）施工复杂。

（2）工期较长。

（3）自重大。

（4）抗裂性较差。

（二）混凝土结构的优点

（1）易于就地取材。

（2）可模性好，适用面广。

（3）耐久性和耐火性较好，维护费用低。

（4）强度较高，钢筋和混凝土两种材料的强度都能充分利用。

（5）防振性和防辐射性能较好，适用于防护结构。

（6）现浇混凝土结构的整体性好，延性好，适用于抗震抗爆结构。

┌─ 重点提示 ─────────────────────────────────┐

知识拓展：钢筋混凝土结构的特点是高频考点，大家可以把混凝土理解为，一个大石头打碎之后，形成的大石子就是混凝土里面的粗骨料，经过打磨形成的砂子就是混凝土里面的细骨料，再加入水泥，将石子和砂子黏结在一起就形成了混凝土，支好模板将混凝土浇筑在构件的钢筋上就形成了钢筋混凝土结构。这样一理解，完全记住了此结构的特点且不易忘记。

└──┘

二、梁、板受力特点

（1）单向板两边支承单向受弯，双向板为四边支承双向受弯；长边与短边长度之比大于等于 3 时，可按沿短边方向受力的单向板计算。

（2）主梁按弹性理论计算，次梁和板可考虑按塑性变形内力重分布的方法计算。

（3）连续梁、板的受力特点：跨中有正弯矩，支座有负弯矩。因此，跨中按最大正弯矩计算正筋，支座按最大负弯矩计算负筋。

（4）板的厚度与计算跨度有关，屋面板一般不小于 60mm，楼板一般不小于 80mm，板的支承长度不能小于规范规定的长度，板的保护层厚度一般为 15～30mm。

重点提示

（1）学习时与钢筋混凝土构件受力原理相结合，钢筋混凝土梁纵筋保证受弯性能，箍筋保证受剪性能，在理解的基础上记忆。

（2）钢筋混凝土板，注意区分单向板和双向板的受力区别，记忆钢筋混凝土板的配筋构造要求中的数字要求。

实战演练

[2013真题·单选] 均布荷载作用下，连续梁弯矩的分布特点是（　　）。

A. 跨中正弯矩，支座负弯矩
B. 跨中正弯矩，支座零弯矩
C. 跨中负弯矩，支座正弯矩
D. 跨中负弯矩，支座零弯矩

[解析] 连续梁、板的受力特点是跨中有正弯矩，支座有负弯矩。因此，跨中按最大正弯矩计算正筋，支座按最大负弯矩计算负筋。

[答案] A

考点 3　砌体结构优缺点★★

（1）优点：砌体材料抗压性能好，保温、耐火、耐久性能好；材料经济，就地取材；施工简便，管理、维护方便。

（2）缺点：砌体的抗压强度相对于块材的强度来说还很低，抗弯、抗拉强度则更低；黏土砖所需土源要占用大片良田，更要耗费大量的能源；自重大，施工劳动强度高，运输损耗大。

实战演练

[2017真题·多选] 砌体结构的特点有（　　）。

A. 抗压性能好
B. 材料经济、就地取材
C. 抗拉强度高
D. 抗弯性能好
E. 施工简便

[解析] 砌体结构有以下优点：砌体材料抗压性能好，保温、耐火、耐久性能好；材料经济，就地取材；施工简便，管理、维护方便。砌体结构的应用范围广，它可用作住宅、办公楼、学校、旅馆、跨度小于 15m 的中小型厂房的墙体、柱和基础。砌体的缺点：砌体的抗压强度相对于块材的强度来说还很低，抗弯、抗拉强度则更低；黏土砖所需土源要占用大片良田，更要耗费大量的能源；自重大，施工劳动强度高，运输损耗大。

[答案] ABE

第二章

考点 4 砌体结构构造★

（1）砌体材料及砌体的力学性能见表 2-3-2。

表 2-3-2　砌体材料及砌体的力学性能

砂浆分类	水泥混合砂浆；石灰、石膏、黏土砂浆；水泥砂浆
砌体强度影响因素	（1）操作人员的技术水平、饱满度、砌筑时砖的含水率 （2）砖的强度 （3）砂浆的强度及厚度

（2）砌体房屋结构主要构造要求：

砌体房屋结构主要构造有伸缩缝、沉降缝（如图 2-3-1 所示）、圈梁（如图 2-3-2 所示），其主要构造要求见表 2-3-3。

图 2-3-1　伸缩缝、沉降缝实例图

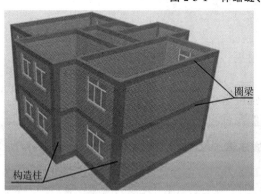

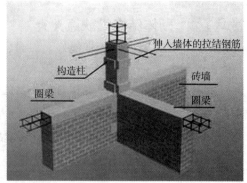

图 2-3-2　圈梁示意图

表 2-3-3　砌体房屋结构主要构造要求

分类	作用	要求
伸缩缝	防止温度改变造成结构开裂	地上断开，基础可不分开
沉降缝	防止不均匀沉降造成结构开裂	基础必须分开
圈梁	增加房屋整体性	（1）同一水平面连续设置并封闭 （2）圈梁宽度宜与墙厚相同，墙厚≥240mm，其宽度不宜小于 2h/3；圈梁高度不宜小于 120mm

重点提示

注意砌体结构的抗震构造措施是"两缝一圈梁"，要与砌体结构的抗震措施区分开来。

✎实战演练

[2013真题·单选] 基础部分必须断开的是（　　　）。

A. 伸缩缝　　　　　　　　　　　B. 温度缝

C. 沉降缝　　　　　　　　　　　D. 施工缝

[解析] 必会基础题。当地基土质不均匀，房屋将引起过大不均匀沉降造成房屋开裂，严重影响建筑物的正常使用，甚至危及其安全。为防止沉降裂缝的产生，可用沉降缝在适当部位将房屋分成若干刚度较好的单元，沉降缝的基础必须分开。

[答案] C

[经典例题·多选] 下列关于砌体结构房屋设置圈梁的说法，正确的有（　　　）。

A. 增加房屋的整体性

B. 防止地基不均匀沉降引起的不利影响

C. 圈梁可不封闭

D. 圈梁宜设在同一平面内

E. 提高墙体的垂直承载力

[解析] 延伸理解题。圈梁可以抵抗基础不均匀沉降引起的墙体内拉应力，同时可以增加房屋结构的整体性，防止因振动（包括地震）产生的不利影响。因此，圈梁宜连续地设在同一水平面上，并形成封闭状。

[答案] ABD

考点 5　结构抗震★★★

一、抗震目标

抗震目标见表2-3-4。

表 2-3-4　抗震目标

抗震目标	内容
小震不坏	当遭受低于本地区抗震设防烈度的多遇地震影响时，主体结构不受损坏或不需要修理仍可继续使用
中震可修	当遭受相当于本地区抗震设防烈度的地震影响时，可能损坏，经一般性修理仍可继续使用
大震不倒	当遭受高于本地区抗震设防烈度的罕遇地震影响时，不致倒塌或发生危及生命的严重破坏

二、建筑抗震设防分类

（1）建筑物的抗震设计根据其使用功能的重要性分为甲、乙、丙、丁四个抗震设防类别。震源的示意图如图2-3-3所示。

（2）大量的建筑物属于丙类。

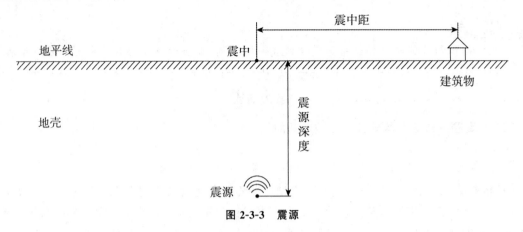

图 2-3-3　震源

三、砌体结构抗震

（1）在强烈地震作用下，多层砌体房屋的破坏部位主要是墙身，楼盖本身的破坏较轻。

（2）多层砌体房屋的抗震构造措施见表 2-3-5。

表 2-3-5　多层砌体房屋的抗震构造措施

构件	要求
构造柱	设置钢筋混凝土构造柱，提高延性
圈梁	设置钢筋混凝土圈梁与构造柱连接起来，增强房屋的整体性
墙体	加强墙体的连接，楼板和梁应有足够的支承长度和可靠连接（注意将抗震构造与结构构造措施区别开来）
楼梯间	加强楼梯间的整体性

四、框架结构抗震

框架结构抗震构造措施如图 2-3-4 所示。

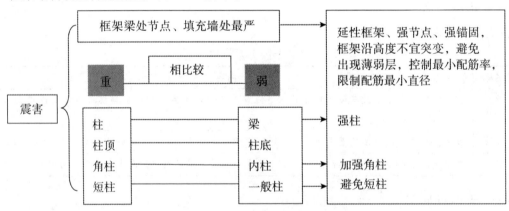

图 2-3-4　框架结构抗震构造措施

┏━┓┏━┓┏━┓
┃重┃┃点┃┃提┃┃示┃

（1）抗震设防目标属于专业常识，重点掌握12字要求及其具体要求。

（2）最不抗震的结构为砌体结构及框架结构，砌体结构的抗震措施与框架结构的抗震措施为必考内容，必须掌握。该部分知识可以考查选择题，也可以在案例中考查问答题。

实战演练

[2014 真题·单选] 关于钢筋混凝土框架结构震害严重程度的说法，错误的是（   ）。

A. 柱的震害重于梁

B. 角柱的震害重于内柱

C. 短柱的震害重于一般柱

D. 柱底的震害重于柱顶

[解析] 震害调查表明，框架结构震害的严重部位多发生在框架梁柱节点和填充墙处；一般是柱的震害重于梁，柱顶的震害重于柱底，角柱的震害重于内柱，短柱的震害重于一般柱。

[答案] D

[2019 真题·多选] 框架结构抗震构造措施涉及的原则有（   ）。

A. 强柱、强节点、强锚固

B. 避免长柱、加强角柱

C. 框架沿高度不宜突变

D. 控制最小配筋率

E. 限制配筋最大直径

[解析] 遵守强柱、强节点、强锚固，避免短柱、加强角柱，选项 B 错误；框架沿高度不宜突变，避免出现薄弱层，控制最小配筋率，限制配筋最小直径等原则，选项 E 错误。

[答案] ACD

名师总结

本章为结构设计与构造，是建筑结构的受力基础，也是后续内容学习的基础知识。本章内容历年考试只考查选择题，结构功能要求属于高频考点，是必须掌握的内容。

同步强化训练

一、单项选择题（每题的备选项中，只有 1 个最符合题意）

1. 我国现行规范采用以概率理论为基础的极限状态设计方法，其基本原则是建筑结构工程必须满足（   ）等要求。

A. 安全性、适用性、美观性

B. 安全性、美观性、耐久性

C. 安全性、适用性、耐久性

D. 适用性、耐久性、美观性

2. 下列事件中，满足结构安全性功能要求的是（   ）。

A. 某建筑物遇到强烈地震，虽有局部损伤，但结构整体稳定

B. 某厂房在正常使用时，吊车梁变形过大使吊车无法正常运行

C. 某游泳馆在正常使用时，水池出现裂缝不能蓄水

D. 某水下构筑物在正常维护条件下，钢筋受到严重锈蚀，但满足使用年限

3. 结构安全性要求，对建筑物所有结构和构件都必须按（   ）进行设计计算。

A. 正常使用极限状态

B. 承载力极限状态

C. 两种极限状态

D. 结构平衡状态

4. 设计使用年限为 50 年，处于一般环境的大截面钢筋混凝土柱，其混凝土强度等级不应低于（　　）。

    A. C15　　　　　　　　　　　　　　　B. C20

    C. C25　　　　　　　　　　　　　　　D. C30

5. 常见建筑结构体系中，适用房屋高度最小的是（　　）。

    A. 框架结构体系

    B. 剪力墙结构体系

    C. 框架-剪力墙结构体系

    D. 筒体结构体系

6. 框架结构的主要缺点是（　　）。

    A. 建筑平面布置不灵活

    B. 很难形成较大的建筑空间

    C. 自重小

    D. 侧向刚度小

7. 框架-剪力墙结构中，主要承受水平荷载的是（　　）。

    A. 剪力墙　　　　　　　　　　　　　B. 框架

    C. 剪力墙和框架　　　　　　　　　　D. 不能确定

8. 大跨度拱式结构主要利用混凝土良好的（　　）。

    A. 抗拉性能　　　　　　　　　　　　B. 抗压性能

    C. 抗弯性能　　　　　　　　　　　　D. 抗剪性能

9. 薄壁空间结构属于空间受力结构，主要承受曲面内的（　　）。

    A. 剪力　　　　　　　　　　　　　　B. 弯矩

    C. 轴向压力　　　　　　　　　　　　D. 轴向拉力

10. 某框架结构施工至七层，因场地狭小，施工单位在二层均匀堆满水泥。二层楼面所受荷载是（　　）。

    A. 点荷载　　　　　　　　　　　　　B. 线荷载

    C. 集中荷载　　　　　　　　　　　　D. 均布面荷载

二、多项选择题（每题的备选项中，有 2 个或 2 个以上符合题意，至少有 1 个错项）

1. 下列事件中，满足结构适用性功能要求的有（　　）。

    A. 某建筑物遇到强烈地震，虽有局部损伤，但结构整体稳定

    B. 某厂房在正常使用时，吊车梁出现变形，但在规范规定之内，吊车正常运行

    C. 某游泳馆在正常使用时，水池出现裂缝，但在规范规定之内，水池正常蓄水

    D. 某水下构筑物在正常维护条件下，钢筋受到严重锈蚀，但满足使用年限

    E. 某厂房结构在正常施工时，受到八级热带风暴作用，但坚固不坏

2. 关于剪力墙结构的特点的说法，正确的有（　　）。

    A. 侧向刚度大，水平荷载作用下侧移小

    B. 剪力墙的间距小

    C. 结构建筑平面布置灵活

    D. 结构自重较大

    E. 适用于大空间的建筑

3. 关于框架-剪力墙结构优点的说法，正确的有（　　　）。

A. 平面布置灵活

B. 剪力墙布置位置不受限制

C. 自重大

D. 抗侧刚度小

E. 侧向刚度大

4. 在室内装饰装修过程中，属于集中荷载的有（　　　）。

A. 石柱　　　　　　　　　　B. 吊灯

C. 局部假山　　　　　　　　D. 盆景

E. 室内隔墙

5. 一般情况下，关于钢筋混凝土框架结构震害的说法，正确的有（　　　）。

A. 短柱的震害重于一般柱

B. 柱底的震害重于柱顶

C. 角柱的震害重于内柱

D. 柱的震害重于梁

E. 内柱的震害重于角柱

参考答案及解析

一、单项选择题

1. ［答案］C

［解析］我国现行规范采用以概率理论为基础的极限状态设计方法，其基本原则是建筑结构工程必须满足安全性、适用性、耐久性等要求。

2. ［答案］A

［解析］厂房结构平时受自重、吊车、风和积雪等荷载作用时坚固不坏；在遇到强烈地震、爆炸等偶然事件时，容许有局部的损伤，但保持结构的整体稳定而不发生倒塌是满足结构安全性功能要求。

3. ［答案］B

［解析］承载能力极限状态是对应于结构或构件达到最大承载能力或不适于继续承载的变形，它包括结构构件或连接因超过承载能力而破坏，结构或其一部分作为刚体而失去平衡（如倾覆、滑移）；以及在反复荷载作用下构件或连接发生疲劳破坏等。这一极限状态关系到结构全部或部分的破坏或倒塌，会导致人员的伤亡或严重的经济损失，所以对所有结构和构件都必须按承载力极限状态进行计算，施工时应严格保证施工质量，以满足结构的安全性。

4. ［答案］B

［解析］初看此题，考查一般环境下，不同设计年限混凝土的强度等级，但其实本题还有一个前提，这是一个大截面的钢筋混凝土柱，保护层厚度加大，混凝土强度等级降低，故答案为选项B。

5. ［答案］A

［解析］框架结构体系适用房屋高度最小。

6. ［答案］D

［解析］框架结构的主要缺点是侧向刚度较小，当层数较多时，会产生过大的侧移，易引起非结构性构件（如隔墙、装饰等）破坏进而影响使用。

7. ［答案］A

［解析］框架-剪力墙结构中，剪力墙主要承受水平荷载，竖向荷载主要由框架承担。

8. ［答案］B

［解析］拱式结构的主要内力为压力，可利用抗压性能良好的混凝土建造大跨度的拱式结构。

9. ［答案］C

　　［解析］薄壁空间结构，也称壳体结构。它的厚度比其他尺寸（如跨度）小得多，所以称薄壁。它属于空间受力结构，主要承受曲面内的轴向压力，弯矩很小。

10. ［答案］D

　　［解析］均布面荷载是建筑物楼面上均布荷载，如铺设的木地板、地砖、花岗石、大理石面层等重量引起的荷载。

二、多项选择题

1. ［答案］BC

　　［解析］吊车梁出现变形但在规范规定之内正常运行，水池出现裂缝但在规范规定之内正常蓄水都是满足结构适用性功能要求。

2. ［答案］ABD

　　［解析］剪力墙结构的优点是侧向刚度大，水平荷载作用下侧移小；缺点是剪力墙的间距小，结构建筑平面布置不灵活，不适用于大空间的公共建筑，另外结构自重也较大。

3. ［答案］AE

　　［解析］框架-剪力墙结构是在框架结构中设置适当剪力墙的结构。它具有框架结构平面布置灵活，空间较大的优点，又具有侧向刚度较大的优点。框架-剪力墙结构中，剪力墙主要承受水平荷载，竖向荷载主要由框架承担。

4. ［答案］ABCD

　　［解析］在建筑物原有的楼面或屋面上放置或悬挂较重物品（如洗衣机、冰箱、空调机、吊灯等）时，其作用面积很小，可简化为作用于某一点的集中荷载。

5. ［答案］ACD

　　［解析］框架结构构件的抗震能力不同，震害程度不一，柱的震害重于梁，柱顶的震害重于柱底，角柱的震害重于内柱，短柱的震害重于一般柱。

第三章
装配式建筑

▶ **学习提示**

　　本章为装配式建筑基础知识，主要介绍装配式建筑的特点和分类，考试时多在选择题中考查相关内容。本章内容学习时应明确装配式建筑的原理，对比装配式建筑与现浇结构的区别，记忆相关知识点。

▶ **考情分析**

近四年考试真题分值统计表　　　　　　　　　　　　　（单位：分）

章序	章名	2020 年			2019 年			2018 年			2017 年		
		单选	多选	案例	单选	多选	案例	单选	多选	案例	单选	多选	案例
第三章	装配式建筑	—	—	—	—	2	—	—	—	—	—	—	—

考点 1　装配式混凝土建筑的特点★★

（1）主要构件预制后在现场机械化吊装，具有利于冬期施工、工程建设周期短、施工速度快的特点。

（2）工厂预制构件，没有立体交叉作业，具有有效降低成本、产品质量好、生产效率高、安全环保等特点。

（3）在预制构件生产将装修、保温等施工内容共同完成，减少施工工序，减少物料损耗。

（4）对管理人员及施工人员的工程实践经验和技术管理能力的要求较高。

✦实战演练

[经典例题·多选]下列关于装配式混凝土结构特点的说法，正确的有（　　　）。

A. 生产效率高、产品质量好、安全环保

B. 不利于冬期施工

C. 施工速度快、工程建设周期短

D. 可有效减少施工工序

E. 能有效降低工程造价

[解析]装配式混凝土建筑的特点：①主要构件在工厂或现场预制，采用机械化吊装，可与现场各专业施工同步进行，具有施工速度快、工程建设周期短、利于冬期施工的特点；②构件预制采用定型模板平面施工作业，代替现浇结构立体交叉作业，具有生产效率高、产品质量好、安全环保、有效降低成本等特点；③在预制构件生产环节可采用反打一次成型工艺或立模工艺将保温、装饰、门窗附件等特殊要求的功能高度集成，减少了物料损耗和施工工序；④由于对从业人员的技术管理能力和工程实践经验要求较高，装配式建筑的设计施工应做好前期策划，具体包括工期进度计划、构件标准化深化设计及资源优化配置方案等。

[答案]ACD

考点 2　装配式混凝土建筑的优势★★

（1）提高生产效率。

（2）降低人力成本。

（3）保证工程质量。

（4）节能环保，减少污染。

（5）降低安全隐患。

（6）模数化设计，延长建筑寿命。

考点 3　装配式混凝土建筑的分类★★

一、全装配式建筑

主要优点是构件质量好，受季节性影响小，生产效率高，施工速度快，对于建设量较大且相对稳定的地区，采用工厂化生产可以取得较好的效果。

二、预制装配整体式结构

主要优点是节省运输费用，适应性大，生产基地一次投资比全装配式少，便于推广。可以实现大面积流水施工，可以缩短工期，结构的整体性良好，并能取得较好的经济效果。

考点 4　装配式钢结构建筑特点★

（1）适用于软弱地基、自重轻、施工快、施工污染环境少、基础造价低、安装容易、可回收利用、抗震性能好、经济环保。

（2）适宜构件的工厂化生产，可以将设计、生产、施工、安装一体化。

实战演练

[经典例题·单选] 下列关于装配式钢结构特点的说法，错误的是（　　）。

A. 安装简便，速度快　　　　　　　　　B. 自重较轻

C. 抗震性能较差　　　　　　　　　　　D. 施工中对环境的污染较小

[解析] 选项 C，装配式钢结构建筑抗震性能好。

[答案] C

考点 5　装配式装饰装修的主要特征★

（1）模块化设计。

（2）标准化制作。

（3）批量化生产。

（4）整体化安装。

名师总结

本章为装配式建筑基础知识，主要介绍装配式建筑的特点和分类，本章内容考试只考查选择题，结合装配式建筑的原理掌握相关内容。

同步强化训练

多项选择题（每题的备选项中，有2个或2个以上符合题意，至少有1个错项）

1. 关于装配式装饰装修特征的说法，正确的有（　　）。

A. 模块化设计　　　　　　　　　　　　B. 标准化制作

C. 批量化生产　　　　　　　　　　　　D. 整体化安装

E. 集成化组织

2. 按照预制构件的预制部位不同，装配式混凝土建筑可以分为（　　）。

A. 全预制装配式结构　　　　　　　　　B. 部分预制装配式结构

C. 预制装配整体式结构　　　　　　　　D. 半预制装配式结构

E. 预制现浇复合结构

参考答案及解析

多项选择题

1. [答案] ABCD

[解析] 装配式装饰装修的主要特征：①模块化设计；②标准化制作；③批量化生产；④整体化安装。

2. [答案] AC

[解析] 按照预制构件的预制部位不同，装配式混凝土建筑可以分为全预制装配式结构与预制装配整体式结构。

第四章

建筑工程材料

▶学习提示

    本章为建筑工程材料，主要介绍常用建筑结构材料、装修材料、功能材料的特性与应用，历年考试中选择题分值占比较大，学好本章对后续内容的学习帮助很大。本章内容均为记忆性内容，学习时应结合给出的学习相关提示归类记忆。

▶考情分析

近四年考试真题分值统计表 （单位：分）

节序	节名	2020 年			2019 年			2018 年			2017 年		
		单选	多选	案例	单选	多选	案例	单选	多选	案例	单选	多选	案例
第一节	常用建筑结构材料	4	—	—	1	—	—	3	4	—	—	—	—
第二节	建筑装饰装修材料	2	—	—	1	—	—	1	—	—	1	—	—
第三节	建筑功能材料	—	—	—	1	2	—	—	—	—	—	—	—
合计		6	—	—	3	2	—	4	4	—	1	—	—

第一节 常用建筑结构材料

考点 1 水泥的分类与特性★★★

扫码听课

一、水泥的分类与重要特性

水泥的分类与重要特性见表4-1-1。

表 4-1-1 水泥的分类与重要特性

分类	代号	字色	强度等级	重要特性
硅酸盐水泥	P·I、P·Ⅱ	红色	42.5、42.5R、52.5、52.5R、62.5、62.5R	凝结硬化快 水化热大 抗冻性好 耐蚀性差
普通硅酸盐水泥	P·O		42.5、42.5R、52.5、52.5R	
矿渣硅酸盐水泥	P·S·A、P·S·B	绿色	32.5、32.5R、42.5、42.5R、52.5、52.5R	凝结硬化慢 水化热小 抗冻性差 耐蚀性好
火山灰质硅酸盐水泥	P·P	黑色或蓝色		
粉煤灰硅酸盐水泥	P·F			
复合硅酸盐水泥	P·C		32.5R、42.5、42.5R、52.5、52.5R	

注: 所有水泥中硅酸盐水泥凝结硬化最快，水化热最大，能达到的强度最高。

二、常用水泥的技术要求

技术要求内容：凝结时间、体积安定性、强度、标准稠度用水量、细度、化学指标。

（1）水泥的凝结时间要求见表4-1-2。

表 4-1-2 水泥的凝结时间要求

分类	含义	要求	相关考点
初凝时间	从水泥加水拌合起至水泥浆开始失去可塑性所需的时间	六大常用水泥的初凝时间均不得短于45min	初凝时间不符合要求的水泥为废品水泥 分层浇筑混凝土必须在前一层初凝前开始浇筑
终凝时间	从水泥加水拌合起至水泥浆完全失去可塑性并开始产生强度所需的时间	硅酸盐水泥的终凝时间不得长于6.5h，其他五类常用水泥的终凝时间不得长于10h	结构混凝土终凝前开始养护 防水混凝土终凝后开始养护

（2）体积安定性要求：

体积安定性是指水泥在凝结硬化过程中体积变化的均匀性，安定性不符合要求的水泥为废品水泥。

三、常用水泥特性

常用水泥的特性见表4-1-3。

表 4-1-3 常用水泥的特性

水泥名称	主要特性
普通水泥	①抗冻性较好；②耐热性较差；③凝结硬化较快、早期强度较高；④水化热较大；⑤干缩性较小；⑥耐蚀性较差
硅酸盐水泥	①抗冻性好；②耐热性差；③凝结硬化快、早期强度高；④水化热大；⑤干缩降较小；⑥耐蚀性差
粉煤灰水泥	①抗冻性差；②固耐热性较差；③凝结硬化慢、早期强度低，后期强度增长较快；④水化热较小；⑦抗裂性较高；⑤干缩性较小；⑥耐蚀性较好
火山灰水泥	①抗冻性差；②耐热性较差；③凝结硬化慢、早期强度低，后期强度增长较快；④水化热较小；⑤干缩性较大；⑥耐蚀性较好；⑦抗渗性较好
复合水泥	①抗冻性差；②耐蚀性较好；③凝结硬化慢、早期强度低，后期强度增长较快；④水化热较小；⑥其他性能与所渗入的两种或两种以上混合材料的种类、掺量有关
矿渣水泥	①抗冻性差；②耐热性好；③凝结硬化慢、早期强度低，后期强度增长较快；④水化热较小；⑤干缩性较大；⑥耐蚀性较好；⑦泌水性大、抗渗性差

四、常用水泥的选用

常用水泥的选用见表 4-1-4。

表 4-1-4 常用水泥的选用

		混凝土工程特点或所处环境条件	不宜使用	可以选用	优先选用
普通混凝土	1	厚大体积的混凝土	硅酸盐水泥		粉煤灰水泥 复合水泥 火山灰水泥 矿渣水泥
	2	在干燥环境中的混凝土	粉煤灰水泥 火山灰水泥	矿渣水泥	普通水泥
	3	在普通气候环境中的混凝土		矿渣水泥 火山灰水泥 粉煤灰水泥 复合水泥	普通水泥
	4	在高温度环境中或长期处于水中的混凝土		普通水泥	粉煤灰水泥 复合水泥 火山灰水泥 矿渣水泥

续表

混凝土工程特点或所处环境条件		不宜使用	可以选用	优先选用
有特殊要求的混凝土	1　严寒地区处在水位升降范围内的混凝土	粉煤灰水泥 复合水泥 火山灰水泥 矿渣水泥		普通水泥 （≥42.5级）
	2　受侵蚀介质作用的混凝土	硅酸盐水泥		粉煤灰水泥 复合水泥 火山灰水泥 矿渣水泥
	3　有抗渗要求的混凝土	矿渣水泥		火山灰水泥 普通水泥
	4　有耐磨性要求的混凝土	粉煤灰水泥 火山灰水泥	矿渣水泥	普通水泥 硅酸盐水泥
	5　高强（大于C50级）混凝土	粉煤灰水泥 火山灰水泥	矿渣水泥 普通水泥	硅酸盐水泥
	6　严寒地区的露天混凝土，寒冷地区的处在水位升降范围内的混凝土	粉煤灰水泥 火山灰水泥	矿渣水泥	普通水泥
	7　要求快硬、早强的混凝土	粉煤灰水泥 复合水泥 火山灰水泥 矿渣水泥	普通水泥	硅酸盐水泥

注：常用水泥的选用是根据水泥特性选取的。

══════ ✐实战演练 ══════

[2019真题·单选] 水泥的初凝时间指（　　）。

A. 从水泥加水拌合起至水泥浆失去可塑性所需的时间

B. 从水泥加水拌合起至水泥浆开始失去可塑性所需的时间

C. 从水泥加水拌合起至水泥浆完全失去可塑性所需的时间

D. 从水泥加水拌合起至水泥浆开始产生强度所需的时间

[解析] 水泥的初凝时间从水泥加水拌合起至水泥浆开始失去可塑性所需的时间。

[答案] B

[2018真题·单选] 关于粉煤灰水泥主要特征的说法，正确的是（　　）。

A. 水化热较小

B. 抗冻性好

C. 干缩性较大

D. 早期强度高

[解析] 粉煤灰水泥凝结硬化慢，早期强度低，后期强度增长较快；水化热较低；抗冻性差；耐热性较差；耐蚀性较好；干缩性较小，抗裂性较高。

[答案] A

[2016真题·单选] 下列水泥品种中，配制C60高强混凝土宜优先选用（   ）。

A. 矿渣水泥   B. 硅酸盐水泥

C. 火山水泥   D. 复合水泥

[解析] 高强（大于C50级）混凝土宜优先选用硅酸盐水泥，不宜使用火山灰水泥和粉煤灰水泥。

[答案] B

[2015真题·单选] 代号为P·O的通用硅酸盐水泥是（   ）。

A. 硅酸盐水泥

B. 普通硅酸盐水泥

C. 粉煤灰硅酸盐水泥

D. 复合硅酸盐水泥

[解析] 代号为P·O的通用硅酸盐水泥是普通硅酸盐水泥。

[答案] B

重点提示

（1）该考点为高频考点，选择题中经常考查。

（2）硅酸盐水泥、普通硅酸盐水泥为第一类水泥，矿渣硅酸盐水泥、火山灰质硅酸盐水泥、粉煤灰硅酸盐水泥、复合硅酸盐水泥为第二类水泥，两类水泥的重要特性恰好相反。硅酸盐水泥凝结硬化速度和强度最高。再根据重要特性记忆应用情况会大大降低记忆量。

（3）掌握各种水泥的突出特性，可根据口诀"狂热的山神粉裂了"来记忆，"狂热"是指矿渣硅酸盐水泥的突出特性是耐热性，"山神"是指火山灰水泥的突出特性是抗渗性较好，"粉裂了"是指粉煤灰水泥的突出特性是抗裂性较高。

考点 2 钢材性能★★★

钢材的力学性能和工艺性能见表4-1-5。

表4-1-5 钢材的力学性能和工艺性能

力学性能	拉伸性能（屈服、抗拉、伸长率）、冲击性能、疲劳性能
工艺性能	弯曲性能、焊接性能

（1）强屈比=抗拉强度/屈服强度。强屈比愈大，安全性越高，但太大浪费材料。

（2）伸长率越大，塑性越大。

（3）HRB400级钢筋是钢筋混凝土用的主要受力钢筋。

（4）根据《混凝土结构工程施工质量验收规范》的相关规定，有较高要求的抗震结构适用的钢筋牌号后加E（例如：HRB400E，HRBF400E），需满足下列要求：

1）钢筋实测抗拉强度与实测下屈服强度之比不小于1.25。

2）钢筋实测下屈服强度与下屈服强度特征值之比不大于1.30。

3）钢筋的最大力总伸长率不小于9%。

热轧带肋钢筋与混凝土之间的握裹力大，共同工作性能较好，是钢筋混凝土结构使用的主要受力钢筋。

实战演练

[2018 真题·单选] HRB400E 钢筋应满足最大力下总伸长率不小于（　　）。

A. 6%

B. 7%

C. 8%

D. 9%

[解析] 有较高要求的抗震结构的钢筋，最大力总伸长率不小于 9%。

[答案] D

[2015 真题·单选] 在工程应用中，钢筋的塑性指标通常用（　　）表示。

A. 抗拉强度

B. 屈服强度

C. 强屈比

D. 伸长率

[解析] 在工程应用中，钢材的塑性指标通常用伸长率表示。

[答案] D

[2013 真题·单选] 有抗震要求的带肋钢筋，其最大力下总伸长率不应小于（　　）%。

A. 7　　　　　　　　B. 8　　　　　　　　C. 9　　　　　　　　D. 10

[解析] 有抗震要求的带肋钢筋除应满足以下的要求外，其他要求与相对应的已有牌号钢筋相同：①钢筋实测抗拉强度与实测屈服强度之比不小于 1.25；②钢筋实测屈服强度与规定的屈服强度特征值之比不大于 1.30；③钢筋的最大力总伸长率不小于 9%。

[答案] C

[2018 真题·多选] 下列属于钢材工艺性能的有（　　）。

A. 冲击性能　　　　B. 弯曲性能　　　　C. 疲劳性能　　　　D. 焊接性能

E. 拉伸性能

[解析] 钢材的主要性能包括力学性能和工艺性能。其中，力学性能是钢材最重要的使用性能，包括拉伸性能、冲击性能、疲劳性能等。工艺性能表示钢材在各种加工过程中的行为，包括弯曲性能和焊接性能等。

[答案] BD

[2014 真题·案例节选]

背景资料：

某办公楼工程，建筑面积 45000m²，钢筋混凝土框架-剪力墙结构，地下 1 层，地上 12 层，层高 5m，抗震等级一级，内墙装饰面层为油漆、涂料，地下工程防水为混凝土自防水和外粘卷材防水。

施工过程中，发生了下列事件：

事件一：项目部按规定向监理工程师提交调直后 HRB400E ⌀ 12 钢筋复试报告。主要检测数据为：抗拉强度实测值 561N/mm²，屈服强度实测值 460N/mm²，实测重量 0.816kg/m（HRB400E ⌀ 12 钢筋：屈服强度标准值 400N/mm²，极限强度标准值 540N/mm²，理论重量 0.888kg/m）。

问题：

1. 事件一中，计算钢筋的强屈比、屈强比（超屈比）、重量偏差（保留两位小数）。并根据计算结果分别判断该指标是否符合要求？

[答案]

（1）强屈比＝实测抗拉强度/实测下屈服强度＝561/460＝1.22；

超屈比＝实测下屈服强度/规定的下屈服强度＝460/400＝1.15；

重量偏差＝（实测重量－理论重量）/理论重量×100％＝（0.816－0.888）/0.888×100％＝－8.11％。

（2）强屈比不符合要求，因为根据规定抗震等级一级的结构强屈比应不小于1.25（1.22＜1.25）；

屈强比（超屈比）符合要求，因为根据规定抗震等级一级的结构屈强比（超屈比）应不大于1.30（1.15＜1.30）；

重量偏差不符合要求，因为根据《混凝土结构工程施工质量验收规范》规定，HRB400 Φ6～Φ12钢筋允许重量偏差为8％（8.11％＞8％）。

[名师点拨] 本题考查抗震结构适用的钢筋要求，三项要求中强屈比不小于1.25是为了保证安全性；超屈比不大于1.30是为了避免钢筋强度过高导致超筋梁，会降低柔性不利抗震；伸长率不小于9％是为了避免柔性太低不利抗震。重量偏差为超纲内容。

┌─ 重点提示 ─┐

（1）该考点为高频考点，选择题中经常考查。

（2）明确力学性能与工艺性能包括的内容，重点记忆拉伸性能相关内容以及每一个衡量指标的具体含义。注意钢材有两个强度，屈服强度和抗拉强度，屈服强度是结构设计中钢材强度的取值依据。内容务必理解记忆。

（3）此考点中抗震结构适用钢筋的要求曾经在案例分析题中考查过计算题，学习时要将相关知识点叙述出来以应对案例分析题。

考点 3 冲击性能与疲劳性能★

（1）在负温下使用的结构，应当选用脆性临界温度低于使用温度的钢材。

（2）钢材的疲劳极限与其抗拉强度有关，一般抗拉强度高，其疲劳极限也较高。

考点 4 化学成分影响★★

（1）钢材中的硫（S）、磷（P）、氮（N）、氧（O）均为有害元素。

（2）磷（P）、碳（C）、氮（N）会使钢材强度提高，塑性、韧性下降。

（3）碳是决定钢材性能的最重要因素。

（4）锰能消减硫和氧引起的热脆性，使钢材的热加工性能改善，同时也可提高钢材强度。

（5）磷显著加大钢材的冷脆性，也使钢材可焊性显著降低。但磷可提高钢材的耐磨性和耐蚀性，在低合金钢中可配合其他元素作为合金元素使用。

（6）硫化物所造成的低熔点使钢材在焊接时易产生热裂纹，形成热脆现象，称为热脆性。

⚔ 实战演练

[2013真题·单选] 下列钢材化学成分中，属于碳素钢中的有害元素是（ ）。

A. 碳   B. 硅

C. 锰   D. 磷

[解析] 磷是碳素钢中有害的元素之一。磷含量增加，钢材的强度、硬度提高，塑性和韧

性显著下降。特别是温度愈低，对塑性和韧性的影响愈大，从而显著加大钢材的冷脆性，也使钢材可焊性显著降低。

[答案] D

[2014真题·多选] 下列钢材包含的化学元素中，其中含量增加会使钢材强度提高，但是塑性下降的有（　　）。

A. 碳　　　　　　　　　　　　　B. 硅

C. 锰　　　　　　　　　　　　　D. 磷

E. 氮

[解析] 氮对钢材性质的影响与碳、磷相似，会使钢材强度提高，塑性特别是韧性显著下降。

[答案] ADE

考点 5　混凝土特性★★★

一、水

根据《混凝土结构工程施工规范》的规定，未经处理的海水严禁用于钢筋混凝土和预应力混凝土。

二、掺合料

掺合料的种类、原理与实例见表4-1-6。

表 4-1-6　掺合料的种类、原理与实例

种类	原理	实例
非活性矿物掺合料	基本不与水泥组分起反应	磨细石英砂、石灰石、硬矿渣
活性矿物掺合料	本身不硬化或硬化速度很慢，但能与水泥水化生成的 $Ca(OH)_2$ 起反应，生成具有胶凝能力的水化产物	粉煤灰、粒化高炉矿渣粉、硅灰、沸石粉

[重][点][提][示]

　　重点记忆非活性矿物掺合料有哪些，选择题一般考其中一类，从另一类里出干扰项。

三、混凝土的和易性

（1）和易性又称工作性，包括黏聚性、保水性和流动性。

（2）影响混凝土拌合物和易性的主要因素包括砂率、时间、温度、组成材料的性质、单位体积用水量等。

（3）单位体积用水量决定水泥浆的数量和稠度，它是影响混凝土和易性的最主要因素。

（4）砂率是指混凝土中砂的质量占砂、石总质量的百分率。

四、混凝土立方体抗压强度

（1）条件：边长为150mm的立方体试件，温度20 ± 2℃，相对湿度95％以上，养护28d。

（2）表示方法：C15～C80，C30表示混凝土立方体抗压强度标准值$30MPa \leqslant f_{cu,k} < 35MPa$。

重点提示

混凝土强度每 5MPa 为一个等级，取等级区间内低的强度作为强度标准。此考点案例分析题已考过两次。

五、混凝土轴心抗压强度

结构设计中，混凝土受压构件的计算采用混凝土的轴心抗压强度更加符合工程实际。

六、混凝土耐久性

（1）包括抗侵蚀、碳化、抗渗、抗冻、碱骨料反应及混凝土中的钢筋锈蚀。

（2）碳化显著增加混凝土的收缩，使混凝土抗压强度增大，但混凝土抗拉、抗折强度降低。碳化使混凝土的碱度降低，削弱混凝土对钢筋的保护作用，可能导致钢筋锈蚀。

（3）碱骨料反应会导致混凝土胀裂的现象。

七、外加剂的分类

（1）改善混凝土耐久性的外加剂。包括阻锈剂、引气剂、防水剂等。

（2）改善混凝土拌合物流变性能的外加剂。包括各种泵送剂、减水剂、引气剂等。

（3）调节混凝土凝结时间、硬化性能的外加剂。包括速凝剂、缓凝剂、早强剂等。

（4）改善混凝土其他性能的外加剂。包括防冻剂、膨胀剂、着色剂等。

实战演练

[2013 真题·单选] 混凝土试件标准养护的条件是（   ）。

A. 温度 20 ± 2℃相对湿度 95% 以上

B. 温度 20 ± 2℃相对湿度 90% 以上

C. 温度 20 ± 3℃相对湿度 95% 以上

D. 温度 20 ± 3℃相对湿度 90% 以上

[解析] 根据《普通混凝土力学性能试验方法标准》（GB/T 50081—2002），制作边长为 150mm 的立方体试件，在标准条件（温度 20 ± 2℃，相对湿度 95% 以上）下，养护到 28d 龄期。

[答案] A

[经典例题·单选] 对于测定混凝土立方体抗压强度采用的标准试件，其养护龄期是（   ）。

A. 9d   B. 16d

C. 21d   D. 28d

[解析] 混凝土立方体抗压标准强度（或称立方体抗压强度标准值）是指按标准方法制作和养护的边长为 150mm 的立方体试件，在 28d 龄期，用标准试验方法测得的抗压强度总体分布中具有不低于 95% 保证率的抗压强度值，以 $f_{cu,k}$ 表示。

[答案] D

[2018 真题·多选] 影响混凝土拌合物和易性的主要因素包括（   ）。

A. 强度   B. 组成材料的性质

C. 砂率   D. 单位体积用水量

E. 时间和温度

[解析] 影响混凝土拌合物和易性的主要因素包括单位体积用水量、砂率、组成材料的性

质、时间和温度等。

[答案] BCDE

[2013 真题·多选] 关于混凝土表面碳化的说法，正确的有（　　）。

A. 降低了混凝土的碱度

B. 削弱了混凝土对钢筋的保护作用

C. 增大了混凝土表面的抗压强度

D. 增大了混凝土表面的抗拉强度

E. 降低了混凝土的抗折强度

[解析] 混凝土的碳化是环境中的二氧化碳与水泥石中的氢氧化钙作用，生成碳酸钙和水。碳化使混凝土的碱度降低，削弱混凝土对钢筋的保护作用，可能导致钢筋锈蚀；碳化显著增加混凝土的收缩，使混凝土抗压强度增大，但可能产生细微裂缝，而使混凝土抗拉、抗折强度降低。

[答案] ABCE

[2017 真题·案例节选]

背景资料：

某新建办公楼工程，总建筑面积 68000m²，地下 2 层，地上 30 层，人工挖孔桩基础，设计桩长 18m，基础埋深 8.5m，地下水为 −4.5m；裙房 6 层，檐口高 28m；主楼高度 128m，钢筋混凝土框架-核心筒结构。建设单位与施工单位签订了施工总承包合同。

在地下室结构实体采用回弹法进行强度检验中，出现个别部位 C35 混凝土强度不足，项目部质量经理随机安排公司实验室检测人员采用钻芯法对该部位实体混凝土进行检测，并将检验报告报监理工程师。监理工程师认为其做法不妥，要求整改。整改后钻芯检测的试样强度分别为 28.5MPa、31MPa、32MPa。

问题：

4. 说明混凝土结构实体检验管理的正确做法。该钻芯检验部位 C35 混凝土实体检验结论是否合格？并说明理由。

[答案]

4.（1）正确做法：结构实体检验应由监理单位组织施工单位实施，并见证实施过程。施工单位应制定结构实体检验专项方案。

（2）结论是不合格。理由：C35 强度为 35～40MPa，检查结果均小于 35MPa。

重点提示

（1）该考点为高频考点，选择题中经常考查。

（2）重点记忆混凝土的和易性（新拌混凝土）与混凝土的耐久性（硬化混凝土）的相关要求。注意混凝土中的钢筋锈蚀才属于混凝土的耐久性范畴，单纯钢筋锈蚀不属于。

（3）明确混凝土外加剂的分类，重点记忆改善流动性、凝结时间、耐久性的外加剂。知道非活性矿物掺合料和活性矿物掺合料都有哪些，可重点记忆其中一类，考试一般从另一类中选择干扰项。

（4）混凝土立方体抗压强度已在案例分析题中连续考查两年，务必掌握其实验条件与表示方法。

考点 6 砂浆分类★★

砂浆分类见表 4-1-7。

表 4-1-7 砂浆分类

分类	组成	特点
蒸压砖专用砂浆	水、砂、水泥 掺合料和外加剂等根据需要适量掺入	专门用于砌筑蒸压粉煤灰砖砌体或蒸压灰砂砖砌体，且砌体抗剪强度不应低于烧结普通砖砌体取值的砂浆
砌块专用砂浆	水、砂、水泥 掺合料和外加剂等根据需要适量掺入	专门用于砌筑混凝土砌块的砂浆
水泥砂浆	水、砂、水泥 矿物掺合料等根据需要适量掺入	耐久性好，保水性、流动性均稍差，强度高。一般用于对强度有较高要求或房屋防潮层以下的砌体的砌体
混合砂浆	水、砂、水泥，并加入黏土膏、电石膏、石灰膏的一种或多种 矿物掺合料等根据需要适量掺入	水泥石灰砂浆是应用最广的混合砂浆，流动性、保水性均较好，易于砌筑，具有一定的强度和耐久性，是一般墙体中常用的砂浆

------- 实战演练 -------

[经典例题·单选] 下列关于混合砂浆的说法，正确的是（   ）。

A. 具有一定的强度和耐久性

B. 应用最广的混合砂浆是水泥黏土砂浆

C. 流动性、保水性较差

D. 很难砌筑

[解析] 混合砂浆具有一定的强度和耐久性，且流动性、保水性均较好，易于砌筑，是一般墙体中常用的砂浆。应用最广的混合砂浆是水泥石灰砂浆。

[答案] A

考点 7 砂浆强度等级★★

一、试块要求

（1）试块尺寸为 70.7mm×70.7mm×70.7mm 的立方体。

（2）标准养护 28d（温度 20±2℃，相对湿度 90% 以上）。

（3）每组取 3 个试块进行抗压强度试验。

二、实验结果确定

（1）以三个试件测值的算术平均值作为该组试件的砂浆立方体试件抗压强度平均值。

（2）当三个测值的最大值或最小值中如有一个与中间值的差值超过中间值的 15% 时，则把最大值及最小值一并舍去，取中间值作为该组试件的抗压强度值。

（3）当两个测值与中间值的差值均超过中间值的 15% 时，则该组试件的试验结果为无效。

实战演练

[**经典例题·多选**] 下列关于砌体结构砌筑用砂浆试块及其养护、抗压强度试验的说法，正确的有（　　　）。

A. 养护相对湿度大于85％

B. 养护28d

C. 立方体试块的尺寸为100mm×100mm×100mm

D. 养护温度（20±2）℃

E. 取5个试块抗压强度的平均值作为砂浆的强度值

[**解析**] 试块要求：①70.7mm×70.7mm×70.7mm的立方体试块；②标准养护28d（温度20±2℃，相对湿度90％以上）；③每组取3个试块进行抗压强度试验。

[**答案**] BD

第二节　建筑装饰装修材料

考点 **1** 饰面石材特性★★

饰面石材特性见表4-2-1。

表4-2-1　饰面石材特性

分类		特性
天然花岗石		密度大、吸水率极低、构造致密、强度高、质地坚硬、耐磨、不耐火、有放射性，属酸性硬石材
		室内外地面、墙面、柱面、台阶等
天然大理石		吸水率低、质地较软、质地较密实、抗压强度较高，属碱性中硬石材
		一般只适用于室内
人造饰面石材	人造石英石	一般具有强度大、厚度薄、重量轻、装饰性好、耐腐蚀、耐污染、色泽鲜艳、花色繁多、便于施工、价格较低的特点
	人造岗石	
	人造石实体面材	

实战演练

[**2019真题·单选**] 关于天然花岗石特性的说法，正确的是（　　　）。

A. 碱性材料　　　　　　　　　　B. 酸性材料

C. 耐火　　　　　　　　　　　　D. 吸水率高

[**解析**] 天然花岗石构造致密、强度高、密度大、吸水率极低、质地坚硬、耐磨，属酸性硬石材。

[**答案**] B

[**2016真题·单选**] 关于花岗石特性的说法，错误的是（　　　）。

A. 强度高　　　　　　　　　　　B. 密度大

C. 耐磨性能好　　　　　　　　　D. 属碱性石材

[**解析**] 花岗石构造致密、强度高、密度大、吸水率极低、质地坚硬、耐磨，属酸性硬

石材。

［答案］D

［经典例题·单选］花岗石属于（　　）石材。

A. 酸性硬   B. 碱性硬

C. 碱性软   D. 酸性软

［解析］花岗石构造致密、强度高、密度大、吸水率极低、质地坚硬、耐磨，为酸性硬石材，不耐火，有放射性。

［答案］A

重点提示

    重点记忆天然石材，天然花岗石最大的特点是耐磨、酸性硬石材，因此适用于室外的酸性环境与摩擦多的地方。天然大理石最大的特点是质地较软、属碱性中硬石材，因此一般只适用于室内且摩擦较少的地方。

考点 2　木材特性★★

（1）木材的湿胀干缩，木材含水量发生变化时会导致木制品变形。

1）干缩会使木材接榫松动、拼缝不严、开裂、翘曲。

2）湿胀可造成表面鼓凸。

（2）木材变形特性在各个方向上不同，弦向最大，径向较大，顺纹方向最小。木材纵切面示意图如图 4-2-1 所示。

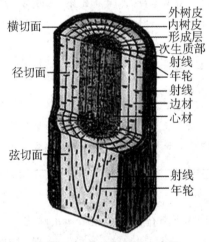

图 4-2-1　木材纵切面示意图

（3）木材强度特性。

木材按受力状态分为抗弯、抗拉、抗压和抗剪四种强度，而抗拉、抗压和抗剪强度又有顺纹和横纹之分。

（4）木地板应用见表 4-2-2。

表 4-2-2　木地板应用

分类	适用性	特点
实木地板	适用于练功房、舞台、体育馆、高级住宅的地面装饰	不适用于地暖

续表

分类		适用性	特点
人造木地板	实木复合地板	适用于客厅、办公室、家庭居室、宾馆等中高档地面铺设	适用于地暖，无甲醛
	浸渍纸层压木质地板	适用于办公室、高清洁度实验室、会议室等，也可用于中、高档宾馆，饭店及民用住宅的地面装修等 不宜用于浴室、卫生间等潮湿的场所	有甲醛
	软木地板	第一类软木地板适用于家庭居室 第二、三类软木地板适用于商店、走廊、图书馆等人流大的地面铺设	绿色建材，无甲醛
人造木板	胶合板	隔墙、顶棚、门面板、墙裙等	有甲醛
	纤维板	室内墙面、顶棚等	
	刨花板	保温、吸声或室内装饰等	
	细木工板	表面装饰或构造材料	

💡**实战演练**

[2018真题·单选] 木材的变形在各个方向不同，下列表述中正确的是（　　）。

A. 顺纹方向最小，径向较大，弦向最大　　　B. 顺纹方向最小，弦向较大，径向最大

C. 径向最小，顺纹方向较大，弦向最大　　　D. 径向最小，弦向较大，顺纹方向最大

[解析] 由于木材构造的不均匀性，木材的变形在各个方向上也不同；顺纹方向最小，径向较大，弦向最大。因此，湿材干燥后，其截面尺寸和形状会发生明显的变化。

[答案] A

[2017真题·单选] 第一类人造软木地板最适合用于（　　）。

A. 商店　　　　　B. 图书馆　　　　　C. 走廊　　　　　D. 家庭居室

[解析] 第一类人造软木地板适用于家庭居室，第二、三类软木地板适用于商店、走廊、图书馆等人流大的地面铺设。

[答案] D

[2015真题·单选] 木材的干缩湿胀变形在各个方向上有所不同，变形量从小到大依次是（　　）。

A. 顺纹、径向、弦向　　　　　　　B. 径向、顺纹、弦向

C. 径向、弦向、顺纹　　　　　　　D. 弦向、径向、顺纹

[解析] 木材的变形在各个方向上不同：顺纹方向最小，径向较大，弦向最大。因此，湿材干燥后，其截面尺寸和形状会发生明显的变化。

[答案] A

┌─────────────────────────────────────┐
│ **重点提示**

(1) 湿胀只会造成木地板表面鼓凸，干缩则影响较多。结合图片认识顺纹、径向、弦向分别是什么方向，理解记忆。

(2) 重点记忆实木地板与人造木地板的适用性，明确只有软木地板属于绿色建材。
└─────────────────────────────────────┘

考点 3 玻璃的特性与应用★★★

玻璃的特性和应用见表 4-2-3。

表 4-2-3 玻璃的特性和应用

分类		原理	特点
平板玻璃		普通玻璃	"暖房效应" 太阳光中紫外线的透过率较低 抗拉强度远小于抗压强度，脆性材料 有较高的化学稳定性 热稳定性较差，急冷急热易发生炸裂
安全玻璃	防火玻璃	耐火隔热	主要用于有防火隔热要求的建筑幕墙、隔断等构造和部位
	钢化玻璃	内部受拉，表面受压	机械强度高，弹性好，热稳定性好 碎后不易伤人 大面积玻璃幕墙容易自爆 不能切割
	夹层玻璃	两片或多片玻璃用 PVB 膜粘贴	透明度好 抗冲击性能好 玻璃破碎不会散落伤人 通过玻璃的选择可具有耐湿、耐寒、耐久、耐热等性能 不能切割，需要选用定型产品或按尺寸定制
节能装饰型玻璃	着色玻璃	显著地吸收阳光中的热射线	"冷室效应" 吸收较多的可见光，使透过的阳光变得柔和 能较强地吸收太阳的紫外线，有效地防止紫外线对室内物品颜色和品质造成影响 具有一定的透明度，能清晰地观察室外景物 色泽鲜丽，经久不变，能增加建筑物的外形美观
	阳光控制镀膜玻璃	控制太阳光中的热射线	避免暖房效应，单向透视性
	低辐射膜玻璃	透过可见光，阻挡热射线	节能效果明显 一般不单独使用，幕墙采用单片低辐射镀膜玻璃时，应使用在线热喷涂低辐射镀膜玻璃 离线镀膜的低辐射镀膜玻璃宜加工成中空玻璃使用，且镀膜面应朝向中空气体层
	中空玻璃	两片或多片玻璃之间留置空气	保温隔热、隔声效果明显 保温隔热降低能耗、防结露、光学性能良好、良好的隔声性能 主要用于保温隔热、隔声等功能要求较高的建筑物，如住宅、医院、写字楼等
	真空玻璃	两片或多片玻璃之间形成真空	两片玻璃中一般至少有一片是低辐射玻璃

✏ **实战演练**

[2013真题·单选] 关于普通平板玻璃特性的说法，正确的是（　　）。

A. 热稳定性好

B. 热稳定性差

C. 防火性能较好

D. 抗拉强度高于抗压强度

[解析] 平板玻璃特性："暖房效应"；太阳光中紫外线的透过率较低；抗拉强度远小于抗压强度，脆性材料；有较高的化学稳定性；热稳定性较差，急冷急热易发生炸裂。

[答案] B

[2015真题·多选] 关于钢化玻璃特性的说法，正确的有（　　）。

A. 使用时可以切割

B. 可能发生爆炸

C. 碎后易伤人

D. 热稳定性差

E. 机械强度高

[解析] 钢化玻璃特性：机械强度高；弹性好；热稳定性好；碎后不易伤人；大面积容易发生自爆。

[答案] BE

[经典例题·多选] 关于平板玻璃特性的说法，正确的有（　　）。

A. 良好的透视、透光性能

B. 对太阳光中近红外热射线的透过率较低

C. 可产生明显的"暖房效应"

D. 抗拉强度远大于抗压强度，是典型的脆性材料

E. 通常情况下，对酸、碱、盐有较强的抵抗能力

[解析] 平板玻璃特性："暖房效应"；太阳光中紫外线的透过率较低；抗拉强度远小于抗压强度，脆性材料；有较高的化学稳定性；热稳定性较差，急冷急热易发生炸裂。

[名师点拨] 平板玻璃有两个主要特点：一是抗拉强度远小于抗压强度，导致其受力性能不好，所以热稳定性差，用安全玻璃解决；二是"暖房效应"，导致其节能性能不好，用节能装饰型玻璃解决。

[答案] ACE

重点提示

（1）该考点为高频考点，选择题中经常考查。

（2）重点记忆各种玻璃的特点，原理理解即可。明确安全玻璃与节能装饰型玻璃分别包括哪些玻璃。注意防火玻璃也属于安全玻璃的范畴。

第三节　建筑功能材料

考点 1　防水材料特性★★

一、防水构造分类

防水构造分为刚性防水与柔性防水，见表4-3-1。

表 4-3-1 防水构造分类

类型	防水材料
刚性防水	防水混凝土、防水砂浆等
柔性防水	防水卷材、建筑防水涂料、建筑密封材料、堵漏灌浆材料

二、防水卷材的主要性能

（1）温度稳定性：常用耐热性、耐热度、脆性温度等指标表示。

（2）大气稳定性：常用老化后性能保持率、耐老化性等指标表示。

（3）防水性：常用抗渗透性、不透水性等指标表示。

（4）机械力学性能：常用断裂伸长率、拉力、拉伸强度等表示。

（5）柔韧性：常用低温弯折性、柔度、柔性等指标表示。

三、防水涂料

适用性：复杂、不规则部位的防水。

考点 2 钢结构防火涂料分类★★

按照防火机理，钢结构防火涂料可分为：

（1）膨胀型钢结构防火涂料：在高温时，涂层膨胀发泡形成隔热层，保护钢结构的防火涂料。

（2）非膨胀型钢结构防火涂料：在高温时，涂层不膨胀发泡，靠涂层自身作为隔热层，保护钢结构的防火涂料。

考点 3 保温材料导热系数影响因素★★★

（1）材料的性质：导热系数以气体最小，液体较小，非金属较大，金属最大。

（2）湿度：材料吸湿受潮后导热系数增加。

（3）表观密度与孔隙特征：孔隙率相同时，孔隙尺寸越大，导热系数越大；表观密度越小，导热系数越小。

（4）热流方向：热流垂直纤维方向时，保温材料阻热性能最好。热流平行于纤维方向时，保温性能减弱。

（5）温度：材料的导热系数随温度的升高而增大，只有对处于高温和负温下的材料，才要考虑温度的影响。

实战演练

［2019真题·多选］影响保温材料导热系数的因素有（　　）。

A. 材料的性质　　　　　　　　　　　B. 表观密度与孔隙特征

C. 温度及湿度　　　　　　　　　　　D. 材料几何形状

E. 热流方向

［解析］影响保温材料导热系数的因素：材料的性质、表观密度与孔隙特征、温度、湿度、热流方向。

［答案］ABCE

考点 4 常用保温材料★★

常用保温材料的类别和特点见表 4-3-2。

表 4-3-2 常用保温材料的类别和特点

分类	特点
聚氨酯泡沫塑料	耐化学腐蚀性好；防水性能优异；防火阻燃性能好；保温性能好；使用温度范围广；使用方便 广泛应用于屋面和墙体保温，可代替传统的防水层和保温层，具有一材多用的功效
改性酚醛泡沫塑料	抗火焰穿透性强；吸声性能；吸湿性；抗老化性；绝热性；耐化学溶剂腐蚀性；阻燃性 广泛应用于防火保温要求较高的工业建筑和民用建筑
聚苯乙烯泡沫塑料	隔声性能优；耐低温性能强；隔热性能好；有一定弹性；低吸水性；重量轻；易加工 广泛应用于建筑外墙外保温和屋面的隔热保温
岩棉、矿渣棉制品	防火不燃；较好的耐低温性；声、隔声；对金属无腐蚀性；优良的绝热性；使用温度高；长期使用稳定性等
玻璃棉制品	吸水性强，不宜露天存放，室外工程不宜在雨天施工，否则应采取防水措施

实战演练

[经典例题·多选] 矿渣棉制品的性能特点有（   ）。

A. 使用温度高
B. 耐低温性差
C. 绝热性好
D. 防火不燃
E. 稳定性好

[解析] 矿渣棉制品的性能特点有优良的绝热性、使用温度高、防火不燃、较好的耐低温性、长期使用稳定性、吸声、隔声、对金属无腐蚀性等。

[答案] ACDE

名师总结

本章为建筑工程材料，主要介绍常用建筑结构材料、装修材料、功能材料的特性与应用，也是后续内容学习的基础知识。本章内容历年考试以考查选择题为主，抗震钢筋要求与混凝土强度分级可考查案例分析题。钢筋、水泥、混凝土、玻璃等材料的特性与应用属于高频考点，是必须掌握的内容。

同步强化训练

一、单项选择题（每题的备选项中，只有 1 个最符合题意）

1. 关于常用水泥凝结时间的说法，正确的是（   ）。

A. 初凝时间不宜过长，终凝时间不宜过短

B. 初凝时间是从水泥加水拌合起至水泥浆开始产生强度所需的时间

C. 终凝时间是从水泥加水拌合起至水泥浆达到强度等级所需的时间

D. 常用水泥的初凝时间均不得短于 45min，硅酸盐水泥的终凝时间不得长于 6.5h

2. 要求快硬早强的混凝土应优先选用的常用水泥是（　　　）。

    A. 硅酸盐水泥

    B. 矿渣水泥

    C. 普通硅酸盐水泥

    D. 复合水泥

3. 按相关规范规定，建筑水泥的存放期通常为（　　　）个月。

    A. 1   B. 2

    C. 3   D. 6

4. 结构设计中钢材强度的取值依据是（　　　）。

    A. 比例极限

    B. 弹性极限

    C. 屈服极限

    D. 强度极限

5. 评价钢材可靠性的一个参数是（　　　）。

    A. 强屈比

    B. 屈服比

    C. 弹性比

    D. 抗拉比

6. 关于建筑钢材拉伸性能的说法，正确的是（　　　）。

    A. 拉伸性能指标包括屈服强度、抗拉强度和伸长率

    B. 拉伸性能是指钢材抵抗冲击荷载的能力

    C. 拉伸性能随温度的下降而减小

    D. 负温下使用的结构，应当选用脆性临界温度较使用温度高的钢材

7. 在混凝土配合比设计时，影响混凝土拌合物和易性最主要的因素是（　　　）。

    A. 砂率

    B. 单位体积用水量

    C. 拌合方式

    D. 温度

8. 影响混凝土强度的因素中，属于原材料方面的因素是（　　　）。

    A. 搅拌   B. 振捣

    C. 养护的温度   D. 水胶比

9. 有关水泥砂浆的说法，正确的是（　　　）。

    A. 耐久性较差

    B. 流动性、保水性好

    C. 强度较高

    D. 一般用于房屋防潮层以上的砌体

10. 大理石常用于室内工程的最主要原因是（　　　）。

    A. 质地较密实

    B. 抗压强度较高

    C. 吸水率低

D. 耐酸腐蚀性差

11. 适用于体育馆、练功房、舞台、住宅等地面装饰的木地板是（　　）。

A. 软木地板

B. 复合木地板

C. 强化木地板

D. 实木地板

12. 家庭居室、客厅、办公室、宾馆等中高档地面铺设的是（　　）。

A. 实木复合地板

B. 浸渍纸层压木质地板

C. 软木地板

D. 竹地板

13. 同时具有光学性能良好、保温隔热降低能耗、防结露、良好的隔声性能等功能的是（　　）。

A. 夹层玻璃　　　　　　　　　　B. 净片玻璃

C. 隔声玻璃　　　　　　　　　　D. 中空玻璃

14. 影响保温材料导热系数的因素中，说法正确的是（　　）。

A. 表观密度小，导热系数大；孔隙率相同时，孔隙尺寸越大，导热系数越大

B. 表观密度小，导热系数小；孔隙率相同时，孔隙尺寸越大，导热系数越大

C. 表观密度小，导热系数小；孔隙率相同时，孔隙尺寸越小，导热系数越大

D. 表观密度小，导热系数大；孔隙率相同时，孔隙尺寸越小，导热系数越小

二、多项选择题（每题的备选项中，有2个或2个以上符合题意，至少有1个错项）

1. 建筑钢材的力学性能主要包括（　　）等几项。

A. 抗拉性能　　　　　　　　　　B. 冲击韧性

C. 耐疲劳性　　　　　　　　　　D. 可焊性

E. 冷弯性能

2. 节能装饰型玻璃包括（　　）。

A. 压花玻璃　　　　　　　　　　B. 彩色平板玻璃

C. "Low-E"玻璃　　　　　　　　D. 中空玻璃

E. 真空玻璃

参考答案及解析

一、单项选择题

1. [答案] D

[解析] 初凝时间是从水泥加水拌合起至水泥浆开始失去塑性所需的时间；终凝时间是从水泥加水拌合起至水泥浆完全失去塑性所需的时间；常用水泥的初凝时间均不得短于45min，硅酸盐水泥的终凝时间不得长于6.5h。

2. [答案] A

[解析] 要求快硬早强的混凝土应优先选

用的常用水泥是硅酸盐水泥。

3. [答案] C

[解析] 水泥超过三个月要进行复验。

4. [答案] C

[解析] 结构设计中钢材强度的取值依据是屈服极限。

5. [答案] A

[解析] 抗拉强度与屈服强度之比（强屈比）是评价钢材使用可靠性的一个参数。强屈比愈大，安全性越高，但太浪费材料。

6. ［答案］A

［解析］反映建筑钢材拉伸性能的指标包括屈服强度、抗拉强度和伸长率。冲击性能是指钢材抵抗冲击荷载的能力，其随温度的下降而减小。负温下使用的结构，应当选用脆性临界温度较使用温度低的钢材。

7. ［答案］B

［解析］影响混凝土拌合物和易性的主要因素包括单位体积用水量、砂率、组成材料的性质、时间和温度等。单位体积用水量决定水泥浆的数量和稠度，它是影响混凝土和易性的最主要因素。

8. ［答案］D

［解析］影响混凝土强度的因素主要有原材料及生产工艺方面的因素。原材料方面的因素包括水泥强度与水胶比，骨料的种类、质量和数量，外加剂和掺合料；生产工艺方面的因素包括搅拌与振捣，养护的温度和湿度，龄期。

9. ［答案］C

［解析］水泥砂浆强度高、耐久性好，但流动性、保水性均稍差，一般用于房屋防潮层以下的砌体或对强度有较高要求的砌体。

10. ［答案］D

［解析］大理石质地较密实、抗压强度较高、吸水率低、质地较软，属碱性中硬石材。因耐酸腐蚀性差，常用于室内工程。

11. ［答案］D

［解析］实木地板适用于体育馆、练功房、舞台、住宅等地面装饰。

12. ［答案］A

［解析］实木复合地板可分为三层复合实木地板、多层复合实木地板、细木工板复合实木地板。按质量等级分为优等品、一等品和合格品。实木复合地板适用于家庭居室、客厅、办公室、宾馆等中高档地面铺设。

13. ［答案］D

［解析］中空玻璃光学性能良好、保温隔热降低能耗、防结露、具有良好的隔声性能。

14. ［答案］B

［解析］表观密度与孔隙特征：表观密度小的材料，导热系数小。孔隙率相同时，孔隙尺寸越大，导热系数越大。

二、多项选择题

1. ［答案］ABC

［解析］力学性能是钢材最重要的使用性能，包括拉伸性能、冲击性能、疲劳性能等。

2. ［答案］CDE

［解析］节能装饰型玻璃包括：着色玻璃、镀膜玻璃、中空玻璃、真空玻璃。

第五章

建筑工程施工技术

▶学习提示

　　本章为建筑工程施工技术，主要介绍施工测量、土石方工程与基础工程、主体结构、防水工程、装饰装修工程的施工技术，历年考试中选择题分值占比较大，案例分析题也占有部分分值。本章内容既是考试重点，也是质量管理和安全管理的依托，学习时应结合施工流程和施工图片记忆具体技术要求。

▶考情分析

近四年考试真题分值统计表　　　　　　　　　　　　　　　　　　　（单位：分）

节序	节名	2020 年			2019 年			2018 年			2017 年		
		单选	多选	案例	单选	多选	案例	单选	多选	案例	单选	多选	案例
第一节	施工测量	1	—	—	1	—	—	—	2	—	—	—	—
第二节	土石方工程施工	2	—	—	1	2	—	—	—	5	1	—	3
第三节	地基与基础工程施工	—	—	5	—	—	—	2	—	—	1	2	6
第四节	主体结构工程施工	2	2	—	4	2	2	4	—	15	3	4	—
第五节	防水工程施工	—	—	—	—	—	5	2	—	—	—	—	6
第六节	装饰装修工程施工	2	2	—	1	2	—	1	2	—	2	—	—
	合计	7	4	5	7	6	7	9	4	20	7	6	15

第一节　施工测量

考点 1　施工测量主要工作★

（1）施工测量现场主要工作：测设建筑物的角度、长度、细部点的平面位置、细部点高程位置及倾斜线等。

（2）测高差、测距、测角是测量的基本工作。

考点 2　测量原则★★

由整体到局部：场区控制网→建筑物施工控制网→细部放样。

考点 3　场区控制网★

（1）场区控制网，应充分利用勘察阶段的已有平面和高程控制网。原有平面控制网的边长，应投影到测区的相应施工高程面上，并进行复测检查。精度满足施工要求时，可作为场区控制网使用。否则应重新建立场区控制网。

（2）新建场区控制网，可利用原控制网中的点组（由三个或三个以上的点组成）进行定位。

（3）小规模场区控制网，也可选用原控制网中一个点的坐标和一个边的方位进行定位。

考点 4　细部点平面位置的测设★★

细部点平面位置的测设见表 5-1-1。

表 5-1-1　细部点平面位置的测设

测设方法	特点
直角坐标法	当建筑场地的施工控制网为方格网或轴线形式时，采用直角坐标法放线最为方便
极坐标法	适用于测设点靠近控制点，便于量距的地方
角度前方交会法	适用于不便量距或测设点远离控制点的地方
距离交会法	不需要使用仪器，但精度较低
方向线交会法	测定点由相对应的两已知点或两定向点的方向线交会而得。方向线的设立可以用经纬仪，也可以用细线绳

考点 5　高程测量★★★

高程测量如图 5-1-1 所示。

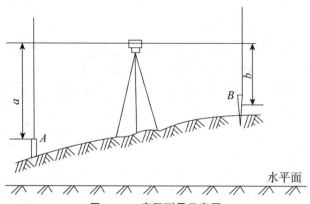

图 5-1-1　高程测量示意图

高程测量的原始计算公式为：

$$a + H_A = b + H_B$$

式中，a、b——两点水准尺读数；H_A、H_B——两点高程。

---------- ✐ 实战演练 ----------

[经典例题·单选] 若前视点 A 的高程为 20.503m，读数为 1.082m，后视点 B 的读数为 1.102m，则其后视点 B 的高程为（　　）m。

A. 19.421　　　　　　　B. 21.605　　　　　　　C. 20.483　　　　　　　D. 21.582

[解析] 应用公式 $a+H_A=b+H_B$，代入数据可得 $H_B=20.483$m。

[答案] C

重点提示

该考点易在选择题与案例分析题中考查计算题，结合图片在理解的基础上记忆原始计算公式，即前视点的读数高程之和等于后视点的读数高程之和。

考点 6　建筑施工期间的变形测量★★★

根据《建筑变形测量规范》，在施工期间应进行变形测量的有：

(1) 地基基础设计等级为甲级的建筑。

(2) 软弱地基上的地基基础设计等级为乙级的建筑。

(3) 加层、扩建或处理地基上的建筑。

(4) 受邻近施工影响或受场地地下水等环境因素变化影响的建筑。

(5) 采用新型基础或新型结构的建筑。

(6) 大型城市基础设施。

(7) 体型狭长且地基土变化明显的建筑。

考点 7　变形测量要求★★

(1) 建筑变形测量精度等级分为特等、一等、二等、三等、四等共五级。

(2) 变形监测点的布设应根据建筑结构、形状和场地工程地质条件等确定，点位应便于观察、易于保护，标志应稳固。

(3) 各期变形测量应在短时间内完成。对不同期测量，应采用相同的观测网形、观测线路和观测方法，并宜使用相同的测量仪器设备。

(4) 变形测量的基准点分为沉降基准点和位移基准点，需要时可设置工作基点。设置要求有：

1) 沉降观测基准点，特等、一等沉降观测不应少于 4 个；其他不应少于 3 个。

2) 位移观测基准点，特等、一等沉降观测不应少于 4 个；其他不应少于 3 个。

(5) 基坑变形观测分为基坑支护结构变形观测和基坑回弹观测。监测点布置要求有：

1) 基坑围护墙或基坑边坡顶部变形观测点沿基坑周边布置，周边中部、阳角处、邻近被保护对象的部位应设点；监测点水平间距不宜大于 20m，且每边监测点不宜少于 3 个；水平和垂直监测点宜共用同一点。

2) 基坑围护墙或土体深层水平位移监测点宜布置在围护墙的中间部位、阳角处及有代表性的部位，监测点水平间距 20～60m，每侧边不应少于 1 个。

考点 8　测量仪器性能★★★

测量仪器性能及注意事项见表5-1-2。

表 5-1-2　测量仪器性能及注意事项

分类	主要功能	注意事项
钢尺	测量距离（水平）	最常用的距离测量仪器
水准仪	测量高差（垂直）	不能直接测量待定点的高程，但可由控制点的已知高程来推算测点的高程
经纬仪	测量角度（水平＋垂直）	可以借助水准尺，利用视距测量原理，测出两点间的大致水平距离和高差
全站仪	测量竖向距离、水平距离、角度	一般用于大型工程的场地坐标测设及复杂工程的定位和细部测设

实战演练

[2019 **真题·单选**] 关于工程测量仪器性能与应用的说法，正确的是（　　　）。

A. 水准仪可直接测量待定点高程

B. S3 型水准仪可用于国家三等水准测量

C. 经纬仪不可以测量竖直角

D. 激光经纬仪不能在夜间进行测量工作

[解析] 水准仪的主要功能是测量两点间的高差，它不能直接测量待定点的高程，但可由控制点的已知高程来推算待测点的高程，选项 A 错误；S3 型水准仪称为普通水准仪，用于国家三、四等水准测量及一般工程水准测量，选项 B 正确；经纬仪是对水平角和竖直角进行测量的一种仪器，选项 C 错误；激光经纬仪能在夜间或黑暗的场地进行测量工作，不受照度的影响，选项 D 错误。

[答案] B

重点提示

掌握各种测量仪器的主要功能和注意事项，明确水准仪只能测量高差，不能直接测量高程。经纬仪只能测量角度，可以通过角度换算距离，不能直接测量距离。

第二节　土石方工程施工

考点 1　人工降水★★

（1）降水方法选择：开挖深度＜3m 时采用集水明排；开挖深度≥3m 时采用井点降水。

（2）当基坑底为隔水层且层底作用有承压水时，应进行坑底突涌验算。必要时可采取水平封底隔渗或钻孔减压措施，保证坑底土层稳定；避免突涌的发生。

（3）集水明排是在基坑四周挖明沟排水，其示意图如图 5-2-1 所示。

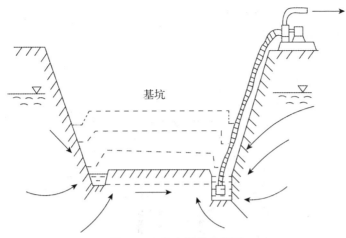

图 5-2-1　集水明排示意图

（4）井点降水：

1）真空（轻型）井点的适用条件：①渗透系数为 0.1～20.0m/d 的土；②土层中含有大量的细砂和粉砂的土；③明沟排水易引起流沙、塌方的土。其示意图如图 5-2-2 所示。

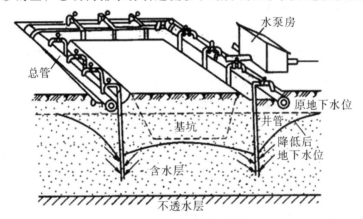

图 5-2-2　井点降水示意图

2）喷射井点的适用条件：基坑开挖较深、降水深度大于 6m、土渗透系数为 0.1～20.0m/d 的填土、粉土、黏性土、砂土中使用。

3）管井井点的适用条件：①渗透系数较大，地下水丰富的土层、砂层；②用明沟排水法易造成土粒大量流失，引起边坡塌方及用轻型井点难以满足要求的土层。其示意图如图 5-2-3 所示。管井井点要求土层渗透系数较大（1.0～200.0m/d）。

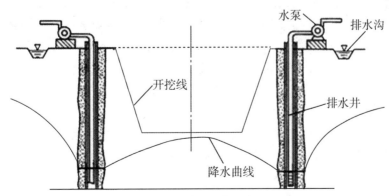

图 5-2-3　管井井点示意图

4）井点回灌，为防止降水井点对井点周围建（构）筑物、地下管线的影响，在开挖的同时回灌。其示意图如图 5-2-4 所示。

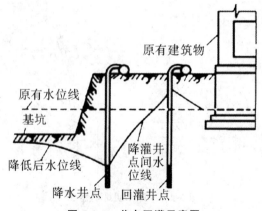

图 5-2-4　井点回灌示意图

实战演练

[2019 **真题·单选**] 不宜用于填土土质的降水方法是（　　）。

A. 轻型井点

B. 降水管井

C. 喷射井点

D. 电渗井点

[**解析**] 降水常用的有轻型井点、多级轻型井点、喷射井点、电渗井点、真空降水管井、降水管井等方法。它们大多都适用于填土、黏性土、粉土和砂土，只有降水管井不宜用于填土，但适合于碎石土和黄土。

[**答案**] B

[2015 **真题·单选**] 针对渗透系数较大的土层，适宜采用的降水技术是（　　）降水。

A. 真空井点　　　　　　　　　　　　B. 轻型井点

C. 喷射井点　　　　　　　　　　　　D. 管井井点

[**解析**] 管井属于重力排水范畴，吸程高度受到一定限制，要求渗透系数较大（1.0～200.0m/d）。

[**答案**] D

重点提示

该考点一般以选择题形式考查，注意理解记忆。集水明排适用 3m 以内的基坑降水，由于抽水过程中会导致土颗粒流失而产生流沙，为防止这一现象可以采用井点降水。井点回灌的目的是为了防止抽水对周围建筑物的影响。

考点 2　基坑开挖要求

（1）土方开挖原则：开槽支撑，先撑后挖，分层开挖，严禁超挖。

（2）基坑开挖应尽量防止对地基土的扰动，不同基坑开挖情况下的预留土层厚度见表5-2-1。

表5-2-1　不同基坑开挖情况下的预留土层厚度

开挖情况	预留土层厚度
人工挖土，基坑挖好后不能立即进行下道工序	15～30cm
铲运机、推土机	15～20cm
正铲、反铲或拉铲挖土机	20～30cm

（3）在地下水位以下挖土，应将水位降低至坑底以下50cm。降水工作应持续到基础（包括地下水位下回填土）施工完成。

（4）雨期施工时，基坑应分段开挖，挖好一段浇筑一段垫层，并应在坑顶、坑底采取有效的截排水措施。

（5）基坑开挖时，应对平面控制桩、水准点、平面位置、水平标高、边坡坡度、排水、降水系统等经常复测检查。

（6）深基坑挖土方案：

1）无支护结构：放坡挖土。

2）有支护结构：中心岛式（也称墩式）挖土、盆式挖土和逆作法挖土。

（7）深基坑挖土分层厚度宜控制在3m以内。

（8）深基坑挖土采用土钉墙支护的基坑开挖应分层分段进行，每层分段长度不宜大于30m。

（9）填方土料不能选用淤泥、淤泥质土、有机质大于5%的土、含水量不符合压实要求的黏性土。

（10）填方应在相对两侧或周围同时进行回填和夯实。

（11）填土应尽量采用同类土填筑。

【重】【点】【提】【示】

该考点结合土方力学的基本原理学习，土的受力变形与时间相关且受水影响很大。结合土的受理特性重点记忆土方开挖与回填的技术要求。

✏️ 实战演练

[经典例题·单选] 关于土方开挖的顺序、方法的说法，正确的是（　　）。

A. 开槽支撑，先撑后挖，分层开挖

B. 支撑开槽，后挖先撑，分层开挖

C. 支撑开槽，先撑后挖，分层开挖

D. 开槽支撑，后挖先撑，分层开挖

[解析] 土方开挖原则：开槽支撑，先撑后挖，分层开挖，严禁超挖。

[答案] A

[经典例题·单选] 基坑土方填筑应（　　）进行回填和夯实。

A. 在基抗卸土方便处

B. 在相对两侧或周围同时

C. 从一侧向另一侧平推

D. 由近到远

[解析] 填方应在相对两侧或周围同时进行回填和夯实。

［答案］B

考点 3 基坑验槽★★

一、验槽具备的资料和条件

（1）地基基础设计文件。

（2）岩土工程勘察报告。

（3）地基处理或深基础施工质量检测报告。

（4）轻型动力触探记录（可不进行时除外）。

（5）基底应为无扰动的原状土，留置有保护层时其厚度不应超过100mm。

（6）建设、监理、勘察、设计、施工等相关单位技术人员到场。

二、天然地基验槽

天然地基验槽内容主要有：

（1）根据勘察报告核对地下水情况及坑底、坑边岩土体。

（2）检查古墓、暗沟、空穴、古井、地下埋设物及防空掩体等情况，并应查明其深度、位置、性状。

（3）根据勘察、设计文件核对基坑的平面尺寸、位置、坑底标高。

（4）检查基坑底土质受水冲刷或浸泡、干裂、冰冻的扰动情况，并查明影响范围和深度。

（5）检查基坑底土质的扰动情况及扰动的范围和程度。

天然地基验槽前应在基坑（槽）底普遍进行轻型动力触探检验，检验数据作为验槽依据。遇到下列情况之一时，可不进行轻型动力触探：

（1）基础持力层为均匀、密实砂层，且基底以下厚度大于1.5m时。

（2）基坑持力层为砾石层或卵石层，且基底以下砾石层和卵石层厚度大于1m时。

（3）承压水头可能高于基坑底面标高，触探可造成冒水涌砂时。

三、地基处理工程验槽

（1）对于换填地基、强夯地基，应现场检查处理后的地基均匀性、密实度等检测报告和承载力检测资料。

（2）对于增强体复合地基，应现场检查桩头、桩位、桩间土情况和复合地基施工质量检测报告。

（3）对于特殊土地基，应现场检查处理后地基的湿陷性、地震液化、冻土保温、膨胀土隔水等方面的处理效果检测资料。

四、桩基工程验槽

（1）设计计算中考虑桩筏基础、低桩承台等桩间土共同作用时，应在开挖清理至设计标高后对桩间土进行检验。

（2）对人工挖孔桩，应在桩孔清理完毕后，对桩端持力层进行检验。对大孔径挖孔桩，应逐孔检验孔底的岩土情况。

五、观察法

（1）观察槽壁、槽底的土质情况，验证基槽开挖深度，初步验证基槽底部土质是否与勘察报告相符，观察槽底土质结构是否被人为破坏。

（2）基槽边坡是否稳定，是否有影响边坡稳定的因素存在，如地下渗水、坑边堆载或近距离扰动等（对难于鉴别的土质，应采用洛阳铲等手段挖至一定深度仔细鉴别）。

（3）基槽内有无旧的房基、洞穴、古井、掩埋的管道和人防设施等。如存在上述问题，应沿其走向进行追踪，查明其在基槽内的范围、延伸方向、长度、深度及宽度。

（4）在进行直接观察时，可用袖珍式贯入仪或其他手段作为验槽辅助。

六、轻型动力触探

轻型动力触探进行基槽检验时，应检查下列内容：

（1）地基持力层的强度和均匀性。

（2）浅埋软弱下卧层或浅埋突出硬层。

（3）浅埋的会影响地基承载力或地基稳定性的古井、墓穴和空洞等。

轻型动力触探宜采用机械自动化实施，检验深度及间距应满足表5-2-2要求。检验完毕后，触探孔应灌砂填实。

表 5-2-2　轻型动力触探检验深度及间距　　　　　　（单位：m）

排列方式	基坑（槽）宽度	检验深度	检验间距
中心一排	<0.8	1.2	一般 1.0～1.5m，出现明显异常时，需加密至足够掌握异常边界
两排错开	0.8～2.0	1.5	
梅花型	>2.0	2.1	

第三节　地基与基础工程施工

考点 1　换填地基法★

（1）换填地基法的分类见表5-3-1。

表 5-3-1　换填地基法的分类

分类	适用性
素土、灰土地基	土料可采用黏土或砂质黏土，石灰采用新鲜的消石灰。灰土体积配合比宜为2：8或3：7
砂和砂石地基	宜选用碎石、卵石、角砾、圆砾、砾砂、粗砂、中砂或石屑。当使用粉细砂或石粉时，应掺入不少于总重30%的碎石或卵石
粉煤灰地基	应选用Ⅲ级以上的粉煤灰

（2）换填地基施工时，不得在柱基、墙角及承重窗间墙下接缝；上下两层的缝距不得小于500mm。

（3）灰土应拌合均匀并应当日铺填分压，灰土夯压密实后3d内不得受水浸泡；粉煤灰垫层铺填后宜当天压实。

······················ ✐实战演练 ······················

［经典例题·多选］砂和砂石地基原材料可选用（　　　）。

A. 角砾

B. 卵石

C. 粗砂、中砂

D. 圆砾、砾砂

E. 细砂

[解析] 砂和砂石地基原材料宜选用碎石、卵石、角砾、圆砾、砾砂、粗砂、中砂或石屑。

[答案] ABCD

重点提示

本部分内容为低频考点，一般考查选择题，注意记忆相关数据。另外，注意管理部分与法规部分中关于灰土地基和砂石地基的内容会在案例分析题中考查。

考点 2 桩基础施工★★

一、桩的分类

（1）按受力分类：端承桩和摩擦桩。其示意图如图 5-3-1 所示。

（2）按施工方法分类：预制桩和灌注桩。

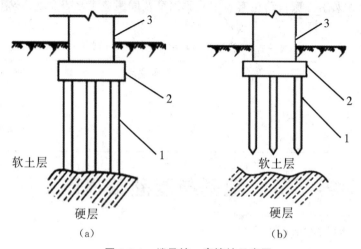

图 5-3-1 端承桩、摩擦桩示意图

1—桩；2—承台；3—上部结构

（a）端承桩；（b）摩擦桩

二、锤击沉桩法

锤击沉桩法如图 5-3-2 所示。

图 5-3-2 锤击沉桩法实例图

（1）锤击沉桩顺序应按先深后浅、先大后小、先长后短、先密后疏的次序进行。

【注意】不要把土挤向对施工或周围建筑不利的方向，规格标高不同时先打不容易被挤偏的桩。

（2）沉桩顺序：

1）密集桩群，从中间开始分头向四周或两边对称施打。

2）当一侧毗邻建筑物时，由毗邻建筑物处向另一方向施打。

（3）入土深度控制：

1）摩擦桩：标高为主，贯入度为参考。

2）端承桩：贯入度为主，标高为参考。

三、钻孔灌注桩

钻孔灌注桩施工流程如图 5-3-3 所示。

（a）

（b）

（c）

（d）

（e）

（f）

（g）

图 5-3-3　钻孔灌注桩施工流程图

（a）钻孔与成孔；（b）下放钢筋笼；（c）下放钢导管；（d）二次清孔；

（e）灌注混凝土；（f）桩身完整性检测；（g）桩身承载力检测

重点提示

钻孔灌注桩是重要内容，考查集中在管理部分和法规部分，但其内容都是基于施工流程，此处先给出具体施工流程。

实战演练

[2013 真题·单选] 采用锤击沉桩法施工的摩擦桩，主要以（　　）控制其入土深度。

A. 贯入度　　　　　　　　　　　　B. 持力层

C. 标高　　　　　　　　　　　　　D. 锤击数

[解析] 桩的入土深度的控制，对于承受轴向荷载的摩擦桩，以标高为主，贯入度作为参考；端承桩则以贯入度为主，以标高作为参考。

[答案] C

[2017 真题·多选] 采用锤击法进行混凝土预制桩施工时，宜采用（　　）。

A. 低锤轻打　　　　　　　　　　　B. 重锤低击

C. 重锤高击   D. 低锤重打

E. 高锤重打

[解析] 正常打桩宜采用"重锤低击，低锤重打"，可取得良好效果。

[答案] BD

[2015真题·多选] 关于钢筋混凝土预制桩锤击沉桩顺序的说法，正确的有（　　　）。

A. 基坑不大时，打桩可逐排打设

B. 对于密集桩群，从中间开始分头向四周或两边对称施打

C. 当一侧毗邻建筑物时，由毗邻建筑物处向另一方向施打

D. 对基础标高不一的桩，宜先浅后深

E. 对不同规格的桩，宜先小后大

[解析] 当基坑不大时，打桩应逐排打设或从中间开始分头向四周或两边进行，故选项A正确。对于密集桩群，从中间开始分头向四周或两边对称施打，故选项B正确。当一侧毗邻建筑物时，由毗邻建筑物处向另一方向施打，故选项C正确。对基础标高不一的桩，宜先深后浅，故选项D错误。对不同规格的桩，宜先大后小、先长后短，可使土层挤密均匀，以防止位移或偏斜，故选项E错误。

[答案] ABC

┌───┐
│ [重][点][提][示]

（1）理解记忆桩基础的分类及控制标准。

（2）必须掌握泥浆护壁钻孔灌注桩的施工程序，以及施工节点二次清孔的时间及清孔的目的，一般考查案例判断是非题。

（3）预制桩案例分析题考查较少，但选择题是高频考点，理解记忆相关内容。
└───┘

考点 3 浅基础分类★★

一、独立基础

独立基础如图 5-3-4 所示。

图 5-3-4 独立基础实例图

（1）台阶式基础施工，可按台阶分层一次浇筑完毕，不允许留设施工缝。

（2）每层混凝土要一次浇筑，顺序是先边角后中间，务必使砂浆充满模板。

二、条形基础

条形基础如图 5-3-5 所示。

图 5-3-5　条形基础实例图

（1）根据基础深度宜分段分层连续浇筑混凝土，一般不留施工缝。

（2）各段层间应相互衔接，每段间浇筑长度控制在 2～3m，做到逐段逐层呈阶梯形向前推进。

三、筏板基础

筏板基础如图 5-3-6 所示。

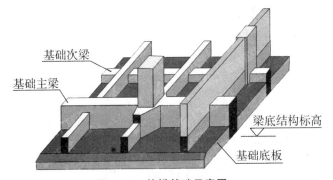

图 5-3-6　筏板基础示意图

高层建筑筏形基础和箱形基础长度超过 40m 时，宜设置贯通的后浇施工缝（后浇带），后浇带宽不宜小于 800mm，在后浇施工缝处，钢筋必须贯通。后浇带施工如图 5-3-7 所示。

图 5-3-7　筏板基础后浇带施工实例图

✐实战演练

［经典例题·多选］下列关于混凝土基础的主要形式的说法，正确的有（　　）。

A. 条形基础　　　　　B. 筏形基础　　　　　C. 箱形基础　　　　　D. 独立基础

E. 球形基础

［解析］混凝土基础的主要形式有条形基础、独立基础、筏形基础和箱形基础等。

［答案］ABCD

重点提示

浅基础施工都不留设施工缝。注意结合图片记忆相关要求。

考点 4 浅基础钢筋工程★★

（1）钢筋网的绑扎：

1）四周两行钢筋交叉点应每点扎牢，中间部分交叉点可相隔交错扎牢，但必须保证受力钢筋不位移。

2）双向主筋的钢筋网，则须将全部钢筋相交点扎牢。

3）绑扎时应注意相邻绑扎点的钢丝扣要成八字形，以免网片歪斜变形。

（2）基础底板采用双层钢筋网时，在上层钢筋网下面应设置钢筋撑脚，以保证钢筋位置正确。

（3）钢筋的弯钩应朝上，不要倒向一边；但双层钢筋网的上层钢筋弯钩应朝下。

（4）独立柱基础为双向钢筋时，其底面短边的钢筋应放在长边钢筋的上面。

（5）纵向受力钢筋保护层厚度要求：

1）有垫层时：≥40mm。

2）无垫层时：≥70mm。

（6）钢筋连接要求：

1）受力钢筋的接头宜设置在受力较小处。在同一根纵向受力钢筋上不宜设置两个或两个以上接头。接头末端至钢筋弯起点的距离不应小于钢筋直径的10倍。

2）若采用绑扎搭接接头，则相邻纵向受力钢筋的绑扎接头宜相互错开。

3）当受拉钢筋的直径 $d>25$mm 及受压钢筋的直径 $d>28$mm 时，不宜采用绑扎接头，宜采用焊接或机械连接接头。

实战演练

[2018真题·单选]直接接触土体浇筑的普通钢筋混凝土构件，其混凝土保护层厚度不应小于（　　）。

A. 50mm   B. 60mm

C. 70mm   D. 80mm

[解析]直接接触土体浇筑的构件，其混凝土保护层厚度不应小于70mm。

[答案]C

[2017真题·案例节选]

背景资料：

某新建仓储工程，建筑面积8000m²，地下1层，地上1层，采用钢筋混凝土筏板基础，建筑高度12m；地下室为钢筋混凝土框架结构，地上部分为钢结构；筏板基础混凝土等级为C30，内配双层钢筋网，主筋为Ⅲ级Φ20螺纹钢，基础筏板下三七灰土夯实，无混凝土垫层。

项目部制定的基础筏板钢筋施工技术方案中规定：钢筋保护层厚度控制在40mm；主筋通过直螺纹连接接长。钢筋交叉点按照相隔交错扎牢。绑扎点的钢丝扣绑扎方向要求一致；上下两层钢筋网之间拉勾要绑扎牢固，以保证上、下两层钢筋网相对位置准确。监理工程师审查后认为有些规定不妥，要求改正。

问题：

2.写出基础筏板钢筋技术方案中的不妥之处，并分别说明理由。

[答案]

2. （1）不妥之处一：钢筋保护层厚度控制在 40mm。

理由：基础中纵向受力钢筋的混凝土保护层厚度应按设计要求，且不应小于 40mm；当无垫层时，不应小于 70mm。

（2）不妥之处二：钢筋交叉点按照相隔交错扎牢，绑扎点的钢丝扣绑扎方向要求一致。

理由：四周两行钢筋交叉点应每点扎牢，中间部分交叉点可相隔交错扎牢，但必须保证受力钢筋不位移。双向主筋的钢筋网，则须将全部钢筋相交点扎牢；绑扎时应注意相邻绑扎点的钢丝扣要成八字形。

（3）不妥之处三：上、下钢筋网之间拉钩要绑扎牢固，以保证上、下层钢筋网相对位置准确。

理由：基础底板采用双层钢筋网时，在上层钢筋网下面应设置钢筋撑脚，以保证钢筋位置正确。

┌─ 重点提示 ─┐

重点记忆钢筋的施工技术要求，以应对案例分析题。

考点 5 大体积混凝土工程★★

大体积混凝土工程施工应符合《大体积混凝土施工标准》（GB 50496—2018）的规定。

一、大体积混凝土施工组织

大体积混凝土施工组织设计内容如下：

（1）大体积混凝土浇筑体温度应力和收缩应力计算结果。

（2）施工阶段主要抗裂构造措施和温控指标的确定。

（3）原材料优选、配合比设计、制备与运输计划。

（4）主要施工设备和现场总平面布置。

（5）温控监测设备和测试布置图。

（6）浇筑顺序和施工进度计划。

（7）保温和保湿养护方法。

（8）应急预案和应急保障措施。

（9）特殊部位和特殊气候条件下的施工措施。

二、大体积混凝土施工要求

（1）大体积混凝土施工宜采用整体分层或推移式连续浇筑施工。

（2）当大体积混凝土施工设置水平施工缝时，位置及间歇时间应根据设计规定、温度裂缝控制规定、混凝土供应能力、钢筋工程施工、预埋管件安装等因素确定。

（3）当采用跳仓法时，跳仓的最大分块单向尺寸不宜大于 40m，跳仓间隔施工的时间不宜小于 7d。

（4）混凝土入模温度宜控制在 5～30℃。

（5）大体积混凝土保温保湿养护规定：①专人负责保温养护工作，并应进行测试记录；②保湿养护持续时间不宜少于 14d；③保温覆盖层拆除应分层逐步进行，当混凝土表面温度与环境最大温差小于 20℃时，可全部拆除。

三、大体积混凝土施工试验与监测

（一）混凝土试验取样

（1）一次连续浇筑不大于 1000m³ 时，现场取样不应少于 10 组。

（2）一次连续浇筑 1000～5000m³ 时，超出 1000m³ 的，每增加 500m³ 取样不应少于一组。

（3）一次连续浇筑大于 5000m³ 时，超出 5000m³ 的，每增加 1000m³ 取样不应少于一组。

（二）大体积混凝土温度监测与控制

（1）大体积混凝土施工前，应对混凝土浇筑体的温度、温度应力及收缩应力进行试算，确定混凝土浇筑体的温升峰值、里表温差及降温速率的控制指标，制定相应的温控技术措施。

（2）大体积混凝土施工温控指标应符合下列规定：①混凝土浇筑体在入模温度基础上的温升值不宜大于 50℃；②混凝土浇筑体里表温差不宜大于 25℃；③混凝土浇筑体降温速率不宜大于 2.0℃/d；④拆除保温覆盖时混凝土浇筑体表面与大气温差不应大于 20℃。

（3）大体积混凝土浇筑体内监测点布置方式：①测试区内监测点应按平面分层布置；②在每条测试轴线上，监测点位不宜少于 4 处；③沿混凝土浇筑体厚度方向，应至少布置表层、底层和中心温度测点，测点间距不宜大于 500mm；④混凝土浇筑体表层温度，宜为混凝土浇筑体表面以内 50mm 处的温度；⑤混凝土浇筑体底层温度，宜为混凝土浇筑体底面以上 50mm 处的温度。

（4）大体积混凝土浇筑体里表温差、降温速率及环境温度的测试，在混凝土浇筑后，每昼夜不应少于 4 次；入模温度测量，每台班不应少于 2 次。

✐ 实战演练

[2018 真题·单选] 关于大体积混凝土浇筑的说法，正确的是（　　）。

A. 宜沿短边方向进行　　　　　　　　B. 可多点同时浇筑

C. 宜从高处开始　　　　　　　　　　D. 应采用平板振捣器振捣

[解析] 混凝土浇筑宜从低处开始，沿长边方向自一端向另一端进行。当混凝土供应量有保证时，亦可多点同时浇筑。混凝土应采取振捣棒振捣。

[答案] B

[2017 真题·单选] 在大体积混凝土养护的温控过程中，其降温速率一般不宜大于（　　）。

A. 1℃/d　　　　　　　　　　　　　　B. 1.5℃/d

C. 2℃/d　　　　　　　　　　　　　　D. 2.5℃/d

[解析] 在大体积混凝土养护的温控过程中，其降温速率一般不宜大于 2℃/d。

[答案] C

重点提示

大体积混凝土的核心问题是混凝土导热性差，水泥硬化过程中热量无法释放导致内外温差过大，因此裂缝的控制主要从内外温差着手。

考点 6　砌体基础要求★

（1）宜采用"三一"砌砖法（即一铲灰、一块砖、一挤揉）。

（2）砌体基础必须采用水泥砂浆砌筑。

（3）基础标高不同时，应从低处砌起，并应由高处向低处搭砌。

（4）卫生间等有防水要求的空心小砌块墙下应灌实一皮砖，或设置高 200mm 的混凝土带。

（5）底层室内地面以下或防潮层以下的空心小砌块砌体，应用 C20 混凝土灌实砌体的孔洞。

┌───┐
│ 重点提示 ┄┄┄┄┄┄┄┄┄┄┄┄┄┄┄┄┄┄┄┄┄┄┄┄┄┄
│   该考点为低频考点，一般考查选择题。注意记忆施工技术要求中的相关数据。
└───┘

第四节　主体结构工程施工

考点 1　混凝土结构施工技术★★★

钢筋混凝土结构施工流程如图 5-4-1 所示。

（a）　　　　　　　　（b）　　　　　　　　（c）

（d）　　　　　　　　（e）　　　　　　　　（f）

（g）　　　　　　　　（h）　　　　　　　　（i）

图 5-4-1　钢筋混凝土结构施工流程

（a）绑扎竖向结构钢筋并支撑模板；（b）搭设脚手架；（c）施工梁板结构模板；

（d）梁板模板施工完成；（e）绑扎主次梁钢筋；（f）施做预埋件；

（g）绑扎板的钢筋；（h）浇筑混凝土；（i）混凝土养护

一、主体结构模板工程

（1）起拱对象：梁、板≥4m；起拱高度：跨度的 1/1000～3/1000。

（2）木杆、钢管、门架等支架立柱不得混用。

（3）模板的接缝不应漏浆；在浇筑混凝土前，木模板应浇水润湿，但模板内不应有积水。

（4）模板与混凝土的接触面应清理干净并涂刷隔离剂，但不得采用影响结构性能或妨碍装饰工程的隔离剂。

（5）模板拆除：

1）顺序：先支的后拆、后支的先拆，先拆非承重模板、后拆承重模板。

2）侧模拆除要求：混凝土强度能保证其表面及棱角不受损伤，一般是 $1N/mm^2$。

3）底模拆除要求见表 5-4-1（关键词：8m，75%）。

表 5-4-1 底模拆除要求

构件类型	构件跨度/m	达到设计的混凝土立方体抗压强度标准值的百分率/%
板	≤2	≥50
	>2，≤8	≥75
	>8	≥100
梁、拱、壳	≤8	≥75
	>8	≥100
悬臂结构		≥100

4）快拆支架体系的支架立杆间距不应大于 2m。拆模时应保留立杆并顶托支承楼板，拆模时的混凝土强度可取构件跨度为 2m，按表 5-4-1 的规定确定。

二、主体结构钢筋工程

（一）配料计算

钢筋布置图如图 5-4-2 所示，各种钢筋下料长度计算如下：

直钢筋下料长度＝构件长度－保护层厚度＋弯钩增加长度。

弯起钢筋下料长度＝直段长度＋斜段长度－弯曲调整值＋弯钩增加长度。

箍筋下料长度＝箍筋周长＋箍筋调整值。

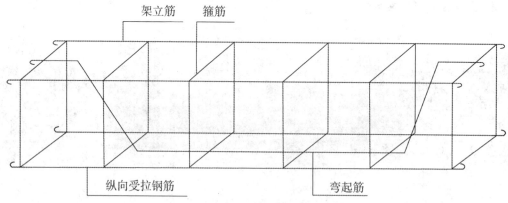

图 5-4-2 钢筋布置图

【注意】上述钢筋如需要搭接，还要增加钢筋搭接长度。

（二）钢筋代换

（1）等强度代换：当构件按照强度配筋时，代换钢筋强度不应低于原钢筋强度。

（2）等面积代换：当构件按照最小配筋率配筋时，代换钢筋面积不应低于原钢筋面积。

（三）钢筋连接

1. 连接方法

钢筋的连接方法有焊接（如图 5-4-3 所示），绑扎连接（如图 5-4-4 所示），机械连接（挤压、螺纹）（如图 5-4-5 所示）。钢筋接头位置宜设置在受力较小处，同一纵向受力钢筋不宜设置两个或两个以上接头。

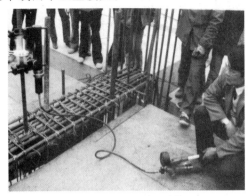

图 5-4-3　钢筋焊接

图 5-4-4　钢筋绑扎连接

（a）

（b）

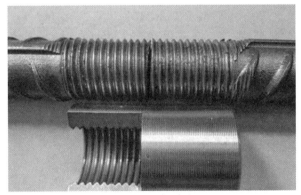

（c）

图 5-4-5　钢筋机械连接

（a）挤压连接；（b）直螺纹套筒连接；（c）直螺纹套筒构造

2. 关键点

钢筋连接方法及关键点见表 5-4-2。

表 5-4-2　钢筋连接方法及关键点

连接方法	关键点
焊接	直接承受动力荷载的结构构件中，纵向钢筋不宜采用焊接接头
机械连接	分类：钢筋套筒挤压连接、钢筋直螺纹套筒连接
绑扎连接	当受拉钢筋直径大于 25mm、受压钢筋直径大于 28mm 时，不宜采用绑扎搭接接头 轴心受拉、小偏心受拉、直接承受动力荷载结构中的纵向受力钢筋不得采用绑扎搭接接头

（四）钢筋加工

（1）钢筋宜采用无延伸功能的机械设备进行调直，也可采用冷拉调直。

（2）当采用冷拉调直时，HPB300 级光圆钢筋的冷拉率不宜大于 4%。

（3）HRB400、HRB500 级带肋筋的冷拉率不宜大于 1%。

（五）柱钢筋

（1）每层柱第一个钢筋接头位置距楼地面高度不宜小于 500mm、柱高的 1/6 及柱截面长边（或直径）的较大值。

（2）框架梁、牛腿及柱帽等钢筋，应放在柱子纵向钢筋的内侧。

（3）如设计无特殊要求，当柱中纵向受力钢筋直径大于 25mm 时，应在搭接接头两个端面外 100mm 范围内各设置 2 个箍筋，其间距宜为 50mm。

【注意】与钢筋连接相联系，当受拉钢筋直径大于 25mm、受压钢筋直径大于 28mm 时，不宜采用绑扎搭接接头。而此处说的是当受压钢筋（柱是受压构件）直径大于 25mm 时采用绑扎搭接接头的要求。

（六）梁钢筋

（1）连续梁、板的上部钢筋接头位置宜设置在跨中 1/3 跨度范围内，下部钢筋接头位置宜设置在梁端 1/3 跨度范围内。

（2）梁纵向受力钢筋采取双层排列时，两排钢筋之间应垫以不小于 25mm 的短钢筋。

（3）板、次梁与主梁交叉处，板的钢筋在上，次梁的钢筋居中，主梁的钢筋在下；当有圈梁或垫梁时，主梁的钢筋在上。如图 5-4-6 所示。

图 5-4-6　节点钢筋布置图

（4）框架节点处钢筋穿插十分稠密时，应特别注意梁顶面主筋间的净距要有 30mm，以利浇筑混凝土。

三、主体结构混凝土工程

（一）浇筑流程

主体结构混凝土浇筑流程如图 5-4-7 所示。

(1) 水泥进场时应对其品种、级别、包装或散装仓号、出厂日期等进行检查，并应对其强度、安定性及其他必要的性能指标进行复验

(2) 对水泥质量有怀疑或水泥出厂超过三个月（快硬硅酸盐水泥超过一个月）时，应进行复验

(3) 不同品种的水泥不得混掺使用

(4) 混凝土在运输中不宜发生分层、离析现象；否则，应在浇筑前二次搅拌

(1) 初凝前运至现场并浇筑完毕

(2) 泵送混凝土的入泵坍落度不宜低于100mm

(3) 现场环境温度高于35℃时，宜对金属模板进行洒水降温；洒水后不得留有积水；混凝土入模温度不应高于35℃

(1) 自由倾落高度：①粗骨料粒径＞25mm时，≤3m；②粗骨料粒径≤25mm时，≤6m

(2) 当不能满足时，应加设串筒、溜管、溜槽等装置

(1) 梁和板宜同时浇筑混凝土，有主次梁的楼板宜顺着次梁方向浇筑，单向板宜沿着板的长边方向浇筑

(2) 在浇筑竖向结构混凝土前，应先在底部填以不大于30mm厚与混凝土内砂浆成分相同的水泥砂浆

施工缝：①有主次梁的楼板垂直施工缝应留设在次梁跨度中间的1/3范围内；②墙，留置在门洞口过梁跨中1/3范围内，也可留在纵横墙的交接处；③单向板，留置在平行于板的短边的任何位置

(1) 终凝前（8~12h内）对已浇筑完毕的混凝土开始进行自然养护

(2) 养护时间：①硅酸盐水泥、普通硅酸盐水泥或矿渣硅酸盐水泥拌制的混凝土≥7d；②火山灰质硅酸盐水泥、粉煤灰硅酸盐水泥拌制的混凝土≥14d；③掺用缓凝型外加剂、矿物掺合料或有抗渗性要求的混凝土≥14d

(1) 填充后浇带，可采用微膨胀混凝土，强度等级比原结构强度提高一级，并保持至少14d的湿润养护

(2) 在施工缝处继续浇筑混凝土时，已浇筑混凝土抗压强度不应小于1.2N/mm²

(3) 在已浇筑的混凝土强度达到1.2N/mm²以前，不得在其上踩踏或安装模板及支架等

图 5-4-7 主体结构混凝土浇筑流程

（二）施工缝混凝土浇筑要求

在施工缝处继续浇筑混凝土时，应符合下列规定：

（1）已浇筑的混凝土，其抗压强度不应小于 $1.2N/mm^2$。

（2）在已硬化的混凝土表面上，应清除水泥薄膜和松动石子以及软弱混凝土层，并加以充分湿润和冲洗干净，且不得积水。

（3）在浇筑混凝土前，宜先在施工缝处刷一层水泥浆（可掺适量界面剂）或铺一层与混凝土内成分相同的水泥砂浆。

（4）混凝土应细致捣实，使新旧混凝土紧密结合。

实战演练

[2019 真题·单选] 直接承受动力荷载的结构构件中，直径为 20mm 纵向受力钢筋的连接宜选用（　　）。

A. 绑扎连接　　　　　　　　　　　　B. 直螺纹套筒连接

C. 帮条焊　　　　　　　　　　　　　D. 搭接焊

[解析] 直接承受动力荷载的结构构件中，纵向钢筋不宜采用焊接接头。目前最常用、采用最多的方式是钢筋剥肋滚压直螺纹套筒连接，其通常适用的钢筋级别为 HRB335、HRB400、RRB400，适用的钢筋直径范围通常为 16～50mm。

[答案] B

[2017 真题·单选] 拆除跨度为 7m 的现浇钢筋混凝土梁的底模及支架时，其混凝土强度至少是混凝土设计抗压强度标准值的（　　）。

A. 50%　　　　　　B. 75%　　　　　　C. 85%　　　　　　D. 100%

[解析] 混凝土梁的跨度为 7m，小于等于 8m，故混凝土强度至少是混凝土设计抗压强度标准值的 75%。

[答案] B

[2017 真题·单选] 受力钢筋代换应征得（　　）同意。

A. 监理单位　　　　　　　　　　　　B. 施工单位

C. 设计单位　　　　　　　　　　　　D. 勘察单位

[解析] 钢筋代换时，应征得设计单位同意。

[答案] C

[2015 真题·单选] 某跨度 8m 的混凝土楼板，设计强度等级为 C30，模板采用快拆支架体系，支架立杆间距 2m，拆模时混凝土的最低强度是（　　）MPa。

A. 15　　　　　　B. 22.5　　　　　　C. 25.5　　　　　　D. 30

[解析] 快拆支架体系的支架立杆间距不应大于 2m。拆模时应保留立杆并顶托支承楼板，拆模时的混凝土强度可取构件跨度为 2m 按规定确定。所以拆模时候混凝土最低强度等级为：$30 \times 50\% = 15$（MPa）。

[答案] A

[经典例题·单选] 一般墙体大模板在常温条件下，混凝土强度最少要达到（　　）时即可拆模。

A. $0.7N/mm^2$　　　B. $1.0N/mm^2$　　　C. $1.7N/mm^2$　　　D. $2.5N/mm^2$

[解析] 侧模拆除要求：混凝土强度能保证其表面及棱角不受损伤，一般是 $1.0N/mm^2$。

[答案] B

[经典例题·单选] 某现浇钢筋混凝土梁板跨度为 8m，其模板设计时，起拱高度宜为（　　）。

A. 5mm　　　　　　B. 7mm　　　　　　C. 18mm　　　　　　D. 26mm

[解析] 对于跨度不小于 4m 的现浇钢筋混凝土梁、板，当设计无具体要求时，起拱高度为跨度的 1/1000～3/1000；8m 起拱 8mm～24mm。

[名师点拨] 模板起拱与底模拆除要求均与跨度有关，与前面的悬臂梁端部位移计算公式相联系，跨度是影响结构变形的最大因素。

[答案] C

[2016 真题·案例节选]

背景资料：

某高校新建新校区，包括办公楼、教学楼、科研中心、后勤服务楼、学生宿舍等多个单体建筑，由某建筑工程公司进行该群体工程的施工建设，其中，科研中心工程为现浇钢筋混凝土框架结构。地下 2 层，地上 10 层，建筑檐口高度 45 米，由于有超大尺寸的特殊试验设备，设置在地下二层的试验室为两层通高，结构设计图纸说明中规定地下室的后浇带需待主楼结构封顶后才能封闭。

在施工过程中，发生了下列事件：

……

事件三：在科研中心工程的后浇带施工方案中明确指出：

（1）梁、板的模板与支架整体一次性搭设完毕。

（2）在模板浇筑混凝土前，后浇带两侧用快易收口网进行分隔、上部用木板遮盖防止落入物料。

（3）两侧混凝土结构强度达到拆模条件后，拆除所有底模及支架，后浇带位置处重新搭设支架及模板，两侧进行固顶，责令改正后重新报审，针对后浇带混凝土填充作业，监理工程师要求施工单位提前将施工技术要点以书面形式对作业人员进行交底。

问题：

3. 事件三中，后浇带施工方案中有哪些不妥之处？后浇带混凝土填充作业的施工技术要点主要有哪些？

[答案]

3.（1）不妥之处一：梁、板的模板与支架整体一次性搭设完毕。

正确做法：梁、板模板应与后浇带模板分开搭设。

不妥之处二：在楼板浇筑混凝土前，后浇带两侧用快易收口网进行分隔。

正确做法：后浇带两侧应用模板进行分隔。上部采取钢筋保护措施。

不妥之处三：两侧混凝土结构强度达到拆模条件后，拆除所有底模及支架。

正确做法：两侧混凝土结构强度达到拆模条件后，应保留后浇带模板，其余拆除。

（2）后浇带混凝土填充作业的施工技术要求有：

1）采用微膨胀混凝土。

2）比原结构高一等级混凝土。

3）保持至少 14d 的湿润养护；

4）在主体结构保留一段时间（若设计无要求，则至少保留 14d）后再浇筑，将结构连成整体。

5）后浇带接缝处按施工缝的要求处理。

[2015 真题·案例节选]

背景资料：

某群体工程，主楼地下 2 层，地上 8 层，总建筑面积 26800m²，现浇钢筋混凝土框架结构，建设单位分别与施工单位，监理单位按照《建设工程施工合同（示范文本）》（GF—2013—0201）、《建设工程监理合同（示范文本）》（GF—2012—0202）签订了施工合同和监理合同。

合同履行过程中，发生了下列事件：

……

事件四：某单位工程会议室主梁跨度为 10.5m，截面尺寸 $b \times h$ 为 450mm×900mm，施工单位按规定编制了模板工程专项方案。

问题：

4. 事件四中，该专项方案是否需要组织专家论证？该梁跨中底模的最小起拱高度、跨中混凝土浇筑高度分别是多少（单位：mm）？

［答案］

4.（1）该专项方案不需要组织专家论证。搭设跨度 10m 及以上需要单独编制安全专项施工方案。搭设跨度 18m 及以上还应组织专家论证。该工程主梁跨度为 10.5m，所以只需要编制专项施工方案，不需要进行专家论证。

（2）对跨度不小于 4m 的现浇钢筋混凝土梁、板，其模板应按设计要求起拱；当设计无具体要求时，起拱高度应为跨度的 1/1000～3/1000。所以该工程梁的起拱高度为：10.5mm～31.5mm。所以最小起拱高度为 10.5mm。

跨中混凝土浇筑高度：900mm。

重点提示

（1）该考点为高频考点，选择题与案例分析题都会考查。

（2）钢筋混凝土结构模板工程一直是考查的重点。模板的起拱高度常以计算题的形式考查，对跨度不小于 4m 的现浇钢筋混凝土梁、板，其模板应按设计要求起拱。模板拆除顺序要熟练掌握，重点记忆底模拆除要求的表格，关键词为 8m 和 75%。如果题目中出现快拆支架体系，则全部按照 2m 计算。注意测量强度时，一定是采用同条件养护试块而不是标准养护试块，要跟混凝土强度等级的知识点结合学习。

（3）注意掌握钢筋的连接方法和适用范围，掌握混凝土的施工流程，以及每一个施工流程的节点技术要求。

（4）本考点中与施工技术要求相关的考点均要求熟练掌握，保证案例题中以问答题形式考查时能够答出。

考点 2　预应力工程★★

（1）原理：预先对混凝土施加压应力，提高抗裂性能。

（2）分类：

1）先张法预应力混凝土：

先张法是在台座或钢模上先张拉预应力筋并用夹具临时固定，再浇筑混凝土，待混凝土达到一定强度后，放张并切断构件外预应力筋的方法。特点是：先张拉预应力筋后，再浇筑混凝土；预应力是靠预应力筋与混凝土之间的黏结力传递给混凝土，并使其产生预压应力。

2）后张法预应力混凝土：

后张法是先浇筑构件或结构混凝土，待达到一定强度后，在构件或结构的预留孔内张拉预应力筋，然后用锚具将预应力筋固定在构件或结构上的方法。特点是：先浇筑混凝土，达到一定强度后，再在其上张拉预应力筋；预应力是靠锚具传递给混凝土，并使其产生预压应力。在后张法中，按预应力筋黏结状态又可分为：有黏结预应力混凝土和无黏结预应力混凝土。

（3）预应力混凝土要求见表 5-4-3。

表 5-4-3　预应力混凝土要求

分类	张拉顺序	放张强度	其他知识点
先张法预应力混凝土	由下向上，由中到边	不应低于设计的混凝土立方体抗压强度标准值的 75%	施加预应力宜采用一端张拉工艺；全部张拉工作完毕，应立即浇筑混凝土。超过 24h 尚未浇筑混凝土时，必须对预应力筋进行再次检查；如检查的应力值与允许值的差超过误差范围时，必须重新张拉
后张法预应力混凝土	对称张拉	不需放张	预应力筋的张拉以控制张拉力值为主，以预应力筋张拉伸长值作校核；预应力筋张拉完毕后及时进行孔道灌浆。宜用 52.5 级硅酸盐水泥或普通硅酸盐水泥调制的水泥浆，水胶比不应大于 0.45，强度不应小于 $30N/mm^2$

（4）无黏结预应力混凝土施工的张拉顺序：先张拉楼板，后张拉楼面梁。

实战演练

[2018 真题·单选] 关于预应力工程施工的方法，正确的是（　　）。

A. 都使用台座　　　　　　　　　　　B. 都预留预应力孔道

C. 都采用放张工艺　　　　　　　　　D. 都使用张拉设备

[解析] 台座用于先张法中，承受预应力筋的全部张拉力。无黏结预应力筋不需预留孔道和灌浆。先张法需要放张，后张法不需要放张。

[答案] D

[经典例题·单选] 先张法预应力施工中，预应力筋放张时，混凝土强度应符合设计要求，当设计无要求时，混凝土强度不应低于标准值的（　　）。

A. 60%　　　　　　B. 75%　　　　　　C. 78%　　　　　　D. 80%

[解析] 预应力筋放张时，混凝土强度应符合设计要求；当设计无要求时，不应低于设计的混凝土立方体抗压强度标准值的 75%。

[答案] B

重点提示

（1）该考点为低频考点，一般考查选择题。

（2）重点记忆不同方法的钢筋张拉顺序，以及钢筋放张和张拉时混凝土（同条件养护试块）的强度要求，重点记忆数字"75%"。

考点 3　砌体工程施工要求★★★

（1）砂浆应采用机械搅拌，搅拌时间自投料完算起，应为：

1）水泥砂浆和水泥混合砂浆，不得少于 2min。

2）水泥粉煤灰砂浆和掺用外加剂的砂浆，不得少于 3min。

3）预拌砂浆及加气混凝土砌块专用砂浆的搅拌时间应符合相关技术标准或按产品说明书采用。

（2）现场拌制的砂浆应随拌随用，拌制的砂浆应在 3h 内使用完毕；当施工期间最高气温超过 30℃时，应在 2h 内使用完毕。

（3）砂浆强度：

1）由边长为 7.07cm 的正方体试件，经过 28d 标准养护，测得一组三块的抗压强度值来评定。

2）砂浆试块应在搅拌机出料口随机取样、制作，同盘砂浆只应制作一组试块。

（4）砌块浇水润湿：

1）需要浇水润湿：砖砌体。

2）不需要浇水润湿：普通混凝土小型空心砌块、轻集料混凝土小型空心砌块、蒸压加气混凝土砌块。

（5）不得在下列墙体或部位设置脚手眼：

1）120mm 厚墙、料石墙、清水墙和独立柱。

2）过梁上与过梁成 60°的三角形范围及过梁净跨度 1/2 的高度范围内。

3）宽度小于 1m 的窗间墙。

4）门窗洞口两侧石砌体 300mm，其他砌体 200mm 范围内；转角处石砌体 600mm，其他砌体 450mm 范围内。

5）梁或梁垫下及其左右 500mm 范围内。

6）设计不允许设置脚手眼的部位。

7）轻质墙体。

8）夹心复合墙外叶墙。

（6）非抗震设防及抗震设防烈度为 6 度、7 度地区的临时间断处，当不能留斜槎 ［如图 5-4-8（a）所示］时，除转角处外，可留直槎 ［如图 5-4-8（b）所示］，但直槎必须做成凸槎，且应加设拉结钢筋。拉结钢筋的数量为墙厚每增加 120mm 应多放置 1φ6 拉结钢筋（120mm 厚墙放置 2φ6 拉结钢筋）。

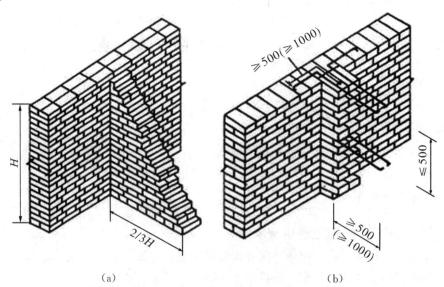

（a）　　　　　　　　　　　　　（b）

图 5-4-8　普通砖砌体接槎留置

（a）砖砌体留斜槎；（b）砖砌体留直槎

（7）普通砖砌体斜槎水平投影长度不应小于高度的 2/3，多孔砖砌体的斜槎长高比不应小于 1/2。

（8）混合结构构造柱：

1）施工顺序：先绑扎钢筋，然后砌砖墙，最后浇筑混凝土。

2）构造柱应与圈梁连接，如图5-4-9所示；砖墙应砌成马牙槎，如图5-4-10所示；每一马牙槎沿高度方向的尺寸不超过300mm，马牙槎从每层柱脚开始，应先退后进。

图5-4-9　构造柱施工　　　　　　　　图5-4-10　马牙槎留置

（9）正常施工条件下，砖砌体每日砌筑高度宜控制在1.5m或一步脚手架高度内。

【注意】每日砌筑高度一般结合建筑层高考查，如层高4.5m，一次砌筑完毕属错误做法。此处为砖砌体每日砌筑高度要求，砌块砌体每天砌筑高度不超过1.4m。

（10）混凝土空心砌块：

1）小砌块墙体应孔对孔、肋对肋错缝搭砌。

2）单排孔小砌块的搭接长度应为块体长度的1/2；多排孔小砌块的搭接长度可适当调整，但不宜小于小砌块长度的1/3，且不应小于90mm。

3）墙体的个别部位不能满足上述要求时，应在灰缝中设置拉结钢筋或钢筋网片，但竖向通缝仍不得超过两皮小砌块。

4）小砌块施工应对孔错缝搭砌，灰缝应横平竖直，宽度宜8～12mm。砌体水平灰缝和竖向灰缝的砂浆饱满度，按净面积计算不得低于90%，不得出现瞎缝、透明缝等。

（11）砌筑填充墙时，轻骨料混凝土小型空心砌块和蒸压加气混凝土砌块的产品龄期不应小于28d，蒸压加气混凝土砌块的含水率宜小于30%。

（12）填充墙加气混凝土砌块：

1）在厨房、卫生间、浴室等处砌筑墙体时，墙底部宜现浇混凝土坎台，其高度宜为150mm，如图5-4-11所示。

图5-4-11　墙底部现浇混凝土坎台

2）蒸压加气混凝土砌块、轻骨料混凝土小型空心砌块不应与其他块体混砌，不同强度等级的同类块体也不得混砌。

3）砌筑填充墙时应错缝搭砌，蒸压加气混凝土砌块搭砌长度不应小于砌块长度的1/3。轻骨料混凝土小型空心砌块搭砌长度不应小于90mm。竖向通缝不应大于两皮砌块。

实战演练

[2016真题·多选] 关于砌筑砂浆的说法，正确的有（　　）。

A. 砂浆应采用机械搅拌

B. 水泥粉煤灰砂浆搅拌时间不得小于3min

C. 留置试块为边长7.07cm的正方体

D. 同盘砂浆应留置两组试件

E. 六个试件为一组

[解析] 砂浆应采用机械搅拌，砂浆强度由边长为7.07cm的正方体试件，经过28d标准养护，测得一组三块的抗压强度值来评定。砂浆试块应在卸料过程中的中间部位随机取样，现场制作，同盘砂浆只应制作一组试块。

[答案] ABC

[2014真题·多选] 砖砌体"三一"砌筑法的具体含义是指（　　）。

A. 一个人

B. 一铲灰

C. 一块砖

D. 一挤揉

E. 一勾缝

[解析] 砌筑方法有"三一"砌筑法、挤浆法（铺浆法）、刮浆法和满口灰法四种。通常宜采用"三一"砌筑法，即一铲灰、一块砖、一挤揉的砌筑方法。

[答案] BCD

[2016真题·案例节选]

背景资料：

某新建体育馆工程，建筑面积约23000m²，现浇钢筋混凝土结构，钢结构网架屋盖，地下1层，地上4层，地下室顶板设计有后张法预应力混凝土梁。

填充墙砌体采用单排孔轻骨料混凝土小砌块，专用小砌块砂浆砌筑。现场检查中发现：进场的小砌块产品龄期达到21d后，即开始浇水湿润，待小砌块表面出现浮水后，开始砌筑施工；砌筑时将小砌块的底面朝上反砌于墙上，小砌块的搭接长度为块体长度的1/3；砌体的砂浆饱满度要求为：水平灰缝90%以上，竖向灰缝85%以上；墙体每天砌筑高度为1.5m；填充墙砌筑7d后进行顶砌施工；为施工方便，在部分墙体上留置了净宽度为1.2m的临时施工洞口。监理工程师要求对错误之处进行整改。

问题：

4. 针对背景资料中填充墙砌体施工的不妥之处，写出相应的正确做法。

[答案]

4. 不妥之处一：进场的小砌块产品龄期达到21d后开始砌筑施工。

正确做法：施工时所用的小砌块的产品龄期不应小于28d。

不妥之处二：待小砌块表面出现浮水后开始砌筑施工。

正确做法：小砌块表面有浮水时，不得施工。

不妥之处三：小砌块搭接长度为块体长度的 1/3。

正确做法：单排孔小砌块的搭接长度应为块体长度的 1/2。

不妥之处四：砌体的砂浆饱满度要求为水平灰缝 90% 以上，竖向灰缝 85% 以上。

正确做法：砌体水平灰缝和竖向灰缝的砂浆饱满度，应按净面积计算不得低于 90%。

不妥之处五：填充墙砌筑 7d 后进行顶砌施工。

正确做法：填充墙梁下口最后 3 皮砖应在下部墙砌完 14d 后砌筑，并由中间开始向两边斜砌。

不妥之处六：为施工方便，在部分墙上留置了净宽度为 1.2m 的临时施工洞口。

正确做法：在砖墙上留置临时施工洞口，其侧边离交接处墙面不应小于 500mm，洞口净宽不应超过 1m。

考点 4　钢结构的连接方法★★

钢结构的连接方法有：焊接、普通螺栓连接、高强度螺栓连接、铆接。

考点 5　钢结构施工要求★★

一、焊接

（1）焊接方法如图 5-4-12 所示。

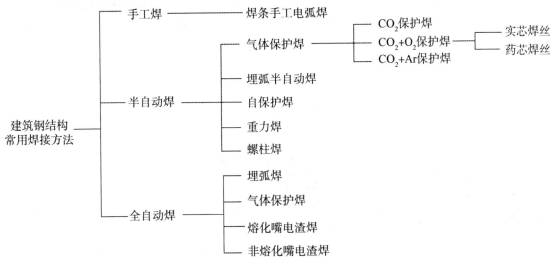

图 5-4-12　建筑钢结构常用焊接方法

（2）施工单位首次采用的钢材、焊接材料、焊接方法、接头形式、焊接位置、焊后热处理制度以及焊接工艺参数、预热和后热措施等各种参数及参数的组合，应在钢结构制作及安装前进行焊接工艺评定试验。

（3）焊缝缺陷通常分为六类：裂纹；孔穴；固体夹杂；未熔合、未焊透；形状缺陷和上述以外的其他缺陷。

1）裂纹：通常有热裂纹和冷裂纹之分。

产生热裂纹的主要原因是母材抗裂性能差、焊接材料质量不好、焊接工艺参数选择不当、焊接内应力过大等；产生冷裂纹的主要原因是焊接结构设计不合理、焊缝布置不当、焊接工艺措施不合理，如焊前未预热、焊后冷却快等。处理办法是在裂纹两端钻止裂孔或铲除裂纹处的焊缝金属，进行补焊。

2）孔穴：通常分为气孔和弧坑缩孔两种。

产生气孔的主要原因是焊条药皮损坏严重、焊条和焊剂未烘烤、母材有油污或锈和氧化物、焊接电流过小、弧长过长、焊接速度太快等，其处理方法是铲去气孔处的焊缝金属，然后补焊。产生弧坑缩孔的主要原因是焊接电流太大且焊接速度太快、熄弧太快，未反复向熄弧处补充填充金属等，其处理方法是在弧坑处补焊。

3）固体夹杂：有夹渣和夹钨两种缺陷。

产生夹渣的主要原因是焊接材料质量不好、焊接电流太小、焊接速度太快、熔渣密度太大、阻碍熔渣上浮、多层焊时熔渣未清除干净等，其处理方法是铲除夹渣处的焊缝金属，然后焊补。产生夹钨的主要原因是氩弧焊时钨极与熔池金属接触，其处理方法是挖去夹钨处缺陷金属，重新焊补。

4）未熔合、未焊透产生的主要原因是焊接电流太小、焊接速度太快、坡口角度间隙太小、操作技术不佳等。对于未熔合的处理方法是铲除未熔合处的焊缝金属后焊补。对于未焊透的处理方法是对开敞性好的结构的单面未焊透，可在焊缝背面直接补焊。对于不能直接焊补的重要焊件，应铲去未焊透的焊缝金属，重新焊接。

5）形状缺陷：包括咬边、焊瘤、下塌、根部收缩、错边、角度偏差、焊缝超高、表面不规则等。

产生咬边的主要原因是焊接工艺参数选择不当，如电流过大、电弧过长等；操作技术不正确，如焊枪角度不对，运条不当等；焊条药皮端部的电弧偏吹；焊接零件的位置安放不当等。其处理方法是轻微的、浅的咬边可用机械方法修锉，使其平滑过渡；严重的、深的咬边应进行焊补。

产生焊瘤的主要原因是焊接工艺参数选择不正确、操作技术不佳、焊件位置安放不当等。其处理方法是用铲、锉、磨等手工或机械方法除去多余的堆积金属。

二、普通螺栓连接与高强度螺栓连接

普通螺栓连接与高强度螺栓连接见表 5-4-4。

表 5-4-4 普通螺栓连接与高强度螺栓连接

钢结构螺栓连接	连接原理	紧固次序	备注
普通螺栓连接	螺栓本身抗剪能力抵抗钢构件变形	从中间开始，对称向两边进行	直径在 80mm 以上的圆孔可采用气割制孔，严禁气割扩孔
高强度螺栓连接	螺栓与钢构件接触面的摩擦力抵抗钢构件变形	从接头刚度较大的部位向约束较小的部位、从螺栓群中央向四周进行	（1）安装环境气温不宜低于－10℃；当摩擦面潮湿或暴露于雨雪中时，停止作业 （2）安装时应能自由穿入螺栓孔，不得强行穿入。若螺栓不能自由穿入时，可采用铰刀或锉刀修整螺栓孔，不得采用气割扩孔 （3）初拧、复拧、终拧应在 24h 内完成 （4）摩擦面的处理方法：喷砂（丸）法、酸洗法、砂轮打磨法、钢丝刷人工除锈法

三、钢结构涂装

钢结构的防火保护可采用下列措施之一或其中几种的复（组）合：

（1）喷涂（抹涂）防火涂料。

（2）包覆防火板。

（3）包覆柔性毡状隔热材料。

（4）外包混凝土、金属网抹砂浆或砌筑砌体。

✎实战演练

[2019真题·单选] 高强度螺栓广泛采用的连接形式是（ ）。

A. 平接连接   B. T形连接

C. 搭接连接   D. 摩擦连接

[解析] 高强度螺栓按连接形式通常分为摩擦连接、张拉连接和承压连接等。其中，摩擦连接是目前广泛采用的基本连接形式。

[答案] D

[2018真题·单选] 下列属于产生焊缝固体夹渣缺陷的主要原因是（ ）。

A. 焊缝布置不当

B. 焊前未预热

C. 焊接电流太小

D. 焊条未烘烤

[解析] 产生夹渣的主要原因是焊接材料质量不好、焊接电流太小、焊接速度太快、熔渣密度太大、阻碍熔渣上浮、多层焊时熔渣未清除干净等，其处理方法是铲除夹渣处的焊缝金属，然后焊补。

[答案] C

重 点 提 示

（1）该考点选择题与案例分析题中都会考查。

（2）掌握钢结构的连接方式，与钢筋的连接方式区别记忆。

（3）钢结构构件对连接的精度与强度要求较高，精度上：螺栓紧固次序造成的误差越小越好，其次为了方便施工，一般选择中间向两边、刚度大到刚度小的顺序进行紧固；强度上：为保证构件之间的摩擦力，摩擦面不能太潮湿，故雨中不能作业，其次螺栓孔严禁气割扩孔，防止孔周出现裂纹影响连接强度。

考点 6　装配式混凝土结构施工方案★★

（1）装配式混凝土结构施工应制定专项方案。

（2）专项方案内容：

工程概况、编制依据、进度计划、施工场地布置、预制构件运输与存放、安装与连接施工、绿色施工、安全管理、质量管理、信息化管理、应急预案等。

（3）装配式混凝土建筑施工宜采用工具化、标准化的工装系统；采用建筑信息模型技术对施工过程及关键工艺进行信息化模拟。

✎实战演练

[经典例题·单选] 装配式混凝土建筑施工宜采用（ ）的工装系统。

A. 工厂化、信息化   B. 工厂化、标准化

C. 工具化、标准化   D. 工具化、模块化

[解析] 装配式混凝土建筑施工宜采用工具化、标准化的工装系统；采用建筑信息模型技术对施工过程及关键工艺进行信息化模拟。

[答案] C

考点 7 装配式混凝土结构施工准备★★

(1) 合理规划构件运输通道、临时堆放场地和成品保护措施。

(2) 核对已完成结构的混凝土强度、外观质量、尺寸偏差等是否符合标准要求。

(3) 核对预制构件的混凝土强度，构配件的型号、规格、数量等是否符合设计要求。

(4) 进行测量放线、设置构件安装定位标识。

(5) 复核构件装配位置、节点连接构造及临时支撑方案。

(6) 检查吊装设备及吊具处于安全状态。

(7) 核实现场环境、天气、道路状况等满足要求。

考点 8 预制构件安装要求★★

(1) 预制构件与吊具的分离应在校准定位及临时支撑安装完成后进行。

(2) 预制柱安装要求：

1) 宜按照角柱、边柱、中柱顺序进行安装，与现浇部分连接的柱宜先行安装。

2) 就位前，应设置柱底调平装置，控制柱安装标高。

3) 预制柱安装就位后应在两个方向设置可调节临时固定支撑，并应进行垂直度、扭转调整。

(3) 预制剪力墙板安装要求：

1) 与现浇部分连接的墙板宜先行吊装。其他宜按照外墙先行吊装的原则进行吊装。

2) 就位前，应在墙板底部设置调平装置。

(4) 预制梁和叠合梁、板安装要求：

1) 安装顺序应遵循先主梁、后次梁，先低后高的原则。

2) 安装前，应复核柱钢筋与梁钢筋位置、尺寸，对梁钢筋与柱钢筋位置有冲突的，按设计单位确认的技术方案调整。

3) 安装就位后应对水平度、安装位置、标高进行检查。

4) 临时支撑应在后浇混凝土强度达到设计要求后方可拆除。

💡 实战演练

[经典例题·多选] 以下关于预制柱安装要求的说法，正确的有（　　）。

A. 按照角柱、边柱、中柱顺序进行安装

B. 按照中柱、边柱、角柱顺序进行安装

C. 按照边柱、角柱、中柱顺序进行安装

D. 与现浇部分连接的柱应后安装

E. 与现浇部分连接的柱宜先安装

[解析] 预制柱安装要求宜按照角柱、边柱、中柱顺序进行安装，与现浇部分连接的柱宜先行安装。

[答案] AE

扫码听课

考点 9 预制构件连接★★★

（1）预制构件钢筋可以采用钢筋套筒灌浆连接、钢筋浆锚搭接连接、焊接或螺栓连接、钢筋机械连接等连接方式。

（2）采用钢筋套筒灌浆连接、钢筋浆锚搭接连接的预制构件就位前，应检查下列内容：套筒、预留孔的规格位置、数量和深度；被连接钢筋的规格、数量、位置和长度。

（3）后浇混凝土的施工要求：

1）预制构件结合面疏松部分的混凝土应剔除并清理干净。

2）模板安装尺寸及位置应正确，并应防止漏浆。

3）在浇筑混凝土前应洒水湿润，结合面混凝土应振捣密实。

4）构件连接部位后浇混凝土与灌浆料的强度达到设计要求后，方可撤除临时固定措施。

（4）受弯叠合构件的装配施工要求：

1）临时支撑与施工荷载应满足设计和施工方案要求。

2）混凝土浇筑前，应检查结合面的粗糙度及预制构件的外露钢筋，并符合设计要求。

3）叠合构件应在后浇混凝土强度达到设计要求后方可撤除临时支撑。

（5）外墙板接缝防水施工要求：

1）防水施工前，应将板缝空腔清理干净。

2）应按设计要求填塞背衬材料。

3）密封材料嵌填应饱满、密实、均匀、顺直、表面平滑，其厚度应符合设计要求。

考点 10 型钢混凝土结构优点★

型钢混凝土结构施工如图 5-4-13 所示。

图 5-4-13　型钢混凝土结构施工图

（1）型钢不受含钢率的限制，承载能力高，构件截面小，高层建筑经济效益很大。

（2）模板不需设支撑，简化支模加快施工速度。高层建筑中型钢混凝土不必等待混凝土达到一定强度就可继续上层施工，可缩短工期。由于无临时立柱，为进行设备安装提供了可能。

（3）型钢混凝土组合结构的延性比钢筋混凝土结构明显提高，抗震性能好。

（4）型钢混凝土组合结构较钢结构在耐久性、耐火等方面均胜一筹。

⌐ 实战演练 ⌐

[2019真题·单选] 关于型钢混凝土组合结构特点的说法，正确的是（　　）。

A. 型钢混凝土梁和板是最基本的构件

B. 型钢分为实腹式和空腹式两类

C. 型钢混凝土组合结构的混凝土强度等级不宜小于 C25

D. 须等待混凝土达到一定强度才可继续上层施工

［解析］型钢混凝土梁和柱是最基本的构件，选项 A 错误；型钢分为实腹式和空腹式两类，选项 B 正确；型钢混凝土组合结构的混凝土强度等级不宜小于 C30，选项 C 错误；在高层建筑中型钢混凝土不必等待混凝土达到一定强度才可继续上层施工，选项 D 错误。

［答案］B

重点提示

该考点为低频考点，一般考查选择题。注意结合钢筋混凝土的特性记忆。

第五节　防水工程施工

考点 1　地下工程防水混凝土★★★

（1）地下工程的防水等级分为四级。防水混凝土的环境温度不得高于 80℃。

（2）防水混凝土可通过调整配合比，或掺加外加剂、掺合料等措施配制而成，其抗渗等级不得小于 P6。其试配混凝土的抗渗等级应比设计要求提高 0.2MPa。

（3）原材料要求：

1）用于防水混凝土的水泥品种宜采用硅酸盐水泥、普通硅酸盐水泥，采用其他品种水泥时应经试验确定。

2）宜选用坚固耐久、粒形良好的洁净石子，其最大粒径不宜大于 40mm。

3）砂宜选用坚硬、抗风化性强、洁净的中粗砂，含泥量不应大于 3%，泥块含量不宜大于 1%，不宜使用海砂。

（4）防水混凝土拌合物应采用机械搅拌，搅拌时间不宜小于 2min。

（5）防水混凝土应分层连续浇筑，分层厚度不得大于 500mm。并应采用机械振捣，避免漏振、欠振和超振。

（6）施工缝留置：

1）墙体水平施工缝不应留在剪力最大处或底板与侧墙的交接处，应留在高出底板表面不小于 300mm 的墙体上。

2）拱（板）墙结合的水平施工缝，宜留在拱（板）墙接缝线以下 150～300mm 处。

3）墙体有预留孔洞时，施工缝距孔洞边缘不应小于 300mm。

4）垂直施工缝应避开地下水和裂隙水较多的地段，并宜与变形缝相结合。

（7）施工缝防水构造：

1）水平施工缝浇筑混凝土前，应将其表面浮浆和杂物清除，然后铺设净浆或涂刷混凝土界面处理剂、水泥基渗透结晶型防水涂料等材料，再铺 30～50mm 厚的 1：1 水泥砂浆，并应及时浇筑混凝土。

2）垂直施工缝浇筑混凝土前，应将其表面清理干净，再涂刷混凝土界面处理剂或水泥基渗透结晶型防水涂料，并应及时浇筑混凝土。

3）遇水膨胀止水条（胶）应与接缝表面密贴；选用的遇水膨胀止水条（胶）应具有缓胀性能，7d 的净膨胀率不宜大于最终膨胀率的 60%，最终膨胀率宜大于 220%。

4）采用中埋式止水带或预埋式注浆管时，应定位准确、固定牢靠。

（8）大体积防水混凝土高温期施工时，入模温度不应大于30℃。

（9）大体积防水混凝土应采取保温保湿养护，混凝土中心温度与表面温度的差值不应大于25℃，表面温度与大气温度的差值不应大于20℃，养护时间不得少于14d。

考点 2 地下工程防水砂浆★★★

（1）适用性：

1）可用于：地下工程主体结构的迎水面或背水面。

2）不可用于：受持续振动或温度高于80℃的地下工程防水。

（2）水泥砂浆应使用硅酸盐水泥、普通硅酸盐水泥或特种水泥。砂宜采用中砂，含泥量不应大于1%。

（3）水泥砂浆防水层施工的基层表面应平整、坚实、清洁，并应充分湿润、无明水。基层表面的孔洞、缝隙，应采用与防水层相同的防水砂浆堵塞并抹平。

（4）水泥砂浆防水层应在基础垫层、初期支护、围护结构及内衬结构验收合格后施工。施工前应将预埋件、穿墙管预留凹槽内嵌填密封材料后，再施工水泥砂浆防水层。

（5）防水砂浆宜采用多层抹压法施工。

（6）水泥砂浆防水层各层应紧密黏合，每层宜连续施工；必须留设施工缝时，应采用阶梯坡形槎，但离阴阳角处的距离不得小于200mm。

（7）水泥砂浆防水层不得在雨天、五级及以上大风中施工。冬期施工时，气温不应低于5℃。夏季不宜在30℃以上或烈日照射下施工。

（8）水泥砂浆防水层终凝后，应及时进行养护，养护温度不宜低于5℃，并应保持砂浆表面湿润，养护时间不得少于14d。

┏重┃点┃提┃示┓

案例分析题中经常考查与养护时间相关的内容，一般只涉及两个时间，即14d和28d。一般受力的构件要养护28d，如混凝土砌块、砂浆试块等；而非受力构件养护14d，如防水混凝土、大体积混凝土等。

考点 3 地下工程卷材防水★★

（1）铺贴卷材（如图5-5-1所示）严禁在雨天、雪天、五级及以上大风中施工。

（2）施工环境气温要求：

1）冷粘法、自粘法不宜低于5℃。

2）热熔法、焊接法不宜低于-10℃。

图5-5-1 铺贴卷材

（3）在阴阳角等特殊部位，应铺设卷材加强层，如设计无要求时，加强层宽度宜为300～500mm，如图5-5-2所示。

图 5-5-2　卷材加强层

（4）结构底板垫层混凝土部位的卷材可采用空铺法或点粘法施工，侧墙采用外防外贴法的卷材及顶板部位的卷材应采用满粘法施工。

（5）铺贴双层卷材时，上下两层和相邻两幅卷材的接缝应错开1/3～1/2幅宽，且两层卷材不得相互垂直铺贴。

（6）采用外防外贴法铺贴卷材防水层时，先铺平面，后铺立面，交接处应交叉搭接。

（7）采用外防内贴法铺贴卷材防水层时，卷材宜先铺立面，后铺平面；铺贴立面时，应先铺转角，后铺大面。

［重点提示］

> 外防外贴法铺贴卷材先铺平面，后铺立面；外防内贴法铺贴卷材先铺立面，后铺平面。铺卷材时任何部位都要先铺转角和雨水斗等细部，后铺大面。

（8）防水保护层要求见表5-5-1。

表 5-5-1　地下防水工程保护层要求

位置		要求
顶板	人工回填土	细石混凝土保护层，厚度不宜小于50mm 防水层与保护层之间宜设隔离层
	机械碾压回填土	细石混凝土保护层，厚度不宜小于70mm 防水层与保护层之间宜设隔离层
底板		细石混凝土保护层，厚度不应小于50mm
侧墙		宜采用软质保护材料或铺抹20mm厚1∶2.5水泥砂浆

✎ 实战演练

［2019真题·单选］地下工程防水等级分为（　　）。

A. 二级　　　　　　　　　　　　B. 三级

C. 四级　　　　　　　　　　　　D. 五级

［解析］地下工程防水等级分为一级、二级、三级、四级。

［答案］C

［2015真题·单选］防水砂浆施工时，其环境温度最低限值为（　　）。

A. 0℃　　　　　　　　　　　　B. 5℃

C. 10℃　　　　　　　　　　　　D. 15℃

［解析］防水砂浆施工环境温度不应低于5℃。终凝后应及时进行养护，养护温度不应低

于5℃，养护时间不应少于14d。

［答案］B

［经典例题·单选］下列环境中，可以进行防水工程防水层施工的是（　　　）。

A. 雪天

B. 夜间

C. 雨天

D. 六级大风

［解析］铺贴卷材严禁在雨天、雪天、五级及以上大风中施工。

［答案］B

［2017真题·案例节选］

背景资料：

项目部对地下室M5水泥砂浆防水层施工提出了技术要求；采用普通硅酸盐水泥、自来水、中砂、防水剂等材料拌合，中砂含泥量不得大于3％；防水层施工前应采用强度等级M5的普通砂浆将基层表面的孔洞、缝隙堵塞抹平；防水层施工要求一遍成型，铺抹时应压实、表面应提浆压光，并及时进行保湿养护7d。

问题：

3. 找出项目部对地下室水泥砂浆防水层施工技术要求的不妥之处，并分别说明理由。

［答案］

3. （1）不妥之处一：采用普通硅酸盐水泥、自来水、中砂、防水剂等材料拌合，中砂含泥量不得大于3％。

理由：水泥砂浆应使用硅酸盐水泥、普通硅酸盐水泥或特种水泥。砂宜采用中砂，含泥量不应大于1％。拌制用水、聚合物乳液、外加剂等的质量要求应符合国家现行标准的有关规定。

（2）不妥之处二：防水层施工前采用强度等级M5的普通砂浆将基层表面的孔洞、缝隙堵塞抹平。

理由：应采用与防水层相同的防水砂浆将基层表面的孔洞、缝隙堵塞抹平。

（3）不妥之处三：防水层施工要求一遍成型。

理由：防水砂浆宜采用多层抹压法施工。

（4）不妥之处四：保湿养护7d。

理由：水泥砂浆防水层至少养护14d。

重点提示

（1）该考点为高频考点，选择题与案例分析题中都会考查。

（2）防水混凝土的抗渗要求较高，也是施工过程中的质量控制要点，所以，抗渗等级、施工缝留设及温控指标是考查的核心；施工缝的留设，注意把握两个核心，一是缝的位置，二是缝浇筑混凝土时的施工程序。

（3）水泥砂浆所使用的原材料、施工环境温度以及施工工艺要求，可以考查选择题，也可以考查案例中找不妥之处的题目。

（4）防水卷材的施工工艺要求要理解并把握关键词。

考点 4 屋面卷材防水层★★★

一、屋面防水等级要求

屋面防水等级和设防要求见表 5-5-2。

表 5-5-2 屋面防水等级和设防要求

防水等级	建筑类别	设防要求
Ⅰ级	重要建筑和高层建筑	两道防水设防
Ⅱ级	一般建筑	一道防水设防

二、屋面卷材防水层

（1）保温层上的找平层应在水泥初凝前压实抹平，并应留设分格缝，如图 5-5-3 所示。缝宽宜为 5～20mm，纵横缝的间距不宜大于 6m。

图 5-5-3 找平层分格缝

（2）找平层设置的分格缝可兼作排汽道，如图 5-5-4 所示。排汽道的宽度宜为 40mm。

图 5-5-4 找平层排汽道

（3）卷材防水层铺贴顺序：

1）由屋面最低标高向上铺贴。

2）檐沟、天沟卷材施工时，宜顺檐沟、天沟方向铺贴，搭接缝应顺流水方向。

3）卷材宜平行屋脊铺贴，上下层卷材不得相互垂直铺贴。

（4）立面或大坡面铺贴卷材时，应采用满粘法，并宜减少卷材短边搭接。

（5）卷材搭接缝：

1）平行屋脊的搭接缝应顺流水方向。

2）同一层相邻两幅卷材短边搭接缝错开不应小于 500mm。

3）上下层卷材长边搭接缝应错开，且不应小于幅宽的 1/3。

4）叠层铺贴的各层卷材，在天沟与屋面的交接处，应采用叉接法搭接，搭接缝应错开；搭接缝宜留在屋面与天沟侧面，不宜留在沟底。

（6）水泥砂浆及细石混凝土保护层铺设前，应在防水层上做隔离层，如图 5-5-5 所示。

图 5-5-5　防水卷材隔离层

（7）厚度小于 3mm 的高聚物改性沥青防水卷材，严禁采用热熔法施工。

三、细部施工

（1）卷材防水屋面檐口 800mm 范围内的卷材应满粘，卷材收头应采用金属压条钉压，并应用密封材料封严。

（2）檐口下端应做鹰嘴和滴水槽。

（3）檐沟和天沟的防水层下应增设附加层，附加层伸入屋面的宽度不应小于 250mm；檐沟防水层和附加层应由沟底翻上至外侧顶部，卷材收头应用金属压条钉压，并应用密封材料封严，涂膜收头应用防水涂料多遍涂刷。

（4）女儿墙泛水处的防水层下应增设附加层，附加层在平面和立面的宽度均不应小于 250mm。

【注意】卷材防水相关内容可考查识图题，要具备基本的识图能力。

· 实战演练 ·

［**经典例题·单选**］屋面防水卷材平行屋脊的卷材搭接缝的方向应（　　）。

A. 顺流水方向

B. 顺年最大频率风向

C. 垂直年最大频率风向

D. 垂直流水方向

［**解析**］屋面防水卷材平行屋脊的搭接缝应顺流水方向。

［**答案**］A

［**2016 真题·多选**］关于屋面卷材防水施工要求的说法，正确的有（　　）。

A. 先施工细部，再施工大面

B. 平行屋脊搭接缝应顺流水方向

C. 大坡面铺贴应采用满粘法

D. 上下两层卷材垂直铺贴

E. 上下两层卷材长边搭接缝错开

[解析] 卷材防水层施工时，应先进行细部构造处理，然后由屋面最低标高向上铺贴。平行屋脊的搭接缝应顺流水方向。立面或大坡面铺贴卷材时，应采用满粘法，并宜减少卷材短边搭接。卷材宜平行屋脊铺贴，上下层卷材不得相互垂直铺贴。上下层卷材长边搭接缝应错开，且不应小于幅宽的1/3。

[答案] ABCE

[2015真题·案例节选]

背景资料：

某高层钢结构工程，建筑面积28000m²，地下1层，地上12层，外围保护结构为玻璃幕墙和石材幕墙，外墙保温材料为新型保温材料；层面为现浇钢筋混凝土板，防水等级为Ⅰ级，采用卷材防水。

在施工过程中，发生了下列事件：

······

事件三：监理工程师对屋面卷材防水进行了检查，发现屋面女儿墙墙根处等部位的防水做法存在问题（节点施工做法如图5-5-6所示），责令施工单位整改。

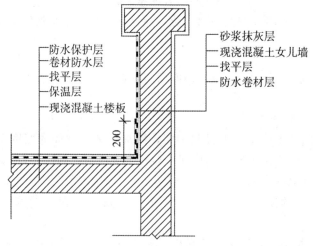

图5-5-6 女儿墙防水节点施工做法图

问题：

3.事件三中，指出防水节点施工做法图中的错误。

[答案]

3.（1）错误之处一：女儿墙泛水附加层未伸入平面，附加层宽度200mm。

正确做法：女儿墙泛水处的防水层下应增设附加层，附加层在平面和立面的宽度均不应小于250mm。

（2）错误之处二：卷材收头没有处理。

正确做法：卷材收头应用金属压条钉压，并应用密封材料封严。

（3）错误之处三：防水层仅设置一道防水设防。

正确做法：高层建筑应设置两道防水设防（防水等级Ⅰ级两道防水设防）。

（4）错误之处四：女儿墙与屋面板转角处未做细部处理。

正确做法：女儿墙与屋面板转角处应做成圆弧形。

（5）错误之处五：女儿墙压顶处未做滴水线（鹰嘴）。

正确做法：女儿墙压顶处应做滴水线（鹰嘴），以隔断雨水沿女儿墙向室内渗漏的途径。

（6）错误之处六：卷材防水层与防水保护层之间未做隔离层。

正确做法：保护层铺设前，应在防水层上做隔离层。

（7）错误之处七：平面卷材压立面卷材。

正确做法：应立面卷材压平面卷材。

（8）错误之处八：立面未做保护层。

正确做法：立面应做保护层。

┌─ **重点提示** ─┐

（1）该考点为高频考点，选择题与案例分析题中都会考查。

（2）屋面防水等级看似简单，若放在案例的背景资料中考查，难度上会有所增加，所以看到案例背景资料里出现了细部及屋面防水卷材有关字眼，一定要看清楚该建筑的类别，不同类别的建筑防水设防不同，卷材的铺贴技术要求，尤其是卷材层数也不同。

（3）掌握卷材施工程序，先找坡后找平，然后铺贴防水卷材，最后是保护层；找平层一般为水泥砂浆，硬化时容易产生裂缝，故应留设分隔缝，缝宽及间距要求直接记忆；细部施工要求注意应对识图题。

考点 5　室内防水混凝土★

（1）当拌合物出现离析现象时，必须进行二次搅拌后使用。

（2）坍落度损失后应加入原水胶比的水泥浆或二次掺加减水剂进行搅拌，严禁直接加水。

（3）防水混凝土应连接浇筑，少留施工缝。当留设施工缝时，宜留置在受剪力较小、便于施工的部位。墙体水平施工缝应留在高出楼板表面不小于300mm的墙体上。

（4）冬期施工入模温度不应低于5℃。

（5）终凝后立即进行养护，养护时间不得少于14d。

考点 6　室内防水砂浆★

（1）防水砂浆应采用抹压法施工，分遍成活。

（2）施工环境温度与养护温度均不应低于5℃。

（3）终凝后立即进行养护，养护时间不得少于14d。

考点 7　室内防水其他要求★

（1）涂膜防水层应多遍成活，后一遍涂料施工应待前一遍涂层实干后再进行，涂层应均匀，不得漏涂、堆积。

（2）防水卷材施工宜先铺立面，后铺平面。防水层施工完毕验收合格后，方可进行其他层面的施工。

第六节　装饰装修工程施工

考点 1　抹灰工程技术要求★

抹灰工程如图5-6-1所示。

图 5-6-1　抹灰工程实例

（1）室内抹灰的环境温度，一般不低于 5℃。

（2）当抹灰总厚度大于或等于 35mm 时，应采取加强措施。

（3）室内墙面、柱面和门洞口的阳角应采用 1：2 水泥砂浆做暗护角，其高度不应低于 2m，每侧宽度不应小于 50mm。

考点 2　轻质隔墙要求★

（1）分类：骨架隔墙、板材隔墙。

（2）骨架设计有混凝土地枕带时，应先对楼地面基层进行清理，并涂刷界面处理剂一道。浇筑 C20 混凝土地枕带，如图 5-6-2 所示。

图 5-6-2　骨架隔墙地枕带与龙骨施工

（3）骨架隔墙如图 5-6-3 所示。

图 5-6-3　骨架隔墙石膏板安装

1）通贯横撑龙骨低于 3m 的隔断墙安装 1 道，3～5m 高度的隔断墙安装 2～3 道。

2）石膏板安装顺序：安装一侧石膏板→进行隔声、保温、防火材料的填充→封闭另一侧板。

3）石膏板应竖向铺设，长边接缝应落在竖向龙骨上。

4）双层石膏板安装时两层板的接缝不应在同一根龙骨上。

（4）板材隔墙如图 5-6-4 所示。

图 5-6-4　板材隔墙板材组装

1）板材组装顺序：当有门洞口时，应从门洞口处向两侧依次进行；当无洞口时，应从一端向另一端顺序安装。

2）隔墙板安装连接要求见表 5-6-1。

表 5-6-1　隔墙板安装连接要求

分类	适用性	处理方法
刚性连接	适用于非抗震设防区的内隔墙安装	隔墙缝隙填水泥砂浆和胶粘剂
柔性连接	适用于抗震设防区的内隔墙安装	U 形或 L 形钢板卡（长 50mm，厚 1.2mm）用射钉固定在结构梁和板上

重点提示

（1）该考点为非高频考点，一般考查选择题。

（2）掌握骨架隔墙为双侧板，注意是先安装一侧板，如需隔声、保温、防火等，则再填充隔声、保温及防火材料，最后安装另一侧板。骨架隔墙石膏板的安装，注意自攻螺钉的固定顺序。

考点 3　饰面板工程★★

（1）饰面板工程应对下列材料及其性能指标进行复验：

1）室内用花岗石板的放射性、室内用人造木板的甲醛释放量。

2）水泥基粘结料的粘结强度。

3）外墙陶瓷板的吸水率。

4）严寒和寒冷地区外墙陶瓷板的抗冻性。

（2）饰面板工程应对下列隐蔽工程项目进行验收：

1）预埋件（或后置埋件）。

2）龙骨安装。

3）连接节点。

4）防水、保温、防火节点。

5）外墙金属板防雷连接节点。

考点 4 饰面砖工程★★

（1）饰面砖工程是指内墙饰面砖粘贴和高度不大于100m、抗震设防烈度不大于8度、采用满粘法施工的外墙饰面砖粘贴等工程。

（2）饰面砖工程应对下列材料及其性能指标进行复验：

1）室内用瓷质饰面砖的放射性。

2）水泥基黏结材料与所用外墙饰面砖的拉伸黏结强度。

3）外墙陶瓷饰面砖的吸水率。

4）严寒及寒冷地区外墙陶瓷饰面砖的抗冻性。

（3）饰面砖工程应对下列隐蔽工程项目进行验收：

1）基层和基体。

2）防水层。

实战演练

[2019真题·单选] 抗震设防烈度7度地区，采用满粘法施工的外墙饰面砖粘贴工程高度不应大于（　　）。

A. 24m　　　　B. 50m　　　　C. 54m　　　　D. 100m

[解析] 饰面板安装工程一般适用于内墙饰面板安装工程和高度不大于24m、抗震设防烈度不大于8度的外墙饰面板安装工程。饰面砖粘贴工程一般适用于内墙饰面砖粘贴工程和高度不大于100m、抗震设防烈度不大于8度、采用满粘法施工的外墙饰面砖粘贴工程。

[答案] D

重点提示

注意记忆饰面板工程、饰面砖工程施工前复验要求，其核心内容是水泥和瓷砖的材料性能，可考查案例分析题。

考点 5 吊顶工程施工★★

（1）吊杆系统应直接连接到房间顶部结构受力部位上，如图5-6-5所示。

图 5-6-5　吊顶工程吊杆与龙骨安装

（2）当吊杆长度大于 1500mm 时，应设置反支撑。

（3）当吊杆长度大于 2500mm 时，应设置钢结构转换层，如图 5-6-6 所示。

图 5-6-6 钢结构转换层

（4）吊杆不得直接吊挂在设备或设备的支架上。

（5）吊杆距主龙骨端部距离不得超过 300mm，否则应增加吊杆。

（6）吊顶灯具、风口及检修口等应设附加吊杆。

（7）主龙骨：

1）主龙骨应吊挂在吊杆上，主龙骨间距不大于 1200mm。

2）主龙骨宜平行房间长向安装。

3）主龙骨的悬臂段不应大于 300mm，否则应增加吊杆。

4）主龙骨的接长应采取对接，相邻龙骨的对接接头要相互错开。

5）跨度大于 15m 以上的吊顶，应在主龙骨上，每隔 15m 加一道大龙骨，并垂直主龙骨焊接牢固。

（8）次龙骨：

1）次龙骨应紧贴主龙骨安装。次龙骨间距 300～600mm。

2）次龙骨不得搭接。

✎ 实战演练

[2016 真题·单选] 下列暗龙骨吊顶工序的排序中，正确的是（   ）。

①安装主龙骨②安装副龙骨③安装水电管线④安装压条⑤安装罩面板

A. ①③②④⑤

B. ①②③④⑤

C. ③①②⑤④

D. ③②①④⑤

[解析] 暗龙骨吊顶施工流程：放线→划龙骨分档线→安装水电管线→安装主龙骨→安装副龙骨→安装罩面板→安装压条。

[答案] C

[**经典例题·单选**] 下列选项中，可安装在吊顶龙骨上的是（　　）。

A. 烟感器

B. 投影仪

C. 电扇

D. 大型吊灯

[**解析**] 吊顶灯具、风口及检修口等应设附加吊杆。

[**名师点拨**] 龙骨上只能承载石膏板，其余所有需要添加的外力均需要设附加吊杆。

[**答案**] A

━━━━━━━━━━━━━━━━━━━━━━━━━━━━━━━━━━━

┌─ **重点提示** ─────────────────────────────────┐

（1）该考点为高频考点，选择题与案例分析题中都会考查。

（2）对于主龙骨、次龙骨、吊杆、饰面板的具体数字要求，直接记忆，以应对选择题或案例分析题中的改错。

└──┘

考点 6　幕墙立柱与横梁安装★★

（1）立柱一般宜设计成受拉构件，不设计成受压构件。上支点宜设圆孔，下端采用长圆孔或椭圆孔。

（2）铝合金立柱与钢镀锌连接件（支座）接触面之间应加防腐隔离柔性垫片，以防止不同金属接触产生双金属腐蚀。

（3）横梁与立柱连接处应设置柔性垫片或预留1~2mm的间隙填注硅酮建筑密封胶。

考点 7　幕墙玻璃面板与密封胶要求★★

（1）幕墙的开启扇开启角度不宜大于30°，开启距离不宜大于300mm。

（2）密封胶的施工厚度：3.5~4.5mm。

（3）密封胶在接缝内应两对面黏结，不应三面黏结。

（4）严禁使用过期的密封胶；硅酮结构密封胶与硅酮耐候密封胶的性能不同，二者不能互换。硅酮结构密封胶不宜作为硅酮耐候密封胶使用。

━━━━━━━━━━━ **实战演练** ━━━━━━━━━━━

[**2015真题·单选**] 通常情况下，玻璃幕墙上悬开启窗最大的角度是（　　）。

A. 30°　　　　　　　　　　　　B. 40°

C. 50°　　　　　　　　　　　　D. 60°

[**解析**] 幕墙开启窗的开启角度不宜大于30°，开启距离不宜大于300mm。

[**答案**] A

考点 8　幕墙构配件验收要点★★

（1）随着建筑施工工厂化程度的提高，幕墙工程的构配件应委托专业工厂或幕墙施工企业的构配件制作车间生产，而不宜在施工现场直接制作、安装。尤其是单元式幕墙和构件式隐框、半隐框玻璃幕墙，不得在施工现场进行制作生产。

（2）规范要求，幕墙工程上墙安装前，施工单位应根据幕墙的类别、尺寸和设计要求，将进场的构配件组装成若干幕墙试件，委托有资质的机构对其进行抗风压性能、气密性能和水密性能检测。有抗震要求的幕墙还应增加平面内变形性能检测；有节能要求的幕墙还应增加有关节能性能的检测。

（3）如果检测报告中，某项性能由于安装缺陷未能达到规定要求时，规范允许在改进安装工艺、修补缺陷后重新检测。如属于设计或材质缺陷导致某些性能没有达到规定指标，则应重新制作试件，另行检测。

考点 9　幕墙防火构造★★★

（1）幕墙与各层楼板、隔墙外沿间的缝隙如图 5-6-7 所示。

图 5-6-7　幕墙与楼板间的缝隙

　　1）应采用不燃材料或难燃材料封堵，填充材料可采用岩棉或矿棉，其厚度不应小于 100mm，采用防火密封胶密封。

　　2）防火层应采用厚度不小于 1.5mm 的镀锌钢板承托，不得采用铝板。

　　3）承托板与主体结构、幕墙结构及承托板之间的缝隙应采用防火密封胶密封。

（2）防火层不应与玻璃直接接触，防火材料朝玻璃面处宜采用装饰材料覆盖。

（3）同一幕墙玻璃单元不应跨越两个防火分区。

【注意】 该考点内容均可在案例分析题中以问答题形式考查，需要自行列举全部要求。

········· 实战演练 ·········

[2015 真题·案例节选]

背景资料：

某高层钢结构工程，建筑面积 28000m²，地下 1 层，地上 12 层，外围保护结构为玻璃幕墙和石材幕墙，外墙保温材料为新型保温材料；层面为现浇钢筋混凝土板，防水等级为Ⅰ级，采用卷材防水。

在施工过程中，发生了下列事件：

……

事件二：施工中，施工单位对幕墙与各楼层楼板间的缝隙防火隔离处理进行了检查；对幕墙的抗风压性能、空气渗透性能、雨水渗透性能、平面变形性能等有关安全和功能检测项目进行了见证取样或抽样检验。

问题：

2. 事件二中，建筑幕墙与各楼层楼板间的缝隙隔离的主要防火构造做法是什么？幕墙工程中有关安全和功能的检测项目有哪些？

［答案］

2. （1）主要防火构造做法：

1）采用不燃材料封堵，填充材料可采用岩棉或矿棉，其厚度不应小于100mm，并应满足设计的耐火极限要求，在楼层间形成水平防火烟带。

2）防火层应采用厚度不小于1.5mm的镀锌钢板承托，不得采用铝板。

3）承托板与主体结构、幕墙结构及承托板之间的缝隙应采用防火密封胶密封。

（2）检测项目：

1）硅酮结构胶的相容性和剥离黏结性。

2）幕墙后置埋件和槽式预埋件的现场拉拔力。

3）幕墙的气密性、水密性、耐风压性能及层间变形性能。

重点提示

（1）重点记忆数字要求，可以针对数字考查案例找不妥之处，也可以直接考查问答题。

（2）钢构件要进行防锈处理。

考点 10　幕墙防雷构造★★

（1）幕墙的铝合金立柱，在不大于10m范围内宜有一根立柱采用柔性导线，把上柱与下柱的连接处连通。铜质导线截面积不宜小于25mm²，铝质导线不宜小于30mm²。

（2）主体结构有水平均压环的楼层，对应导电通路的立柱预埋件或固定件应用圆钢或扁钢与均压环焊接连通，形成防雷通路。

（3）在有镀膜层的构件上进行防雷连接，应除去其镀膜层。

实战演练

［2019真题·多选］关于建筑幕墙防火、防雷构造技术要求的说法，正确的有（　　　）。

A. 防火层承托应采用厚度不小于1.5mm铝板

B. 防火密封胶应有法定检测机构的防火检验报告

C. 同一幕墙玻璃单元不应跨越两个防火分区

D. 在有镀膜层的构件上进行防雷连接不应破坏镀膜层

E. 幕墙的金属框架应与主体结构的防雷体系可靠连接

［解析］防火层应采用厚度不小于1.5mm的镀锌钢板承托，不得采用铝板，选项A错误；在有镀膜层的构件上进行防雷连接，应除去其镀膜层，选项D错误。

［答案］BCE

重点提示

注意幕墙的防雷体系要与主体结构的防雷体系形成有效连接，防雷构件的镀膜层要去除，钢构件要进行防锈处理。

考点 11　常用屋面保温材料★★

常用屋面保温材料见表5-6-2。

表 5-6-2　常用屋面保温材料

分类	名称	厚度
有机材料	聚苯板、硬质聚氨酯泡沫塑料等	25～80mm
无机材料	水泥膨胀珍珠岩板、水泥膨胀蛭石板、加气混凝土等	80～260mm

考点 12　保温材料进场检验★★

保温材料进场检验见表 5-6-3。

表 5-6-3　保温材料进场检验

分类	内容
板状保温材料	表观密度或干密度、压缩强度或抗压强度、导热系数、燃烧性能
纤维保温材料	表观密度、导热系数、燃烧性能

考点 13　保温层施工要求★★

（1）当设计有隔汽层时，先施工隔汽层，然后再施工保温层。隔汽层四周应向上沿墙面连续铺设，并高出保温层表面不得小于 150mm。

（2）块状材料保温层施工时，相邻板块应错缝拼接，分层铺设的板块上下层接缝应相互错开，板间缝隙应采用同类材料嵌填密实。铺贴方法有干铺法、粘贴法和机械固定法。

（3）纤维材料保温层施工时，应避免重压，并应采取防潮措施；屋面坡度较大时，宜采用机械固定法施工。

（4）施工环境温度要求：

1）干铺的保温材料可在负温度下施工。

2）用水泥砂浆粘贴的块状保温材料不宜低于 5℃。

3）喷涂硬泡聚氨酯宜为 15～35℃，空气相对湿度宜小于 85％，风速不宜大于三级。

4）现浇泡沫混凝土宜为 5～35℃；雨天、雪天、五级风以上的天气停止施工。

考点 14　种植屋面保温层★★★

（1）分类：覆土类种植屋面和无土种植屋面。

（2）种植屋面不宜设计为倒置式屋面。屋面坡度大于 50％时，不宜做种植屋面。

（3）种植屋面防水层应采用不少于两道防水设防，上道应为耐根穿刺防水材料；两道防水层应相邻铺设且防水层的材料应相容。

（4）当屋面坡度大于 20％时，绝热层、防水层、排（蓄）水层、种植土层均应采取防滑措施。

（5）种植屋面绝热材料可采用喷涂硬泡聚氨酯、硬泡聚氨酯板、挤塑聚苯乙烯泡沫塑料保温板、硬质聚异氰脲酸酯泡沫保温板、酚醛硬泡保温板等轻质绝热材料，不得采用散状绝热材料。种植屋面保温隔热材料的密度不宜大于 100kg/m³，压缩强度不得低于 100kPa。100kPa 压缩强度下，压缩比不得大于 10％。

（6）耐根穿刺防水材料厚度要求见表 5-6-4。

表 5-6-4　耐根穿刺防水材料厚度要求

分类	最小厚度
改性沥青防水卷材	4mm
聚氯乙烯防水卷材、热塑性聚烯烃防水卷材、高密度聚乙烯土工膜、三元乙丙橡胶防水卷材	1.2mm
聚乙烯丙纶防水卷材	0.6mm
喷涂聚脲防水涂料	2mm

（7）种植平屋面的基本构造层次包括（从下而上）：基层、绝热层、找（坡）平层、普通防水层、耐根穿刺防水层、保护层、排（蓄）水层、过滤层、种植土层和植被层等。可根据各地区气候特点、屋面形式、植物种类等情况，增减构造层次。

（8）种植平屋面排水坡度不宜小于 2%；天沟、檐沟的排水坡度不宜小于 1%。

（9）种植坡屋面的绝热层应采用黏结法和机械固定法施工。

考点 15　墙体节能工程★★

（1）在正常使用和正常维护的条件下，外保温工程的使用年限不应少于 25 年。

（2）外保温工程施工期间的环境空气温度不应低于 5℃。5 级以上大风天气和雨天不得施工。

> **名师总结**
>
> 本章为建筑工程施工技术，主要介绍施工测量、土方与基础工程、主体结构、防水工程、装饰装修工程的施工技术，历年考试中选择题与案例分析题均会考查相关内容，案例分析题考查最多的是主体结构施工技术，其次是基础工程和防水工程施工技术。

同步强化训练

一、单项选择题（每题的备选项中，只有 1 个最符合题意）

1. 水准测量中，A 点为后视点，B 点为前视点，A 点高程为 H_A，后视读数为 a，前视读数为 b，则 B 点高程为（　　）。
   A. $H_A - a + b$
   B. $H_A + a - b$
   C. $a + b - H_A$
   D. $a - b - H_A$

2. 楼层测量放线最常用的距离测量方法是（　　）。
   A. 钢尺量距
   B. 经纬仪测距
   C. 水准仪测距
   D. 全站仪测距

3. 工程测量用水准仪的主要功能是（　　）。
   A. 直接测量待定点的高程
   B. 测量两个方向之间的水平角
   C. 测量两点间的高差

D. 直接测量竖直角

4. 一较深基坑，基坑所处地区地下水位高于基坑底标高 6m，土渗透系数为 $0.1\sim20.0m/d$。此基坑宜选用降水方案为（　　）。

　　A. 真空轻型井点

　　B. 喷射井点

　　C. 管井井点

　　D. 截水

5. 工程基坑开挖采用井点回灌技术的主要目的是（　　）。

　　A. 避免坑底土体回弹

　　B. 避免坑底出现管涌

　　C. 减少排水设施，降低施工成本

　　D. 防止降水井点对井点周围建（构）筑物、地下管线的影响

6. 可以用作填方土料的是（　　）。

　　A. 淤泥　　　　　　　　　　　　　　B. 淤泥质土

　　C. 膨胀土　　　　　　　　　　　　　D. 黏性土

7. 采用捶击沉桩法打预制桩时，若为摩擦桩，桩的入土深度的控制方法为（　　）。

　　A. 只控制其贯入度

　　B. 只控制其标高

　　C. 以控制标高为主，贯入度作为参考

　　D. 以控制贯入度为主，标高作为参考

8. 关于钢筋混凝土预制桩沉桩顺序的说法，正确的是（　　）。

　　A. 对于密集桩群，从四周开始向中间施打

　　B. 一侧毗邻建筑物时，由毗邻建筑物处向另一方向施打

　　C. 对基础标高不一的桩，宜先浅后深

　　D. 对不同规格的桩，宜先小后大、先短后长

9. 当设计无要求时，关于混凝土基础钢筋工程中钢筋连接的说法，正确的是（　　）。

　　A. 受力钢筋的接头宜设置在受力较大处

　　B. 在同一根纵向受力钢筋上宜设置两个或两个以上接头

　　C. 采用绑扎搭接接头，位于同一区段内的受拉钢筋搭接接头面积百分率为 35%

　　D. 当受拉钢筋的直径 $d>28mm$ 宜采用焊接或机械连接接头

10. 关于大体积混凝土温控指标的说法，正确的是（　　）。

　　A. 混凝土浇筑体在入模温度基础上的温升值不宜大于 60℃

　　B. 混凝土浇筑块体的里表温差（不含混凝土收缩的当量温度）不宜大于 30℃

　　C. 混凝土浇筑体的降温速率不宜大于 3.0℃/d

　　D. 混凝土浇筑体表面与大气温差不宜大于 25℃

11. 关于大体积混凝土、设备基础分层浇筑顺序的说法，正确的是（　　）。

　　A. 从低处开始，沿长边方向自一端向另一端浇筑

　　B. 从低处开始，沿短边方向自一端向另一端浇筑

　　C. 从高处开始，沿长边方向自一端向另一端浇筑

　　D. 从高处开始，沿短边方向自一端向另一端浇筑

12. 某跨度为 2m 的板，设计混凝土强度等级为 C20，其同条件养护的标准立方体试块的抗压

强度标准值达到（　　）时即可拆除底模。

A. 5N/mm²

B. 10N/mm²

C. 15N/mm²

D. 20N/mm²

13. 梁下部纵向受力钢筋接头位置宜设置在（　　）。

A. 梁跨中

B. 梁支座

C. 距梁支座 1/3 处

D. 可随意设置

14. 无圈梁或垫梁时，板、次梁与主梁交叉处钢筋绑扎正确的是（　　）。

A. 板的钢筋在上，次梁钢筋居中，主梁钢筋在下

B. 次梁钢筋在上，板的钢筋居中，主梁钢筋在下

C. 主梁钢筋在上，次梁钢筋居中，板的钢筋在下

D. 板的钢筋在上，主梁钢筋居中，次梁钢筋在下

15. 关于后浇带设置和处理的说法，正确的是（　　）。

A. 若设计无要求，至少保留 21d 后再浇筑

B. 填充后浇带，可采用高膨胀混凝土

C. 膨胀混凝土强度等级与原结构强度相同

D. 填充混凝土保持至少 14d 的湿润养护

16. 关于后张法预应力筋的张拉控制，下列说法正确的是（　　）。

A. 以控制张拉伸长值为主，张拉力值作校核

B. 以控制张拉力值为主，张拉伸长值作校核

C. 普通松弛预应力筋以控制张拉伸长值为主

D. 低松弛预应力筋以控制张拉伸长值为主

17. 砌筑砂浆应随拌随用，当施工期间最高气温在 30°C 以内时，水泥混合砂浆最长应在（　　）h 内使用完毕。

A. 2

B. 3

C. 4

D. 5

18. 砖砌体工程中可设置脚手眼的墙体或部位是（　　）。

A. 120mm 厚墙

B. 砌体门窗洞口两侧 450mm 处

C. 独立柱

D. 宽度为 800mm 的窗间墙

19. 铺贴厚度小于 3mm 的地下工程高聚物改性沥青卷材时，严禁采用的施工方法是（　　）。

A. 冷粘法

B. 热熔法

C. 满粘法

D. 空铺法

20. 关于建筑防水工程的说法，正确的是（　　）。

A. 防水混凝土拌合物运输中坍落度损失时，可现场加水弥补

B. 水泥砂浆防水层适用于受持续振动的地下工程

C. 卷材防水层上下两层卷材不得相互垂直铺贴

D. 有机涂料防水层施工前应当充分润湿基层

21. 立面或大坡面铺贴防水卷材时，应采用的施工方法是（　　）。

A. 空铺法

B. 点粘法

C. 条粘法

D. 满粘法

22. 吊杆距主龙骨端部距离不得大于（　　　）。

    A. 100mm

    B. 200mm

    C. 300mm

    D. 400mm

23. 硅钙板吊顶工程中，可用于固定吊扇的是（　　　）。

    A. 主龙骨

    B. 次龙骨

    C. 面板

    D. 附加吊杆

24. 隐框玻璃幕墙玻璃板块制作时，对打注硅酮结构密封胶的技术要求，正确的是（　　　）。

    A. 注胶前应用浸泡在溶剂里并吸足溶剂的擦布把粘接面擦洗干净

    B. 硅酮结构密封胶可以作为硅酮耐候密封胶使用

    C. 密封胶应三面黏结以保证受力

    D. 玻璃面板和铝框的粘接面清洁后应在1h内注胶，注胶前再度污染时，应重新清洁

二、多项选择题（每题的备选项中，有2个或2个以上符合题意，至少有1个错项）

1. 某大型商住楼大体积混凝土基础底板浇筑过程中，为了防止出现裂缝，可采取的措施有（　　　）。

    A. 优先选用低水化热的矿渣水泥拌制混凝土

    B. 适当提高水胶比，提高水泥用量

    C. 适当降低混凝土的入模温度，控制混凝土的内外温差

    D. 预埋冷却水管，进行人工导热

    E. 及时对混凝土覆盖保温、保湿材料

2. 关于模板工程安装要点的说法，正确的有（　　　）。

    A. 支架必须有足够的支承面积，底座必须有足够的承载力

    B. 在浇筑混凝土前，木模板应浇水润湿，但模板内不应有积水

    C. 模板的接缝不应漏浆

    D. 跨度不小于3m的现浇钢筋混凝土梁、板，其模板应按设计要求起拱

    E. 设计无要求时，6m的现浇钢筋混凝土梁起拱高度应为跨度的1/1000～3/1000

3. 模板的拆除顺序一般为（　　　）。

    A. 先支先拆，后支后拆

    B. 后支先拆，先支后拆

    C. 先拆非承重部分，后拆承重部分

    D. 先拆承重部分，后拆非承重部分

    E. 先下后上，先内后外

4. 关于高强度螺栓连接施工的说法，正确的有（　　　）。

    A. 在施工前对摩擦面进行检验和复验

    B. 把高强螺栓作为临时螺栓使用

    C. 高强度螺栓的安装可采用自由穿入和强行穿入两种

    D. 高强度螺栓连接中，连接钢板的孔必须采用钻孔成型的方法

    E. 高强螺栓不能作为临时螺栓使用

5. 某民用住宅建筑为10层，关于屋面防水等级和设防要求的说法，正确的有（　　　）。

    A. 等级为Ⅰ级防水

    B. 等级为Ⅱ级防水

    C. 等级为Ⅲ级防水

D. 采用一道设防

E. 采用两道设防

三、案例分析题

背景资料：

某钢筋混凝土框架结构标准厂房建筑，地上 3 层，无地下室，框架柱柱距 7.6m。施工单位制定了完整的施工方案，采用预拌混凝土，钢筋现场加工，并采用覆膜多层板作为结构构件模板，模架支撑采用碗扣式脚手架。施工工序安排框架柱单独浇筑，第二步梁与板同时浇筑。施工过程中发生如下事件：

事件一：结构设计按最小配筋率配筋，设计中有采用 HPB300 级直径 12mm 钢筋，间距 200mm。施工单位考查当地建材市场，发现市场上 HPB300 级直径 12mm 钢筋紧缺，很难买到。施工单位征得监理单位和建设单位同意后，按等强度折算后，用 HRB335 级直径 12mm（间距 250mm）的钢筋进行代换，保证整体受力不变，并按此组织实施。

事件二：二层梁板施工阶段天气晴好，气温 16～27℃。梁板模板安装拼接整齐、严密并验收完毕，进行钢筋的安装，且钢筋绑扎经验收符合规范要求。在混凝土浇筑前，用水准仪抄平，保证每一构件底模表面在同一个平面上，无凹凸不平问题，开始浇筑混凝土，并现场制作混凝土试件。浇筑完毕 20h 覆盖并浇水养护。10d 后从养护室取出一组送检试压，其强度达设计强度的 80%，施工单位认为已超过设计强度的 75%，向监理工程师提出拆除底模与架体支撑的申请。

事件三：工程竣工前，所有标准养护试件强度均符合设计要求，但部分同条件养护试件强度判定为不合格，监理工程师要求进行实体检测。施工单位认为应以标准养护试件强度为准，应判断结构符合要求。在建设单位的要求下，最终进行了结构实体检验，经检验合格，由建设单位组织竣工验收。

问题：

1. 指出事件一中的不妥之处，并分别说明理由。

2. 指出事件二中的不妥之处，并分别说明理由。

3. 事件三中监理工程师要求是否妥当？为什么？结构实体检验应包括哪些内容？主要检验哪些部位？

参考答案及解析

一、单项选择题

1. ［答案］B

［解析］后视点读数＋后视点高程＝前视点读数＋前视点高程，即 $a + H_A = b + H_B$。

2. ［答案］A

［解析］钢尺的主要作用是距离测量，钢尺量距是目前楼层测量放线最常用的距离测量方法。

3. ［答案］C

［解析］水准仪的主要功能是测量两点间的高差，它不能直接测量待定点的高程，

但可由控制点的已知高程来推算测点的高程。利用视距测量原理，它还可以测量两点间的水平距离。

4. ［答案］B

［解析］喷射井点适于基坑开挖较深、降水深度大于 6m、土渗透系数为 0.1～20.0m/d 的填土、粉土、黏性土、砂土中使用。

5. ［答案］D

［解析］井点回灌是将抽出的地下水（或工业用水），通过回灌井点持续地再灌入地基土层内，使地下降水的影响半径不超

过回灌井点的范围。这样，回灌井点就以一道隔水帷幕，阻止回灌井点外侧的建筑物下的地下水流失，使地下水位基本保持不变，土层压力仍处于原始平衡状态，从而可有效地防止降水对周围建（构）筑物、地下管线等的影响。

6. ［答案］D

　　［解析］填方土料不能选用淤泥、淤泥质土、膨胀土、有机质大于8%的土、含水溶性硫酸盐大于5%的土、含水量不符合压实要求的黏性土。

7. ［答案］C

　　［解析］摩擦桩的入土深度的控制以控制标高为主，贯入度作为参考。

8. ［答案］B

　　［解析］当基坑不大时，打桩应逐排打设或从中间开始分头向四周或两边进行；密集桩群，从中间开始分头向四周或两边对称施打；当一侧毗邻建筑物时，由毗邻建筑物处向另一方向施打。

9. ［答案］D

　　［解析］受力钢筋的接头宜设置在受力较小处，选项A错误。在同一根纵向受力钢筋上不宜设置两个或两个以上接头，选项B错误。采用绑扎搭接接头，位于同一区段内的受拉钢筋搭接接头面积百分率为25%，选项C错误。

10. ［答案］D

　　［解析］大体积混凝土施工温控指标应符合下列规定：①混凝土浇筑体在入模温度基础上的温升值不宜大于50℃；②混凝土浇筑体里表温差不宜大于25℃；③混凝土浇筑体降温速率不宜大于2.0℃/d；④拆除保温覆盖时混凝土浇筑体表面与大气温差不应大于20℃。

11. ［答案］A

　　［解析］混凝土浇筑宜从低处开始，沿长边方向自一端向另一端进行。

12. ［答案］B

　　［解析］对于跨度不大于2m的板，其同条件养护试件强度达到设计混凝土立方

体抗压强度标准值的50%及以上时，方可拆除底模。本题混凝土设计强度等级为C20，即同条件养护试件强度至少达到10N/mm²才能拆除底模及支架。

13. ［答案］C

　　［解析］连续梁、板的上部钢筋接头位置宜设置在跨中1/3跨度范围内，下部钢筋接头位置宜设置在梁端1/3跨度范围内。

14. ［答案］A

　　［解析］板、次梁与主梁交叉处，板的钢筋在上，次梁的钢筋居中，主梁的钢筋在下；当有圈梁或垫梁时，主梁的钢筋在上。

15. ［答案］D

　　［解析］填充后浇带，可采用微膨胀混凝土、强度等级比原结构强度提高一级，并保持至少14d的湿润养护。在主体结构保留一段时间（若设计无要求，则至少保留14d）后再浇筑，将结构连成整体。

16. ［答案］B

　　［解析］预应力筋的张拉以控制张拉力值为主，以预应力筋张拉伸长值作校核。

17. ［答案］B

　　［解析］现场拌制的砂浆应随拌随用，拌制的砂浆应在3h内使用完毕；当施工期间最高气温超过30℃时，应在2h内使用完毕。

18. ［答案］B

　　［解析］不得在下列墙体或部位设置脚手眼：①120mm厚墙、清水墙、料石墙、独立柱和附墙柱；②过梁上与过梁成60°角的三角形范围及过梁净跨度1/2的高度范围内；③宽度小于1m的窗间墙；④门窗洞口两侧石砌体300mm，其他砌体200mm范围内；转角处石砌体600mm，其他砌体450mm范围内；⑤梁或梁垫下及其左右500mm范围内；⑥设计不允许设置脚手眼的部位；⑦轻质墙体；⑧夹心复合墙外叶墙。

19. [答案] B

[解析] 厚度小于 3mm 的高聚物改性沥青防水卷材，严禁采用热熔法施工。

20. [答案] C

[解析] 铺贴双层卷材时，上下两层和相邻两幅卷材的接缝应错开 1/3～1/2 幅宽，且两层卷材不得相互垂直铺贴。

21. [答案] D

[解析] 立面或大坡面铺贴防水卷材时，应采用满粘法施工。

22. [答案] C

[解析] 吊杆距主龙骨端部和距墙的距离不应大于 300mm。吊杆间距和主龙骨间距不应大于 1200mm，当吊杆长度大于 1.5m 时，应设置反支撑。当吊杆与设备相遇时，应调整增设吊杆。

23. [答案] D

[解析] 吊顶灯具、风口及检修口等应设附加吊杆。重型灯具、电扇及其他重型设备严禁安装在吊顶工程的龙骨上，必须增设附加吊杆。

24. [答案] D

[解析] 选项 A，清洁工作应采用"两次擦"的工艺进行，不得污染试剂。选项 B，硅酮结构密封胶与硅酮耐候密封胶的性能不同，二者不能互换。硅酮结构密封胶不宜作为硅酮耐候密封胶使用。选项 C，密封胶在接缝内应两对面黏结，不应三面黏结。

二、多项选择题

1. [答案] ACDE

[解析] 选项 B，应适当降低水胶比，减少水泥用量。

2. [答案] ABCE

[解析] 选项 D，跨度不小于 4m 的现浇钢筋混凝土梁、板，其模板应按设计要求起拱。

3. [答案] BC

[解析] 模板拆除顺序：先支的后拆、后支的先拆，先拆非承重模板、后拆承重模板。

4. [答案] ADE

[解析] 高强螺栓不得作为临时螺栓使用；安装时应能自由穿入螺栓孔，不得强行穿入。若螺栓不能自由穿入时，可采用铰刀或锉刀修整螺栓孔，不得采用气割扩孔。

5. [答案] AE

[解析] 住宅建筑按层数分类：一～三层为低层住宅，四～六层为多层住宅，七～九层为中高层住宅，十层及十层以上为高层住宅。高层建筑防水等级为 I 级，两道防水设防。

三、案例分析题

1. 事件一中，不妥之处和理由分别如下：

(1) 不妥之处一：按等强度折算后进行钢筋代换。

理由：当构件按最小配筋率配筋时，或同钢号钢筋之间的代换，按钢筋代换前后面积相等的原则进行代换。

(2) 不妥之处二：征得监理单位和建设单位同意后，按此组织钢筋代换。

理由：钢筋代换时，一定要征得设计单位的同意。

2. 事件二中，不妥之处和理由分别如下：

(1) 不妥之处一：保证每一构件底模表面在同一个平面上，无凹凸不平问题。

理由：对于跨度不小于 4m 的现浇钢筋混凝土梁、板，其模板应按设计要求起拱。当设计无具体要求时，起拱高度应为跨度的 1/1000～3/1000。

(2) 不妥之处二：浇筑完毕 20h 后覆盖并浇水养护。

理由：应在混凝土浇筑完成、终凝前（通常为混凝土浇筑完毕后 8～12h 内）开始进养护。

(3) 不妥之处三：从养护室取出一组送检试压后强度判断拆除底模与架体支撑。

理由：应该用同条件养护试块试压后强度判断拆除底模与架体支撑。

3. (1) 监理工程师要求妥当。

(2) 理由：根据《混凝土结构工程施工质量验收规范》规定，当未取得同条件养护试件强度、同条件养护试件强度被判定为不合格或钢筋保护层厚度不满足要求时，应委托具有相应资质等级的检测机构按国家有关标准的规定进行结构实体检测。

（3）结构实体检测应包括如下内容：

混凝土强度、钢筋保护层厚度、结构位置与尺寸偏差、合同约定的项目。

（4）主要检验涉及结构安全的柱、梁等重要部位。

第二篇

建筑工程项目施工管理

第六章

项目组织管理

▶ **学习提示**

　　本章为项目组织管理，主要内容是施工现场平面布置、施工临时用电、施工临时用水、环境保护与职业健康、施工现场防火、技术应用管理，历年考试中案例分析题分值占比较大。本章内容大部分为记忆性内容，考生需加强记忆。

▶ **考情分析**

近四年考试真题分值统计表　　　　　　　　　　　　　　　　（单位：分）

节序	节名	2020 年			2019 年			2018 年			2017 年		
		单选	多选	案例	单选	多选	案例	单选	多选	案例	单选	多选	案例
第一节	施工现场平面布置	—	—	—	—	—	—	—	—	15	—	—	—
第二节	施工临时用电	1	—	—	1	—	5	1	—	—	—	—	3
第三节	施工临时用水	—	—	—	1	—	—	—	—	3	—	2	—
第四节	环境保护与职业健康	1	—	7	—	—	5	—	—	9	1	—	8
第五节	施工现场防火	1	—	—	—	—	—	—	—	4	—	—	2
第六节	技术应用管理	—	2	2	—	2	5	—	2	4	—	—	—
	合计	3	2	9	2	2	15	1	2	35	1	2	13

第一节　施工现场平面布置

考点 1　施工总平面图的设计内容★★

（1）项目施工用地范围内的地形状况。

（2）全部拟建建（构）筑物和其他基础设施的位置。

（3）项目施工用地范围内的加工、运输、存储、供电、供水供热、排水排污设施以及临时施工道路和办公、生活用房。

（4）施工现场必备的安全、消防、保卫和环保设施。

（5）相邻的地上、地下既有建（构）筑物及相关环境。

考点 2　施工总平面图设计原则★★

（1）平面布置科学合理，施工场地占用面积少。

（2）合理组织运输，减少二次搬运。

（3）施工区域的划分和场地的临时占用区域应符合总体施工部署和施工流程的要求，减少相互干扰。

（4）充分利用既有建（构）筑物和既有设施为项目施工服务，降低临时设施的建造费用。

（5）临时设施应方便生产和生活；办公区、生活区、生产区宜分区域设置。

（6）应符合节能、环保、安全和消防等要求。

（7）遵守当地主管部门和建设单位关于施工现场安全文明施工的相关规定。

考点 3　施工平面图设计★★★

（1）施工现场宜考虑设置两个以上大门。

（2）应有专用的人员进出通道。

（3）布置塔吊应考虑其覆盖范围、可吊构件的重量、周围环境、构件的运输和堆放、塔吊的附墙杆件及使用后的拆除和运输。

（4）布置混凝土泵的位置应考虑混凝土罐车行走方便、泵管的输送距离。

（5）布置施工升降机时，应考虑楼层平台通道、出入口防护门、地基承载力、周边排水、导轨架的附墙位置和距离、地基平整度、升降机周边的防护围栏等。

（6）仓库、堆场一般应接近使用地点，其纵向宜与现场临时道路平行，尽可能利用现场设施装卸货；货物装卸需要时间长的仓库应远离道路边。

（7）存放危险品类的仓库应远离现场单独设置，离在建工程距离不小于15m。木材场两侧应有6m宽通道，端头处应有12m×12m回车场，消防车道不小于4m。

（8）宿舍内应保证有必要的生活空间，室内净高不得小于2.5m，通道宽度不得小于0.9m，每间宿舍居住人员不得超过16人。

（9）临时总变电站应设在高压线进入工地入口处，尽量避免高压线穿过工地。

（10）临时水池、水塔应设在用水中心和地势较高处。管网一般沿道路布置，供电线路应避免与其他管道设在同一侧。

实战演练

[2018真题·案例节选]

背景资料：

一建筑施工场地，东西长110m，南北宽70m。拟建建筑物首层平面80m×40m，地下2层，地上6/20层，檐口高26/68m，建筑面积约48000m²。施工场地部分临时设施平面布置示意图如图6-1-1所示，图中布置施工临时设施有：现场办公室，木工加工及堆场，钢筋加工及堆场，油漆库房，塔吊，施工电梯，物料提升机，混凝土地泵，大门及围墙，车辆冲洗池（图中未显示的设施均视为符合要求）。

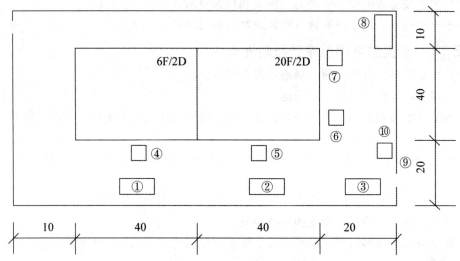

图6-1-1　部分临时设施平面布置示意图（单位：m）

问题：

1. 写出图6-1-1中临时设施编号所处位置最宜布置的临时设施名称（如⑨大门与围墙）。

2. 简单说明布置理由。

[答案]

1. 临时设施名称：①木材加工及堆场；②钢筋加工及堆场；③现场办公室；④物料提升机；⑤塔吊；⑥混凝土地泵；⑦施工电梯；⑧油漆库房；⑨大门及围墙；⑩车辆冲洗池。

2. 布置理由：

①木材加工及堆场：布置仓库、堆场，一般应接近使用地点，其纵向宜与现场临时道路平行，尽可能利用现场设施卸货。木材厂两侧应有6m宽通道，端头有12m×12m回车场。

②钢筋加工及堆场：货物装卸需要时间长的仓库应远离道路边。

③现场办公室：办公用房宜设在场地入口处。

⑤塔吊：布置塔吊时，应考虑其周围环境、覆盖范围、可吊构件的重量以及构件的运输和堆放；同时还应考虑附墙杆件及使用后的拆除和运输。

⑥混凝土地泵：布置混凝土地泵的位置时，应考虑泵管的输送距离、罐车行走停靠方便，一般情况下，立管位置应相对固定且固定牢固，泵车可以现场流动使用。

④物料提升机：安全设备一般只有防冒顶、防坐冲和停层保险装置，因而只允许用于物料提升，不得载运人员。

⑦施工电梯：多数施工电梯为人货两用，少数仅为货用。相较于物料提升机更适合楼层较高的建筑。

⑧油漆库房：存放危险品类的仓库应远离现场单独设置，离在建工程距离不小于 15m。

⑩车辆冲洗池：车辆出入口设置车辆冲洗设施。

[2015 真题·案例分析]

背景资料：

某建筑工程，占地面积 8000m²，地下 3 层，地上 30 层，框筒结构，结构钢筋采用 HRB400 等级，底板混凝土强度等级为 C35，地上三层及以下核心筒和柱混凝土强度等级为 C60。局部区域为两层通高报告厅，其主梁配置了无黏结预应力筋，某施工企业中标后进场组织施工，施工现场场地狭小，项目部将所有材料全部委托给专业加工厂进行场外加工。

在施工过程中，发生了下列事件：

事件一：在项目部依据《建设工程项目管理规范》（GB/T 50326—2006）编制的项目管理实施规划中，对材料管理等各种资源管理进行了策划，在资源管理中建立了相应的资源控制程序。

事件二：施工现场总平面布置设计中包含如下主要内容：①材料加工场地布置在场外；②现场设置一个出入口，出入口处设置办公用房；③场地周围设置 3.8m 宽环形载重单车道主干道（兼消防车道），并进行硬化，转弯半径 10m；④在干道外侧开挖 400mm×600mm 管沟，将临时供电线缆、临时用水管线埋置于管沟内。监理工程师认为总平面布置设计存在多处不妥，责令整改后再验收，并要求补充干道具体硬化方式和裸露场地文明施工防护措施。

事件三：项目经理安排土建技术人员编制了《现场施工用电组织设计》，经相关部门审核、项目技术负责人批准、总监理工程师签认，并组织施工等单位的相关部门和人员共同验收后投入使用。

事件四：本工程推广应用《建筑业 10 项新技术（2010）》，针对"钢筋及预应力技术"大项，可以在本工程中应用的新技术均制订了详细的推广措施。

事件五：设备安装阶段，发现拟安装在屋面的某空调机组重量超出塔吊限载值（额定起重量）约 6%，因特殊情况必须使用该塔吊进行吊装，经项目技术负责人安全验算后批准用塔吊起吊；起吊前先进行试吊，即将空调机调离地面 30cm 后停止提升，现场安排专人进行观察与监护。监理工程师认为施工单位做法不符合安全规定，要求整改，对试吊时的各项检查内容旁站监理。

问题：

1. 事件一中，除材料管理外，项目资源管理工作还包括哪些内容？除资源控制程序外，资源管理计划还应包括哪些内容？

2. 针对事件二中施工总平面布置设计的不妥之处，分别写出正确的做法，施工现场主干道常用硬化方式有哪些？裸露场地的文明施工防护通常有哪些措施？

3. 针对事件三中的不妥之处，分别写出正确的做法。临时用电投入使用前，施工单位的哪些部门应参加验收？

4. 事件四中，按照《建筑业 10 项新技术（2010）》规定，"钢筋及预应力技术"大项中，在本工程中可推广与应用的新技术都有哪些？

5. 指出事件五中施工单位做法不符合安全规定之处，并说明理由。在试吊时，必须进行哪些检查？

[答案]

1.（1）资源管理还应包括人力资源管理、机械设备管理、技术管理和资金管理。

（2）资源管理计划应包括建立资源管理制度，编制资源使用计划、供应计划和处置计划，规定责任体系。

2.（1）不妥之处一：材料加工场地布置在场外。

正确做法：材料加工场地布置位置的总的指导思想是应使材料和构件的运输量最小，垂直运输设备发挥较大的作用；有关联的加工厂适当集中。

不妥之处二：现场设置一个出入口，出入口设置办公用房。

正确做法：施工现场宜设置两个以上大门，办公用房宜设在工地入口处。

不妥之处三：场地周围设置3.8m宽环形载重单车主干道（兼消防车道），转弯半径10m。

正确做法：施工现场的主要道路应进行硬化处理，主干道应有排水措施。主干道宽度单行道不小于4m，双行道不小于6m，消防车道不小于4m，载重车转弯半径不宜小于15m。

（2）硬化方式：混凝土硬化，沥青路面硬化。

（3）裸露的场地和集中堆放的土方应采取覆盖、固化或绿化等措施。施工现场土方作业应采取防止扬尘措施。

3.（1）不妥之处：项目经理安排土建技术人员编制了《现场施工用电组织设计》，总监理工程师签认，并组织施工等单位的相关部门和人员共同验收后投入使用。

正确做法：临时用电组织设计及变更必须由电气工程技术人员编制，并经具有法人资格企业的技术负责人批准，现场监理签认后实施。

（2）临时用电工程必须经编制、审核、批准部门和使用单位共同验收，合格后方可投入使用。

4.钢筋及预应力技术包括：高强钢筋应用技术、钢筋焊接网应用技术、大直径钢筋直螺纹连接技术、无黏结预应力技术、建筑用成型钢筋制品加工与配送技术、钢筋机械锚固技术。

5.（1）不符合规定之处：项目技术负责人安全验算后批准用塔吊起吊。

理由：特殊情况下必须使用时，必须经过验算，经企业技术负责人批准。

（2）在吊物载荷达到额定载荷的90%时，应先将吊物吊离地面200～500mm后，检查机械状况、制动性能、物件绑扎情况等，确认无误后方可起吊。对有晃动的物件，必须拴拉溜绳使之稳固。

【重点提示】

该考点案例分析题与选择题都可以考查。施工总平面图的设计内容与设计原则记忆各条关键词，以应对问答题。

考点 4　施工平面图现场管理总体要求★

施工平面图现场管理总体要求：不扰民、不损害公众利益、安全有序、整洁卫生、绿色环保、满足施工需求、现场文明。

考点 5　施工现场管理★★

（1）施工现场应实行封闭管理，并应采用硬质围挡。市区主要路段的施工现场围挡高度不应低于2.5m，一般路段围挡高度不应低于1.8m。

（2）围挡应牢固、稳定、整洁、美观。距离交通路口20m范围内占据道路施工设置的围挡，其0.8m以上部分应采用通透性围挡，并应采取交通疏导和警示措施。

考点 6　出入口与道路管理要求★★★

（1）现场大门应设置警卫岗亭，安排警卫人员24h值班，检查人员出入证、材料运输单等，以达到管理有序、安全生产的目的。施工现场出入口应标有企业名称或企业标识，主要出入口应设置工程概况牌、施工现场总平面图、安全生产、消防保卫、环境保护、文明施工等制度牌。

（2）现场道路及主要场地应进行硬化处理，如采取铺设混凝土、钢板、碎石等方法。

第二节 施工临时用电

考点 1 临时用电基本要求★★★

（1）各类用电人员必须通过相关安全教育培训和技术交底，掌握安全用电基本知识和所用设备的性能，考核合格后方可上岗工作。

（2）施工现场临时用电设备在 5 台及以上或设备总容量在 50kW 及以上的，应编制用电组织设计；否则应制定安全用地和电气防火措施。

（3）临时用电组织设计及变更必须由电气工程技术人员编制，相关部门审核，并经具有法人资格企业的技术负责人批准，现场监理签认后实施。

【注意】与用电相关的内容必须由电气工程技术人员操作或编制。

（4）室外 220V 灯具距地面不得低于 3m，室内不得低于 2.5m。

（5）"三级配电"模式：总配电箱—分配电箱—开关箱。

（6）PE 线上严禁设开关或熔断器，严禁通过工作电流且严禁断线。

实战演练

[2018 真题·单选] 关于施工现场临时用电管理的说法，正确的是（　　）。

A. 现场电工必须经相关部门考核合格后，持证上岗

B. 用电设备拆除时，可由安全员完成

C. 用电设备总容量在 50kW 及以上的，应制定用电防火措施

D. 装饰装修阶段用电参照用电组织设计执行

[解析] 施工现场操作电工必须经过国家现行标准考核合格后，持证上岗工作，选项 A 正确。安装、巡检、维修或拆除临时用电设备和线路，必须由电工完成，并应有人监护，选项 B 错误。施工现场临时用电设备在 5 台及以上或设备总容量在 50kW 及以上的，应编制用电组织设计；否则应制定安全用电和电气防火措施，选项 C 错误。装饰装修工程或其他特殊施工阶段，应补充编制单项施工用电方案，选项 D 错误。

[答案] A

重 点 提 示

该考点案例分析题与选择题都可以考查。重点掌握施工用电组织设计编制的相关内容。

考点 2 电源电压要求★★

电源电压要求见表 6-2-1。

表 6-2-1 电源电压要求

电源电压限制	环境
≤36V	隧道、人防工程、高温、有导电灰尘、比较潮湿或灯具离地面高度低于 2.5m 的场所
≤24V	潮湿和易触及带电体场所
≤12V	特别潮湿场所、导电良好的地面、锅炉或金属容器内

重点提示

掌握电源电压在"≤36V"和"≤12V"下的具体场所，易考查多项选择题。可以记忆24V电压的情况，比24V电压导电轻微的用36V电压，严重的用12V电压。

考点 3　架空线路敷设基本要求★

（1）施工现场架空线必须采用绝缘导线。

（2）导线长期连续负荷电流应小于导线计算负荷电流。

（3）三相四线制线路的N线和PE线截面不小于相线截面的50%，单相线路的零线截面与相线截面相同。

（4）架空线路必须有短路保护。采用熔断器做短路保护时，其熔体额定电流应小于等于明敷绝缘导线长期连续负荷允许载流量的1.5倍。

（5）架空线路必须有过载保护。采用熔断器或断路器做过载保护时，绝缘导线长期连续负荷允许载流量不应小于熔断器熔体额定电流或断路器长延时过流脱扣器脱扣电流整定值的1.25倍。

考点 4　电缆线路敷设基本要求★

（1）电缆中必须包含全部工作芯线和作保护零线的芯线，即五芯电缆。

（2）五芯电缆必须包含淡蓝、绿/黄两种颜色绝缘芯线。淡蓝色芯线必须用作N线；绿/黄双色芯线必须用作PE线，严禁混用。

（3）电缆线路应采用埋地或架空敷设，严禁沿地面明设，并应避免机械损伤和介质腐蚀。

（4）直接埋地敷设的电缆过墙、过道、过临建设施时，应套钢管保护。

（5）电缆线路必须有短路保护和过载保护。

考点 5　室内配线要求★

（1）室内配线必须采用绝缘导线或电缆。

（2）室内非埋地明敷主干线距地面高度不得小于2.5m。

（3）室内配线必须有短路保护和过载保护。

考点 6　配电箱要求★★

（1）配电系统应采用配电柜或总配电箱、分配电箱、开关箱三级配电方式。

（2）总配电箱应设在靠近进场电源的区域，分配电箱应设在用电设备或负荷相对集中的区域，分配电箱与开关箱的距离不得超过30m。

（3）每台用电设备必须有各自专用的开关箱，严禁用同一个开关箱直接控制两台及两台以上用电设备（含插座）。

（4）配电箱、开关箱（含配件）应装设端正、牢固。固定式配电箱、开关箱的中心点与地面的垂直距离应为1.4～1.6m。移动式配电箱、开关箱应装设在坚固、稳定的支架上，其中心点与地面的垂直距离宜为0.8～1.6m。

实战演练

[2019真题·单选] 施工现场五芯电缆中用作N线的标识色是（　　　）。

A. 绿色 　　　　　　　　　　　B. 红色

C. 蓝色 　　　　　　　　　　　D. 黄绿色

[解析] 五芯电缆必须包含淡蓝、绿/黄两种颜色绝缘芯线。淡蓝色芯线必须用作 N 线；绿/黄双色芯线必须用作 PE 线，严禁混用。

[答案] C

第三节　施工临时用水

考点 1　临时用水量内容★★★

临时用水量包括：消防用水量、施工现场生活用水量、生活区生活用水量、现场施工用水量、施工机械用水量。

重点提示

总体分为施工、生活、消防三方面用水。在计算用水量时还要考虑"漏水损失"这一项。

考点 2　供水系统包括内容★

供水系统包括净水设施、贮水装置、取水位置、取水设施、输水管、配水管管网和末端配置。

考点 3　临时用水要求★★★

（1）供水管网布置的原则如下：要考虑施工期间各段管网移动的可能性；管径要经过计算确定；主要供水管线采用环状布置，孤立点可设支线；在保证不间断供水的情况下，管道铺设越短越好；尽量利用已有的或提前修建的永久管道。

（2）管线穿路处均要套以铁管，并埋入地下 0.6m 处，以防重压。

（3）消火栓间距不应大于 120m；距拟建房屋不应小于 5m 且不宜大于 25m，距路边不宜大于 2m。

考点 4　用水量的计算★★★

（1）现场施工用水量可按下式计算：

$$q_1 = K_1 \sum \frac{Q_1 \cdot N_1}{T_1 \cdot t} \cdot \frac{K_2}{8 \times 3600}$$

式中，q_1——施工用水量，L/s；K_1——未预计的施工用水系数（可取 1.05～1.15）；Q_1——年（季）度工程量；N_1——施工用水定额（浇筑混凝土耗水量 2400L/m³、砌筑耗水量 250L/m³）；T_1——年（季）度有效作业日，d；t——每天工作班数（班）；K_2——用水不均衡系数（现场施工用水取 1.5）。

（2）施工机械用水量可按下式计算：

$$q_2 = K_1 \sum Q_2 \cdot N_2 \cdot \frac{K_3}{8 \times 3600}$$

式中，q_2——施工用水量，L/s；K_1——未预计的施工用水系数（可取 1.05～1.15）；Q_2——同一种机械台数，台；N_2——施工机械台班用水定额；K_3——施工机械用水不均衡系数（可取 2.0）。

（3）施工现场生活用水量可按下式计算：

$$q_3 = \frac{P_1 \cdot N_3 \cdot K_4}{t \times 8 \times 3600}$$

式中，q_3——施工现场生活用水量，L/s；P_1——施工现场高峰昼夜人数，人；N_3——施工现场生活用水定额［一般为 $20\sim60$L/（人·班），主要视当地气候而定］；K_4——施工现场用水不均衡系数（可取 $1.3\sim1.5$）；t——每天工作班数（班）。

（4）生活区生活用水量可按下式计算：

$$q_4 = \frac{P_2 \cdot N_4 \cdot K_5}{24 \times 3600}$$

式中，q_4——生活区生活用水，L/s；P_2——生活区居民人数，人；N_4——生活区昼夜全部生活用水定额；K_5——生活区用水不均衡系数（可取 $2.0\sim2.5$）。

（5）消防用水量（q_5）：最小 10L/s；施工现场在 $25hm^2$（$250000m^2$）以内时，不大于 15L/s。

（6）总用水量（Q）计算：

1）当 $(q_1+q_2+q_3+q_4) \leqslant q_5$ 时，则 $Q=q_5+(q_1+q_2+q_3+q_4)/2$。

2）当 $(q_1+q_2+q_3+q_4) > q_5$ 时，则 $Q=q_1+q_2+q_3+q_4$。

3）当工地面积小于 $5hm^2$，而且 $(q_1+q_2+q_3+q_4) < q_5$ 时，则 $Q=q_5$。

最后计算出总用水量（以上各项相加），还应增加 10% 的漏水损失。

✐ 实战演练

［2017真题·多选］现场计算临时总用水量应包括（　　）。

A. 施工用水量　　　　　　　　　　　　B. 消防用水量

C. 施工机械用水量　　　　　　　　　　D. 商品混凝土拌合用水量

E. 临水管道水量损失量

［解析］临时用水量包括：现场施工用水量、施工机械用水量、施工现场生活用水量、生活区生活用水量、消防用水量。同时应考虑使用过程中水量的损失。在分别计算了以上各项用水量之后，才能确定总用水量。

［答案］ABCE

重点提示

（1）该考点一般在案例分析题中考查计算。

（2）消防用水量（q_5）最小 10L/s，计算时此数据使用较多。

（3）最后计算出的总用水量还应增加 10% 的漏水损失，即要将计算结果乘 1.1。

考点 5　临时用水管径计算★★★

临时用水管径可按下式计算：

$$d = \sqrt{\frac{4Q}{\pi \cdot v \cdot 1000}}$$

式中，d——配水管直径，m；Q——耗水量，L/s；v——管网中水流速度（$1.5\sim2$m/s）。

✐ 实战演练

［2016真题·案例分析］

背景资料：

某住宅楼工程，场地占地面积 $10000m^2$，建筑面积约 $14000m^2$，地下 2 层，地上 16 层，层高 2.8m，檐口高 47m，结构设计为筏板基础，剪力墙结构。施工总承包单位为外地企业，在本项目所在地设有分公司。

本工程项目经理组织编制了项目施工组织设计，经分公司技术部经理审核后，报分公司总工程师（公司总工程师授权）审批；由项目技术部经理主持编制。外脚手架（落地式）施工方案，经项目总工程师审批；专业承包单位组织编制塔吊安装拆卸方案，按规定经专家论证后，报施工总承包单位总工程师、总监理工程师、建设单位负责人签字批准实施。

在施工现场消防技术方案中，临时施工道路（宽 4m）与施工（消防）用主水管沿在建住宅楼环状布置，消火栓设在施工道路两侧，距路中线 5m，在建住宅楼外边线距道路中线 9m，施工用水管计算中，现场施工用水量（$q_1+q_2+q_3+q_4$）为 8.5L/s，管网水流速度 1.6m/s，漏水损失 10%，消防用水量按最小用水量计算。

根据项目试验计划，项目总工程师会同试验员选定在 1、3、5、7、9、11、13、16 层各留置 1 组 C30 混凝土同条件养护试件，试件在浇筑点制作，脱模后放置在下一层楼梯口处，第 5 层的 C30 混凝土同条件养护试件强度试验结果为 28MPa。

施工过程中发生塔吊倒塌事故。在调查塔吊基础时发现，塔吊基础为 6m×6m×0.9m，混凝土强等级为 C20，天然地基持力层承载力特征值（f_{ak}）为 120kPa，施工单位仅对地基承载力进行计算，并据此判断满足安全要求。

针对项目发生的塔吊事故，当地建设行政主管部门认定为施工总承包单位的不良记录，对其诚信行为记录及时进行了公布、上报，并向施工总承包单位工商注册所在地的建设行政主管部门进行了通报。

问题：

1. 指出项目施工组织设计、外脚手架施工方案、塔吊安装拆卸方案编制、审批的不妥之处，并写出相应的正确做法。

2. 指出施工现场消防技术方案的不妥之处，并写出相应的正确做法。施工总用水量是多少（单位：L/s）？施工用水主管的计算管径是多少（单位 mm，保留两位小数）？

3. 题中同条件养护试件的做法有何不妥？并写出正确做法。第 5 层 C30 混凝土同条件养护试件的强度代表值是多少？

4. 分别指出项目塔吊基础设计计算和构造中的不妥之处？并写出正确做法。

5. 分别写出项目所在地和企业工商注册所在地建设行政主管部门对施工企业诚信行为记录的管理内容有哪些？

[答案]

1. 不妥之处一：本工程项目经理组织编制了项目施工组织设计，经分公司技术部经理审核后，报公司总工程师（公司总工程师授权）审批。

正确做法：本工程项目经理组织编制了项目施工组织设计，报公司总工程师审批。

不妥之处二：由项目技术部经理主持编制外脚手架（落地式）施工方案，经项目总工程师审批。

正确做法：专项方案应当由施工单位技术部门组织本单位施工技术、安全、质量等部门的专业技术人员进行审核，公司总工程师审批。

不妥之处三：专业承包单位组织编制塔吊安装拆卸方案，按规定经专家论证后，报施工总承包单位总工程师、总监理工程师、建设单位负责人签字批准实施。

正确做法：实行施工总承包的，专项方案应当由总承包单位技术负责人及相关专业承包单位技术负责人签字。

2.（1）不妥之处一：消火栓设在施工道路两侧，距路中线5m。

正确做法：消火栓距路边不大于2m。

不妥之处二：在建住宅楼外边线距道路中线9m。

正确做法：在建住宅楼外边线距道路中线9m时，消火栓与房屋距离为4m。消火栓距拟建房屋不应小于5m且不宜大于25m。

（2）消防用水量的确定：场地占地面积10000m²，远小于50000m²，故按最小消防用水量选用，为 $q_5=10L/s$。

总用水量确定：$q_1+q_2+q_3+q_4=8.5$（L/s）$<q_5$，故总用水量按消防用水量考虑，即总用水量 $Q=q_5=10L/s$。若考虑10%的漏水损失，则总用水量 $Q=1.1×10=11$（L/s）。

（3）用水主管的计算管径：

$$d=\sqrt{\frac{4Q}{\pi \cdot v \cdot 1000}}=\sqrt{4×11/（3.14×1.6×1000）}=93.58（mm）。$$

3.（1）不妥之处一：在1、3、5、7、9、11、13、16层各留置1组C30混凝土同条件养护试件。

正确做法：各层各留置两组同条件养护试件。

不妥之处二：脱模后放置在下一层楼梯口处。

正确做法：应放在浇筑地点旁边。

不妥之处三：项目总工程师会同试验员选定同条件养护试件。

正确做法：同条件养护试件所对应的结构构件或部位应由施工与监理等各方共同选定。

（2）第5层C30混凝土同条件养护试件的强度代表值是C25。

4.不妥之处一：塔吊基础为6m×6m×0.9m，混凝土强度等级为C20。

正确做法：塔吊基础的高度不小于1m，混凝土强度等级为C25。

不妥之处二：施工单位仅对地基承载力进行计算，并据此判断满足安全要求。

正确做法：还需增加变形和稳定性计算。

5.（1）省、自治区和直辖市建设行政主管部门负责审查整改结果，对整改确有实效的，由企业提出申请，经批准，可缩短其不良行为记录信息公布期限，但公布期限最短不得少于3个月，同时将整改结果列于相应不良行为记录后，供有关部门和社会公众查询；对于拒不整改或整改不力的单位，信息发布部门可延长其不良行为记录信息公布期限。

（2）项目所在地建设行政主管部门对施工企业诚信行为记录的管理内容有：工程质量和安全、合同履约、社会投诉、不良行为。

（3）企业工商注册所在地建设行政主管部门对施工企业诚信行为记录的管理内容有：基本情况、资质、业绩、工程质量和安全、社会投诉。

[经典例题·案例节选]

背景资料：

某工业厂房工程，位于城市的远郊区，结构为双层框架结构，钢筋混凝土独立基础，连系梁连接，建筑面积为55000m²。计算总用水量为12L/s，水管中水的流速为1.5m/s。干管采用镀锌钢管，且埋入地下深度为800mm，每30m设一个接头供接支管使用。

问题：

1.计算现场供水钢管的管径。

[答案]

1.供水钢管管径计算如下：

$$d = \sqrt{\frac{4Q}{\pi \cdot v \cdot 1000}} = \sqrt{\frac{4 \times 12}{3.14 \times 1.5 \times 1000}} = 0.101 \text{（m）} = 101 \text{（mm）}。$$

按钢管管径规定系列选用，最靠近101mm的规格是100mm，故本工程临时给水干管用 $\phi 100$ 管径的钢管。

第四节　环境保护与职业健康

考点 1 绿色建筑评价标准★★

（1）绿色建筑的评价应以单栋建筑或建筑群为评价对象。

（2）绿色建筑评价应在建设工程竣工后进行。在建筑工程施工图完成后，可进行预评价。

（3）绿色建筑评价指标体系由安全耐久、生活便利、健康舒适、环境宜居、资源节约5类指标组成，且每类指标均包括控制项和评分项；评价指标体系还统一设置加分项。

（4）绿色建筑评价分值。

（5）绿色建筑划分应为基本级、一星级、二星级、三星级4个等级。

（6）当总得分分别达到60分、70分、85分且应满足"一星级、二星级、三星级绿色建筑的技术要求"时，绿色建筑等级分别为一星级、二星级、三星级。

考点 2 绿色施工施工单位职责★

（1）实行总承包管理的建设工程，总承包单位应对绿色施工负总责。

（2）总承包单位应对专业承包单位的绿色施工实施管理，专业承包单位应对工程承包范围的绿色施工负责。

（3）施工单位应建立以项目经理为第一责任人的绿色施工管理体系，制定绿色施工管理制度、负责绿色施工的组织实施，进行绿色施工教育培训，定期开展自检、联检和评价工作。

（4）绿色施工组织设计、绿色施工方案或绿色施工专项方案编制前，应进行绿色施工影响因素分析，并据此制定实施对策和绿色施工评价方案等。

考点 3 环境保护要求★★

（1）在城市市区范围内从事建筑工程施工，项目必须在工程开工15d以前向工程所在地县级以上地方人民政府环境保护管理部门申报登记。

（2）夜间施工应办理夜间施工许可证明，并公告附近社区居民。

（3）夜间室外照明灯应加设灯罩，透光方向集中在施工范围。电焊作业采取遮挡措施，避免电焊弧光外泄。

（4）施工现场污水排放要与所在地县级以上人民政府市政管理部门签署污水排放许可协议，申领《临时排水许可证》。

（5）雨水排入市政雨水管网，污水经沉淀处理后二次使用或排入市政污水管网。施工现场泥浆、污水未经处理不得直接排入城市排水设施和河流、湖泊、池塘。

（6）施工现场的主要道路必须进行硬化处理，土方应集中堆放。

（7）建筑物内施工垃圾的清运，必须采用相应的容器或管道运输，不得将施工垃圾从窗口、洞口、阳台等处抛撒。

（8）在居民和单位密集区域进行爆破、打桩等施工作业前，项目经理部除按规定报告申请批准外，还应将作业计划、影响范围、程度及有关措施等情况，向有关的居民和单位通报说明。

（9）经过施工现场的地下管线，应由发包人在施工前通知承包人，标出位置，加以保护。

（10）施工时发现文物、古迹、爆炸物、电缆等，应当停止施工，保护好现场，及时向有关部门报告，按照有关规定处理后方可继续施工。

【注意】此部分考点不要仅记忆考点内容，要注意其内容是针对环境污染的哪方面保护。如"夜间室外照明灯应加设灯罩，透光方向集中在施工范围。电焊作业采取遮挡措施，避免电焊弧光外泄。"这一考点曾考过案例分析题，其问题是"夜间施工如何避免光污染"。

重点提示

（1）该考点案例分析题考查居多。

（2）注意污水经二次使用或排入市政污水管网前必须沉淀处理。

（3）将相同类型问题统一记忆，如夜间施工需采取的措施、现场各种污水排放的相关要求等。

考点 4 **绿色施工技术要点★★**

绿色施工技术要点见表 6-4-1。

表 6-4-1 绿色施工技术要点

分类	技术要点
节材与材料资源利用技术要点	（1）审核节材与材料资源利用的相关内容，降低材料损耗率；合理安排材料的采购、进场时间和批次，减少库存；应就地取材，装卸方法得当，防止损坏和遗撒；避免和减少二次搬运 （2）推广使用商品混凝土和预拌砂浆、高强钢筋和高性能混凝土，减少资源消耗。推广钢筋专业化加工和配送，优化钢结构制作和安装方案，装饰贴面类材料在施工前，应进行总体排版策划，减少资源损耗。采用非木质的新材料或人造板材代替木质板材 （3）门窗、屋面、外墙等围护结构选用耐候性及耐久性良好的材料，施工确保密封性、防水性和保温隔热性，并减少材料浪费 （4）应选用耐用、维护与拆卸方便的周转材料和机具。模板应以节约自然资源为原则，推广采用外墙保温板替代混凝土施工模板的技术 （5）现场办公和生活用房采用周转式活动房。现场围挡应最大限度地利用已有围墙，或采用装配式可重复使用围挡封闭。力争工地临建房、临时围挡材料的可重复使用率达到 70%
节水与水资源利用的技术要点	（1）施工中采用先进的节水施工工艺 （2）现场搅拌用水、养护用水应采取有效的节水措施，严禁无措施浇水养护混凝土。现场机具、设备、车辆冲洗用水必须设立循环用水装置 （3）项目临时用水应使用节水型产品，对生活用水与工程用水确定用水定额指标，并分别计量管理 （4）现场机具、设备、车辆冲洗、喷洒路面、绿化浇灌等用水，优先采用非传统水源，尽量不使用市政自来水。力争施工中非传统水源和循环水的再利用量大于 30% （5）保护地下水环境。采用隔水性能好的边坡支护技术。在缺水地区或地下水位持续下降的地区，基坑降水尽可能少地抽取地下水；当基坑开挖抽水量大于 50 万 m^3 时，应进行地下水回灌，并避免地下水被污染

分类	技术要点
节能与能源利用的技术要点	（1）制定合理施工能耗指标，提高施工能源利用率。根据当地气候和自然资源条件，充分利用太阳能、地热等可再生能源 （2）优先使用国家、行业推荐的节能、高效、环保的施工设备和机具。合理安排工序，提高各种机械的使用率和满载率，降低各种设备的单位耗能。优先考虑耗用电能的或其他能耗较少的施工工艺 （3）临时设施宜采用节能材料，墙体、屋面使用隔热性能好的材料，减少夏天空调、冬天取暖设备的使用时间及耗能量 （4）临时用电优先选用节能电线和节能灯具，照明设计以满足最低照度为原则，照度不应超过最低照度的20%。合理配置采暖、空调、风扇数量，规定使用时间，实行分段分时使用，节约用电 （5）施工现场分别设定生产、生活、办公和施工设备的用电控制指标，定期进行计量、核算、对比分析，并有预防与纠正措施
节地与施工用地保护的技术要点	（1）临时设施的占地面积应按用地指标所需的最低面积设计。要求平面布置合理、紧凑，在满足环境、职业健康与安全及文明施工要求的前提下尽可能减少废弃地和死角，临时设施占地面积有效利用率大于90% （2）应对深基坑施工方案进行优化，减少土方开挖和回填量，最大限度地减少对土地的扰动，保护周边自然生态环境 （3）红线外临时占地应尽量使用荒地、废地，少占用农田和耕地。利用和保护施工用地范围内原有的绿色植被 （4）施工总平面布置应做到科学、合理，充分利用原有建筑物、构筑物、道路、管线为施工服务 （5）施工现场道路按照永久道路和临时道路相结合的原则布置。施工现场内形成环形通路，减少道路占用土地

重点提示

（1）该考点案例分析题与选择题都可能考查。

（2）该考点记忆内容较多，案例分析题多考查问答题，如"实际施工中节水与水资源利用的技术要点有哪些"，需要考生将内容答全。

（3）优先记忆相关要求与关键词，其次再记忆数字。

考点 5　现场宿舍管理★★

（1）现场宿舍必须设置可开启式窗户，宿舍内的床铺不得超过2层，严禁使用通铺。

（2）现场宿舍内应保证有充足的空间，室内净高不得小于2.5m，通道宽度不得小于0.9m，每间宿舍居住人员不得超过16人。

考点 6　现场文明施工管理控制要点★★★

（1）施工现场出入口应标有企业名称或企业标识，主要出入口明显处应设置工程概况牌，大门内应设置施工现场总平面图和安全生产、消防保卫、环境保护、文明施工和管理人员名单及监督电话牌等制度牌。

（2）施工现场必须实施封闭管理，现场出入口应设门卫室，场地四周必须采用封闭围挡，围挡要坚固、整洁、美观，并沿场地四周连续设置。一般路段的围挡高度不得低于1.8m，市区主要路段的围挡高度不得低于 2.5m。

考点 7 建筑工程施工易发的职业病类型★★

建筑工程施工易发的职业病类型见表 6-4-2。

表 6-4-2 建筑工程施工易发的职业病类型

易致病作业	职业病类型
碎石设备作业、爆破作业	矽尘肺
水泥搬运、投料、拌合	水泥尘肺
手工电弧焊、气焊作业	电焊尘肺
手工电弧焊作业	锰及其化合物中毒
手工电弧焊、电渣焊、气割、气焊作业	氮氧化物中毒、一氧化碳中毒
油漆作业、防腐作业	苯中毒、苯致白血病
油漆作业、防水作业、防腐作业	甲苯中毒、二甲苯中毒
高温作业	中暑
操作混凝土振动棒、风镐作业	手臂振动病
混凝土搅拌机械作业、油漆作业、防腐作业	接触性皮炎
手工电弧焊、电渣焊、气割作业	电光性皮炎、电光性眼炎
木工圆锯、平刨操作，无齿锯切割作业，卷扬机操作，混凝土振捣作业	噪声致聋

📝 **实战演练**

[2017 真题·单选] 建筑防水工程施工作业易发生的职业病是（　　）。

A. 氮氧化物中毒

B. 一氧化碳中毒

C. 苯中毒

D. 二甲苯中毒

[解析] 油漆作业、防水作业、防腐作业易发生二甲苯中毒。

[答案] D

[2015 真题·多选] 混凝土振捣作业易发的职业病有（　　）。

A. 电光性眼炎

B. 一氧化碳中毒

C. 噪声致聋

D. 手臂振动病

E. 苯致白血病

[解析] 手臂振动病和噪声致聋是混凝土振捣作业易发的职业病。电光性眼炎是手工电弧焊、电渣焊、气割作业易发的职业病类型，故选项 A 错误。一氧化碳中毒是手工电弧焊、电渣焊、气割、气焊作业易发的职业病类型，故选项 B 错误。苯致白血病是油漆作业、防腐作业易发的职业病类型，故选项 E 错误。

[答案] CD

第五节　施工现场防火

考点 1　义务消防队★★

建立义务消防队，人数不少于施工总人数的10%。

重点提示

义务消防队人数不少于施工总人数的10%。考试时会考查计算，给出施工总人数与义务消防队人数让考生判断。

考点 2　动火审批制度★★

动火等级划分见表6-5-1。

表 6-5-1　动火等级划分

划分等级	具体场所	审批程序
一级动火	（1）禁火区域内 （2）油罐、油箱、油槽车和储存过可燃气体、易燃液体的容器及与其连接在一起的辅助设备 （3）各种受压设备 （4）危险性较大的登高焊、割作业 （5）比较密封的室内、容器内、地下室等场所 （6）现场堆有大量可燃和易燃物质的场所	项目负责人组织编制消防安全技术方案，填写动火申请表，报企业管理部门审查批准
二级动火	（1）在具有一定危险因素的非禁火区域内进行临时焊、割等用火作业 （2）小型油箱等容器 （3）登高焊、割等用火作业	项目责任工程师组织拟订防火安全技术措施，填写动火申请表，报项目安全管理部门和项目负责人审查批准
三级动火	非固定的、无明显危险因素的场所	动火班组填写动火申请表，经项目责任工程师和项目安全管理部门审查批准

【注意】动火证当日有效，如动火地点发生变化，则需重新办理动火审批手续。

考点 3　施工现场防火要求★★

（1）不得在高压线下面搭设临时性建筑物或堆放可燃物品。

（2）施工现场应配备足够的消防器材，并设专人维护、管理，定期更新，确保使用有效。

（3）土建施工期间，应先将消防器材和设施配备好，同时敷设室外消防水管和消火栓。

（4）危险物品之间的堆放距离不得小于10m，危险物品与易燃易爆品的堆放距离不得小于30m。

（5）乙炔瓶和氧气瓶的存放间距不得小于2m，使用时距离不得小于5m；距火源的距离不得小于10m。

考点 4　施工期间的消防管理★★

（1）临时用电设备必须安装过载保护装置，电闸箱内不准使用易燃、可燃材料。

（2）严禁超负荷使用电气设备。

（3）施工现场存放易燃、可燃材料的库房、木工加工场所、油漆配料房及防水作业场所不得使用明露高热的强光源。

（4）电焊工、气焊工从事电气设备安装和电、气焊切割作业时，要有操作证和动火证并配备看火人员和灭火器具，动火前，要清除周围的易燃、可燃物，必要时采取隔离等措施，作业后必须确认无火源隐患方可离去。动火证当日有效并按规定开具，动火地点变换，要重新办理动火证手续。

（5）氧气瓶、乙炔瓶工作间距不小于 5m，两瓶与明火作业距离不小于 10m。

（6）建筑工程内禁止氧气瓶、乙炔瓶存放，禁止使用液化石油气"钢瓶"。

（7）施工现场严禁吸烟。不得在建设工程内设置宿舍。

（8）施工现场动火作业必须执行动火审批制度。

✎ 实战演练

[经典例题·单选] 以下关于施工现场动火审批的说法，正确的是（　　　）。

A. 动火证当日有效

B. 一级动火作业应编制防火安全技术措施报批

C. 二级动火作业由项目安全管理部门审查批准

D. 三级动火作业由项目责任工程师填写动火申请表

[解析] 见表 6-5-1。

[答案] A

考点 5　消防器材的配备★★★

（1）临时搭设的建筑物区域内每 100m² 配备两个 10L 灭火器。

┌重┐点┌提┐示┐

　　每 100m² 配备两个 10L 的灭火器不代表每 50m² 设置一个灭火器，而是最小的计算面积就是 100m²。

（2）大型临时设施总面积超过 1200m² 时，应配有专供消防用的太平桶、积水桶（池）、黄沙池，且周围不得堆放易燃物品。

（3）临时木料间、油漆间、木工机具间等，每 25m² 配备一个灭火器。

（4）室外消火栓应沿消防车道或堆料场内交通道路的边缘设置，消火栓之间的距离不应大于 120m。

（5）消防箱内消防水管长度不小于 25m。

✎ 实战演练

[2018 真题·案例节选]

背景资料：

一新建工程，地下 2 层，地上 20 层，高度 70m，建筑面积 40000m²，标准层平面为 40m×40m。项目部根据施工条件和需求、按照施工机械设备选择的经济性等原则，采用单位工程量成本比较法选择确定了塔吊型号。施工总承包单位根据项目部制定的安全技术措施、安全评价等安全管理内容提取了项目安全生产费用。

施工中，项目部技术负责人组织编写了项目检测试验计划，内容包括试验项目名称、计划试验时间等，报项目经理审批同意后实施。

项目部在"××工程施工组织设计"中制定了临边作业、攀登与悬空作业等高处作业项目安全技术措施。在"绿色施工专项方案"的节能与能源利用中，分别设定了生产等用电项的控制指标，规定了包括分区计量等定期管理要求，制定了指标控制预防与纠正措施。

在一次塔吊起吊荷载达到其额定起重量 95% 的起吊作业中，安全人员让操作人员先将重物吊起离地面 15cm，然后对重物的平稳性，设备和绑扎等各项内容进行了检查，确认安全后同意其继续起吊作业。

"在建工程施工防火技术方案"中，对已完成结构施工楼层的消防设施平面布置设计如图 6-5-1 所示。图中立管设计参数为：消防用水量 15L/s，水流速 $v=1.5\text{m/s}$。消防箱包括消防水枪、水带与软管。监理工程师按照《建筑工程施工现场消防安全技术规范》（GB 50720—2011）提出了整改要求。

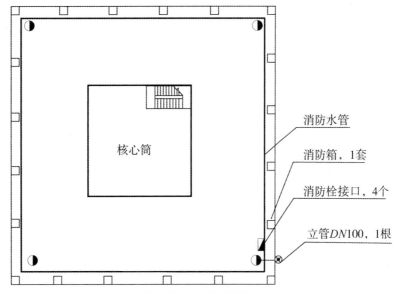

图 6-5-1　标准层临时消防设施布置示意图

（未显示部分视为符合要求）

问题：

3. 指出项目检测试验计划管理中的不妥之处，并说明理由。施工检测试验计划内容还有哪些？

4. 节能与能源利用管理中，应分别对哪些用电项设定控制指标？对控制指标定期管理的内容有哪些？

5. 指出图 6-5-1 中的不妥之处，并说明理由。

［答案］

3.（1）不妥之处：施工中，项目部技术负责人组织编写项目检测试验计划。

理由：施工检测试验计划应在工程施工前由施工项目技术负责人组织有关人员编制，并应报送监理单位进行审查和监督实施。

（2）检测试验计划内容还有：检测试验项目名称；检测试验参数；试样规格；代表批量；施工部位；计划检测试验时间。

4.（1）施工现场分别设定生产、生活、办公和施工设备的用电控制指标。

（2）对控制指标定期管理的内容有：计算、核算、对比分析，并有预防和纠正措施。

5. 不妥之处一：消防箱包括消防水枪、水带与软管。

理由：消防箱内缺少灭火器。

不妥之处二：现场缺少灭火器。

理由：灭火器应设置在明显的位置，如房间出入口、通道、走廊、门厅及楼梯等部位。

不妥之处三：消防栓放置位置不当。

理由：室外消火栓应沿消防车道或堆料场内交通道路的边缘设置。消防栓间距不应大于120m，距拟建房屋不应小于5m且不宜大于25m，距路边不宜大于2m。

不妥之处四：消防设施不足。

理由：大型临时设施总面积超过1200m²时，应配有专供消防用的太平桶、积水桶（池）、黄沙池，且周围不得堆放易燃物品。临时搭设的建筑物区域内每100m²配备2只10L灭火器。

不妥之处五：消防栓接口4个不妥。

理由：根据《建筑工程施工现场消防安全技术规范》5.3.12条规定，消火栓接口或软管接口的间距，多层建筑不应大于50m，高层建筑不应大于30m。

不妥之处六：立管DN100，1根。

理由：当工地面积小于5hm²，而且 $(q_1+q_2+q_3+q_4)<q_5$ 时，则 $Q=q_5$。本题中 $Q=q_5=15L/s$，还应增加10%漏水损失。$Q=15\times(1+10\%)=16.5$（L/s）。

消防主干管管径计算：$D=\sqrt{4Q/(1000\pi v)}=\sqrt{4\times16.5/(3.14\times1.5\times1000)}\approx0.118$（m）$=118$（mm），118mm大于100mm，所以选择DN100立管不正确。

[2013真题·案例节选]

背景资料：

某教学楼工程，建筑面积1.7万 m²，地下1层，地上6层，檐高25.2m，主体为框架结构，砌筑及抹灰用砂浆采用现场拌制。施工单位进场后，项目经理组织编制了《某教学楼施工组织设计》，经批准后开始施工。在施工过程中，发生了以下事件：

事件一：根据现场条件，厂区内设置了办公区、生活区、木工加工区等生产辅助设施。临时用水进行了设计与计算。

事件二：为了充分体现绿色施工在施工过程中的应用，项目部在临建施工及使用方案中提出了在节能和能源利用方面的技术要点。

事件三：结构施工期间，项目有150人参与施工，项目部组建了10人的义务消防队，楼层内配备了消防立管和消防箱，消防箱内消防水龙带长度达20m；在临时搭建的95m² 钢筋加工棚内，配备了2只10L的灭火器。

问题：

1. 事件一中，《某教学楼施工组织设计》在计算临时用水总用水量时，根据用途应考虑哪些方面的用水量？

2. 事件二的临建施工及使用方案中，在节能和能源利用方面可以提出哪些技术要点？

3. 指出事件三中有哪些不妥之处？写出正确做法。

[答案]

1. 临时用水量需要考虑：现场施工用水量、施工机械用水量、施工现场生活用水量、生活区生活用水量、消防用水量。

2. 临建施工及使用方案中，在节能和能源利用方面可以提出的技术要点：

（1）临时设施宜采用节能材料，墙体、屋面使用隔热性能好的材料，减少夏天空调、冬天取暖设备的使用时间及耗能量。

（2）临时用电优先选用节能电线和节能灯具，照明设计以满足最低照度为原则，照度不应超过最低照度的 20%。合理配置采暖、空调、风扇数量，规定使用时间，实行分段分时使用，节约用电。

（3）施工现场分别设定生产、生活、办公和施工设备的用电控制指标，定期进行计量、核算、对比分析，并有预防与纠正措施。

3. 事件三中的不妥之处：

（1）不妥之处一：组建 10 人义务消防队。

正确做法：义务消防队人数不少于施工总人数的 10%，应组建 15 人的义务消防队。

（2）不妥之处二：消防水龙带长度 20m。

正确做法：消防箱内消防水管长度不小于 25m。

考点 6　灭火器设置要求★★★

（1）灭火器应设置在明显的位置，如房间出入口、通道、走廊、门厅及楼梯等部位。

（2）灭火器的铭牌必须朝外。

（3）手提式灭火器设置在挂钩、托架上或消防箱内，其顶部离地面高度应小于 1.50m，底部离地面高度不宜小于 0.15m。

（4）设置于挂钩、托架上或消防箱内的手提式灭火器应正面竖直放置。

（5）对于环境干燥、条件较好的场所，手提式灭火器可直接放在地面上。

（6）对设置于消防箱内的手提式灭火器，可直接放在消防箱的底面上，但消防箱离地面的高度不宜小于 0.15m。

> **重点提示**
>
> 掌握不同区域灭火器的设置要求，重点掌握具体的数字要求。

实战演练

［2014 真题·案例节选］

背景资料：

某办公楼工程，建筑面积 45000m²，地下 1 层，地上 26 层，框架-剪力墙结构，设计基础底标高为 −9.0m，由主楼和附属用房组成。基坑支护采用复合土钉墙，地质资料显示，该开挖区域为粉质黏土且局部有滞水层。施工过程中发生了下列事件：

……

事件三：监理工程师在消防工作检查时，发现一只手提式灭火器直接挂在工人宿舍外墙的挂钩上，其顶部离地面的高度为 1.6m；食堂设置了独立制作间和冷藏设施，燃气罐放置在通风良好的杂物间。

问题：

3. 事件三中有哪些不妥之处并说明正确做法。手提式灭火器还有哪些放置方法？

［答案］

3.（1）不妥之处一：手提式灭火器直接挂在工人宿舍外墙的挂钩上，其顶部离地面的高度为 1.6m。

正确做法：手提式灭火器设置在挂钩、托架上或消防箱内，其顶部离地面高度应小于 1.50m。

不妥之处二：燃气罐放置在通风良好的杂物间。

正确做法：燃气罐应单独设置存放间，存放间应通风良好并严禁存放其他物品。

（2）对于环境干燥、条件较好的场所，手提式灭火器可直接放在地面上。

手提式灭火器还可放置在托架上或消防箱内。对设置于消防箱内的手提式灭火器，可直接放在消防箱的底面上，但消防箱离地面的高度不宜小于0.15m。

┌───┐
│ 【重点提示】
│
│   手提式灭火器一要方便取放，二要注意防潮，顶部离地面高度及底部离地面高度具体
│ 数字要求记忆。
└───┘

考点 7　重点部位防火★★

（1）易燃材料露天仓库四周内，应有宽度不小于6m的平坦空地作为消防通道，通道上禁止堆放障碍物。

（2）有明火的生产辅助区和生活用房与易燃材料之间，至少应保持30m的防火间距。

（3）有飞火的烟囱应布置在仓库的下风地带。

（4）对易引起火灾的仓库，应将库房内、外按每500m²区域分段设立防火墙，把建筑平面划分为若干防火单元。

（5）可燃材料库房单个房间的建筑面积不应超过30m²，易燃易爆危险品库房单个房间的建筑面积不应超过20m²。房间内任一点至最近疏散门的距离不应大于10m，房门的净宽度不应小于0.8m。

（6）仓库或堆料场内电缆一般应埋入地下；若有困难需设置架空电力线时，架空电力线与露天易燃物堆垛的最小水平距离，不应小于电杆高度的1.5倍。

（7）仓库或堆料场所使用的照明灯具与易燃堆垛间至少应保持1m的距离。

（8）安装的开关箱、接线盒，应距离堆垛外缘不小于1.5m，不准乱拉临时电气线路。

（9）仓库或堆料场严禁使用碘钨灯，以防碘钨灯引起火灾。

（10）焊、割作业点与氧气瓶、乙炔瓶等危险物品的距离不得小于10m，与易燃易爆物品的距离不得少于30m。

┌───┐
│ 【重点提示】
│
│   该考点为低频考点，案例分析题与选择题都可以考查。案例分析题一般考查改错，注
│ 意上述要求中的数字表达。
└───┘

第六节　技术应用管理

考点 1　施工检测试验管理基本规定★★

（1）检测试验管理制度内容：

岗位职责、现场试样制取及养护管理制度、仪器设备管理制度、现场检测试验安全管理制度、检测试验报告管理制度。

（2）施工现场检测试验技术管理程序：

1）制订检测试验计划。

2）制取试样。

3）登记台账。

4）送检。

　　5）检测试验。

　　6）检测试验报告管理。

　　（3）建筑工程施工现场检测试验的组织管理和实施应由施工单位负责。当建筑工程实行施工总承包时，可由总承包单位负责整体组织管理和实施，分包单位按合同确定的施工范围各负其责。

考点 2　施工检测试验计划★★★

　　（1）施工检测试验计划应在工程施工前由施工项目技术负责人组织有关人员编制，并应报送监理单位进行审查和监督实施。

　　（2）施工检测试验计划内容：

　　1）检测试验项目名称。

　　2）检测试验参数。

　　3）试样规格。

　　4）代表批量。

　　5）施工部位。

　　6）计划检测试验时间。

考点 3　工程实体质量与使用功能检测★★

工程实体质量与使用功能检测见表 6-6-1 所示。

表 6-6-1　工程实体质量与使用功能检测

项目	内容
混凝土结构实体质量	混凝土强度、钢筋保护层厚度、结构位置与尺寸偏差以及合同约定项目等
围护结构	外窗气密性能（适用于严寒、寒冷、夏热冬冷地区），外墙节能构造等
室内环境污染物	氡、甲醛、苯、氨、甲苯、二甲苯和总挥发性有机化合物（TVOC）等

考点 4　冬期施工划分★

　　（1）室外日平均气温连续 5d 稳定低于 5℃ 即进入冬期施工。

　　（2）凡进行冬期施工的工程项目，应编制冬期施工专项方案。

考点 5　砌体工程冬期施工要求★

　　（1）砌筑砂浆宜采用普通硅酸盐水泥配制，不得使用无水泥拌制的砂浆。

　　（2）砌筑施工时，砂浆温度不应低于 5℃。当设计无要求，且最低气温等于或低于 -15℃ 时，砌体砂浆强度等级应较常温施工提高一级。

　　（3）砌体采用氯盐砂浆施工，每日砌筑高度不宜超过 1.2m，墙体留置的洞口，距交接墙处不应小于 500mm。

　　（4）砂浆试块的留置，除应按常温规定的要求外，尚应增加一组与砌体同条件养护的试块，用于检验转入常温 28d 的强度。

考点 6　混凝土工程冬期施工要求★★

　　（1）冬期施工配制混凝土宜选用硅酸盐水泥或普通硅酸盐水泥。采用蒸汽养护时，宜选用矿渣硅酸盐水泥。

（2）宜选择较小的水胶比和坍落度。

（3）原材料预热：

1）宜加热拌合水。当仅加热拌合水不能满足热工计算要求时，可加热骨料。

2）水泥、外加剂、矿物掺合料不得直接加热，应事先贮于暖棚内预热。

（4）混凝土拌合物的出机温度不宜低于10℃，入模温度不应低于5℃。

（5）混凝土养护和越冬期间，不得直接对负温混凝土表面浇水养护。

（6）冬期施工混凝土强度试件的留置应增设与结构同条件养护试件，养护试件不应少于2组。同条件养护试件应在解冻后进行试验。

考点 7 保温工程冬期施工要求★★

（1）建筑外墙外保温工程冬期施工最低温度不应低于−5℃。外墙外保温工程施工期间以及完工后24h内，基层及环境空气温度不应低于5℃。

（2）屋面保温工程施工：干铺的保温层可在负温下施工；采用沥青胶结的保温层应在气温不低于−10℃时施工；采用水泥、石灰或其他胶结料胶结的保温层应在气温不低于5℃时施工。

考点 8 雨期施工要求★★

一、砌体工程

（1）淋雨过湿的砖不得使用，雨天及小砌块表面有浮水时，不得施工。

（2）每天砌筑高度不得超过1.2m。

二、钢筋工程

雨天施焊应采取遮蔽措施，焊接后未冷却的接头应避免遇雨急速降温。

三、混凝土工程

雨期施工期间，对水泥和掺合料应采取防水和防潮措施并应对粗、细骨料含水率实时监测，及时调整混凝土配合比。

四、防水工程

防水工程严禁在雨天施工，五级风及其以上时不得施工防水层。

考点 9 高温天气施工★★

一、砌体工程

现场拌制的砂浆应随拌随用，当施工期间最高气温超过30℃时，应在2h内使用完毕。

二、混凝土工程

（1）宜采用低水泥用量的原则，并可采用粉煤灰取代部分水泥。

（2）宜选用水化热较低的水泥；混凝土的坍落度不宜小于70mm。

（3）混凝土宜采用白色涂装的混凝土搅拌运输车运输。

（4）混凝土浇筑入模温度不应高于35℃。

（5）混凝土浇筑宜在早间或晚间进行，且宜连续浇筑。

考点 10 项目管理信息系统内容★★

项目管理信息系统内容有：合同管理、安全管理、成本管理、进度管理、质量管理、文档资料管理、材料及机械设备管理等子系统。

考点 11 建筑信息模型（BIM）应用★★

（1）施工模型宜在施工图设计模型基础上创建，也可根据施工图等已有工程项目文件进行创建。

（2）模型元素信息包括的内容：尺寸、定位、空间拓扑关系等几何信息；名称、规格型号、材料和材质、生产厂商、功能与性能技术参数，以及系统类型、施工段、施工方式、工程逻辑关系等非几何信息。

（3）施工 BIM 模型包括深化设计模型、施工过程模型和竣工验收模型。

✎ 实战演练

[2018 真题·多选] 下列属于建筑信息模型（BIM）元素信息中几何信息的有（ ）。

A. 材料和材质

B. 尺寸

C. 规格型号

D. 性能技术参数

E. 空间拓扑关系

[解析] 模型元素信息包括的内容有：尺寸、定位、空间拓扑关系等几何信息；名称、规格型号、材料和材质、生产厂商、功能与性能技术参数，以及系统类型、施工段、施工方式、工程逻辑关系等非几何信息。

[答案] BE

名师总结

本章为项目组织管理，主要内容是施工现场平面布置、施工临时用电、施工临时用水、环境保护与职业健康、施工现场防火、技术应用管理。本章内容历年考试以考查案例分析题为主，建筑施工防火相关要求是高频考点。

▌ 同步强化训练 ▐

一、单项选择题（每题的备选项中，只有 1 个最符合题意）

1. 冬期施工砌体采用氯盐砂浆施工，每日砌筑高度不宜超过（ ）m。

　　A. 1.2　　　　　　　　　　　　　　B. 1.4

　　C. 1.5　　　　　　　　　　　　　　D. 1.8

2. 冬期施工混凝土搅拌时，当仅加热拌合水不能满足热工计算要求时，可直接加热的混凝土原材料是（ ）。

　　A. 水泥

　　B. 外加剂

　　C. 骨料

D. 矿物掺合料

3. 关于混凝土拌合物出机温度、入模温度的最小限值，正确的是（　　）℃。

A. 10，5
B. 10，10
C. 20，5
D. 20，10

4. 项目管理信息系统通常不包括（　　）子系统。

A. 进度管理

B. 质量管理

C. 查询功能管理

D. 材料及机械设备管理

5. 施工 BIM 模型不包括（　　）。

A. 深化设计模型

B. 仿真计算模型

C. 施工过程模型

D. 竣工验收模型

二、案例分析题

背景资料：

某办公楼工程，建筑面积为 $16122m^2$，占地面积为 $4000m^2$。地下 2 层，地上 28 层。筏形基础，现浇混凝土框架-剪力墙结构，填充墙为空心砌块，现场设有搅拌机。水源从现场北侧引入，要求保证施工生产、生活及消防用水。

问题：

1. 当施工用水系数 $K_1=1.15$，年混凝土浇筑量 $11639m^3$，施工用水定额 $2400L/m^3$，年持续有效工作日为 150d，两班作业，用水不均衡系数 $K_2=1.5$ 时，计算现场施工用水量。

2. 现场施工机械用水主要有混凝土搅拌机 4 台，混凝土输送泵的清洗、进出施工现场运输车辆冲洗等，用水定额平均 $N_2=300L/台$。未预计用水系数 $K_1=1.15$，施工不均衡系数 $K_3=2.0$，计算施工机械用水量。

3. 现场生活区高峰人数 350 人，施工现场生活用水定额 $N_3=40L/（人·班）$，施工现场生活用水不均衡系数 $K_4=1.5$，每天用水 2 个班，计算施工现场生活用水量。

4. 请根据现场占地面积设定消防用水量。

5. 计算总用水量。

参考答案及解析

一、单项选择题

1. [答案] A

[解析] 砌体采用氯盐砂浆施工，每日砌筑高度不宜超过 1.2m，墙体留置的洞口，距交接墙处不应小于 500mm。

2. [答案] C

[解析] 冬期施工混凝土搅拌时宜加热拌合水。当仅加热拌合水不能满足热工计算

要求时，可加热骨料。

3. [答案] A

[解析] 混凝土拌合物的出机温度不宜低于 10℃，入模温度不应低于 5℃。

4. [答案] C

[解析] 项目管理信息系统内容：成本管理、进度管理、质量管理、材料及机械设备管理、合同管理、安全管理、文档资料

管理等子系统。

5. [答案] B

[解析] 施工 BIM 模型包括深化设计模型、施工过程模型和竣工验收模型。

二、案例分析题

1. 计算现场施工用水量：

$$q_1 = K_1 \sum \frac{Q_1 \cdot N_1}{T_1 \cdot t} \cdot \frac{K_2}{8 \times 3600} = 1.15 \times \frac{11639 \times 2400}{150 \times 2} \times \frac{1.5}{8 \times 3600} = 5.577 \text{ (L/s)}.$$

2. 计算施工机械用水量：

$$q_2 = K_1 \sum Q_2 \cdot N_2 \cdot \frac{K_3}{8 \times 3600} = 1.15 \times 4 \times 300 \times \frac{2}{8 \times 3600} = 0.0958 \text{ (L/s)}.$$

3. 计算施工现场生活用水量：

$$q_3 = \frac{P_1 \cdot N_3 \cdot K_4}{t \times 8 \times 3600} = \frac{350 \times 40 \times 1.5}{2 \times 8 \times 3600} = 0.365 \text{ (L/s)}.$$

4. 设定消防用水量：

由于施工占地面积远远小于 250000m², 故按最小消防用水量选用, 为 $q_5 = 10$ L/s。

5. 总用水量确定：

$q_1 + q_2 + q_3 = 5.577 + 0.0958 + 0.365 = 6.0378$ L/s $< q_5$, 故总用水量按消防用水量考虑, 即总用水量 $Q = q_5 = 10$ L/s。若考虑 10% 的漏水损失, 则总用水量 $Q = 1.1 \times 10 = 11$ (L/s)。

第七章

项目施工进度管理

▶ **学习提示**

    本章为项目施工进度管理，主要内容是施工横道计划图和双代号网络计划图，历年考试中多在案例分析题中考查计算题。本章内容大部分为理解性内容，考生需掌握施工横道计划图与双代号网络计划图的基本原理，切忌死记硬背。

▶ **考情分析**

近四年考试真题分值统计表 （单位：分）

节序	节名	2020 年			2019 年			2018 年			2017 年		
		单选	多选	案例	单选	多选	案例	单选	多选	案例	单选	多选	案例
第一节	施工进度控制方法	—	—	10	—	—	5	—	—	5	—	—	4
第二节	施工进度计划	—	—	5	—	—	5	—	—	5	—	—	—
	合计	—	—	15	—	—	10	—	—	10	—	—	4

第一节　施工进度控制方法

一、流水施工的概念

将工作对象划分为若干个施工段（m），若干个施工过程（n），每个施工过程组织一至几个专业施工队，专业工作队连续施工，充分利用空间（工作面、施工段）与时间（搭接施工等措施），提高工作效率。横道图如图 7-1-1 所示。

施工过程	施工进度/周														
	1	2	3	4	5	6	7	8	9	10	11	12	13	14	15
A	①		②		③		④								
B	$K_{A,B}$		①		②		③		④						
C			$K_{B,C}$		$G_{B,C}$	①		②		③		④			
D						$K_{C,D}$		①		②		③		④	

图 7-1-1　流水施工横道图

二、主要的流水参数

（一）时间参数

流水节拍（t）：一个作业队（或一个施工过程）在一个施工段上所需要的工作时间。

流水步距（K）：两个相邻的作业队（或施工过程）相继投入工作的最小时间间隔。

流水步距的个数＝施工过程数－1。

（二）空间参数

施工段（m）：施工对象在空间上划分的若干个区段。

工作面：作业队作业的最小空间。

（三）工艺参数

施工过程数（n）：也称工序，如模板工程、钢筋工程、混凝土工程。

三、流水施工的类型

（一）等节奏流水施工

（1）流水节拍为常数。

（2）施工队数＝施工过程数。

（3）流水步距相等且等于流水节拍。

（4）各专业工作队连续工作。

（二）无节奏流水施工

（1）流水节拍没有规律。

（2）组织的原则是使施工队连续施工（工作面可能有空闲）。

（3）流水步距的确定方法：累加数列，错位相减，取大差。

（4）施工队数＝施工过程数。

【注意】 累加数列时务必注意，是施工过程沿施工段累加。考试经常出陷阱，将竖向列为施工段误导考生累加方向错误。

（三）异节奏流水（成倍节奏流水）施工

（1）同一施工过程在各施工段上流水节拍相等。

（2）不同施工过程的流水节拍不一定相等，一般成倍数。

（3）流水步距相等且等于流水节拍的最大公约数。

（4）施工队数＞施工过程数。

（四）各种组织形式联系与区别

不同组织形式的流水施工见表 7-1-1。

表 7-1-1　不同组织形式的流水施工

形式	流水节拍		流水步距	工作队数量
	同一施工过程	不同施工过程		
等节奏	相等	相等	等于流水节拍（定值）	等于施工过程数 连续工作
无节奏	不相等	不相等	不尽相等	等于施工过程数 连续工作
异节奏	相等	互成倍数	等于流水节拍最大公约数（定值）	大于施工过程数 连续工作

实战演练

［2016 真题·案例分析］

背景资料：

某综合楼工程，地下 3 层，地上 20 层，总建筑面积 68000m²，地基基础设计等级为甲级，灌注桩筏板基础，现浇钢筋混凝土框架-剪力墙结构，建设单位与施工单位按照《建设工程施工合同（示范文本）》（GF—2013—0201）签订了施工合同，约定竣工时需向建设单位移交变形测量报告，部分主要材料由建设单位采购提供，施工单位委托第三方测量单位进行施工阶段的建筑变形测量。

基础桩设计桩径为 800mm，长度 35～42m，混凝土强度等级 C30，共计 900 根。施工单位编制的桩基施工方案中列明，采用泥浆护壁成孔，导管法水下灌注 C30 混凝土，灌注时桩顶混凝土面超过设计标高 500mm，每根桩留置 1 组混凝土试件，成桩后按总桩数的 20% 对桩身质量进行检验，监理工程师审查时认为方案存在错误，要求施工单位改正后重新上报。

地下结构施工过程中，测量单位按变形测量方案实施监测时，发现基坑周边地表出现明显裂缝，立即将此异常情况报告给施工单位，施工单位立即要求测量单位及时采取相应的监测措施，并根据观测数据制定了后续防控对策。

装修施工单位将地上标准层（F6～F20）划分为三个施工段组织流水施工，各施工段上均包含三个施工工序，其流水节拍见表 7-1-2。

表 7-1-2　标准层装修施工流水节拍参数一览表　　　　（单位：周）

流水节拍		施工过程		
		工序（1）	工序（2）	工序（3）
施工段	F6～F10	4	3	3
	F11～F15	3	4	6
	F16～F20	5	4	3

建设单位采购的材料进场复检结果不合格，监理工程师要求退场；因停工待料导致窝工，施工单位提出 8 万元费用索赔。材料重新进场施工完毕后，监理验收通过；由于该部位的特殊性，建设单位要求进行剥离检验，检验结果符合要求；剥离检验及恢复共发生费用 4 万元，施工单位提出 4 万元费用索赔，上述索赔均在要求时限内提出，数据经监理工程师核实无误。

问题：

1. 指出桩基施工方案中的错误之处，并分别写出相应的正确做法。

2. 变形测量发现异常情况后，第三方测量单位应及时采取哪些措施？针对变形测量，除基坑周边地表出现明显裂缝外，还有哪些异常情况也应立即报告委托方？

3. 参照图 7-1-2，绘制标准层装修的流水施工横道图。

施工过程	施工进度/周										
	1	2	3	4	5	6	7	8	9	10	……
工序（1）											
工序（2）											
工序（3）											

图 7-1-2　流水施工横道图

4. 分别判断施工单位提出的两项费用索赔是否成立？并写出相应的理由。

［答案］

1.（1）不妥之处一：灌注时桩顶混凝土面超过设计标高 500mm。

正确做法：水下灌注时桩顶混凝土面标高至少要比设计标高超灌 0.8～1.0m。

（2）不妥之处二：成桩后按总桩数的 20% 对桩身质量进行检验。

正确做法：对设计等级为甲级或地质条件复杂，成桩质量可靠性低的灌注桩，抽检数量不应少于总数的 30%。

2.（1）必须立即报告委托方，同时应及时增加观测次数或调整变形测量方案。

（2）当建筑变形观测过程中发生下列情况之一时，也应立即报告委托方：

1）变形量或变形速率出现异常变化。

2）变形量达到或超出预警值。

3）周边或开挖面出现塌陷、滑坡情况。

4）建筑本身、周边建筑及地表出现异常。

5）由于地震、暴雨、冻融等自然灾害引起的其他异常变形情况。

3. 施工横道图如图 7-1-3 所示。

施工过程	施工进度/周																				
	1	2	3	4	5	6	7	8	9	10	11	12	13	14	15	16	17	18	19	20	21
工序（1）																					
工序（2）																					
工序（3）																					

图 7-1-3　流水施工横道图

4. （1）因停工待料导致的窝工，施工单位提出 8 万元费用索赔成立。

理由：停工待料导致的窝工属于建设单位的原因，所以索赔成立。

（2）剥离检验及恢复费用索赔成立。

理由：建设单位可以对工程质量提出异议，施工单位应当配合检测，检测合格的检测费用应由发包人承担。

［2013 真题·案例分析］

背景资料：

某工程基础底板施工，合同约定工期 50d，项目经理部根据业主提供的电子版图纸编制了施工进度计划，如图 7-1-4 所示。底板施工暂未考虑流水施工。

序号	施工过程	6 月						7 月					
		5	10	15	20	25	30	5	10	15	20	25	30
A	基层清理												
B	垫层及砖胎膜												
C	防水层施工												
D	防水保护层												
E	钢筋制作												
F	钢筋绑扎												
G	混凝土浇筑												

图 7-1-4　施工进度计划图（单位：d）

在施工准备及施工过程中，发生了如下事件：

事件一：公司在审批该施工进度计划（横道图）时提出，计划未考虑工序 B 与 C，工序 D 与 F 之间的技术间歇（养护）时间，要求项目经理部修改。两处工序技术间歇（养护）均为 2d，项目经理部按要求调整了进度计划，经监理批准后实施。

事件二：施工单位采购的防水材料进场抽样复试不合格，致使工序 C 比调整后的计划开始时间延后 3d。因业主未按时提供正式图纸，致使工序 E 在 6 月 11 日才开始。

事件三：基于安全考虑，建设单位要求仍按原合同约定时间完成底板施工，为此施工单位采取调整劳动力计划、增加劳动力等措施，在 15d 内完成了 2700 吨钢筋制作［工效为 4.5 吨/（人·工日）］。

问题：

1. 绘制事件一中调整后的施工进度计划网络图（双代号），并用双线表示出关键线路。

2. 考虑事件一、二的影响，计算总工期（假定各工序持续时间不变）。如果钢筋制作，钢筋绑扎及混凝土浇筑按两个流水段组织等节拍流水施工，则总工期将变为多少 d？是否满足原合同约定的工期？

第七章

3. 计算事件三中钢筋制作的劳动力投入量，编制劳动力需求计划时，需要考虑哪些参数？

4. 根据本案例的施工过程，总承包单位依法可以进行哪些专业分包和劳务分包？

［答案］

1. 事件一调整后的施工进度计划网络图如图 7-1-5 所示。

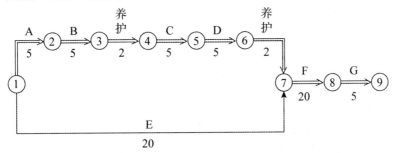

图 7-1-5　施工网络计划图（单位：d）

2. 考虑事件一、二的影响，总工期 55d。

如果钢筋制作、钢筋绑扎及混凝土浇筑按两个流水段组织等节拍流水施工，其总工期最短变为 49.5d，能满足原合同约定 50d 工期。流水施工横道图如图 7-1-6 所示。

序号	5	10	15	20	25	30	35	40	45	50
A	▬									
B		▬								
C				▬						
D					▬					
E			▬▬▬▬▬							
F							▬▬▬▬▬			
G										▬

图 7-1-6　流水施工横道图（单位：d）

施工网络图如图 7-1-7 所示。

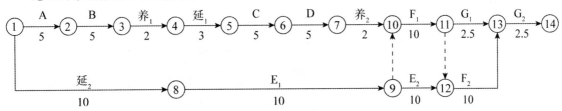

图 7-1-7　施工网络计划图（单位：d）

3. 劳动力投入量：$2700/（15×4.5）＝40$（人）。

编制劳动力需要量计划时，需要考虑：工程量、劳动力投入量、持续时间、班次、劳动效率、每班工作时间。

4. 专业分包：基层清理，垫层及砖胎膜，防水层施工，防水保护层。

劳务分包：钢筋制作，钢筋绑扎，模板工程，混凝土浇筑。

［经典例题·案例节选］

背景资料：

某工程组织等节奏流水，施工参数见表 7-1-3。

表 7-1-3　流水施工参数表　　　　　　　　　　（单位：d）

施工过程	①	②	③	④	⑤	⑥	⑦	⑧
绑扎钢筋	4	4	4	4	4	4	4	4
支模板	4	4	4	4	4	4	4	4
浇筑混凝土	4	4	4	4	4	4	4	4

问题：

试绘制横道图并计算总工期。

[答案]

（1）$m=8$，$n=3$，$t=4$。

（2）$K=t=4$（流水步距＝流水节拍）。

（3）$T=m \times t+(n-1) \times K=(m+n-1) \times K=(8+3-1) \times 4=40$（d）。

横道图如图 7-1-8 所示。

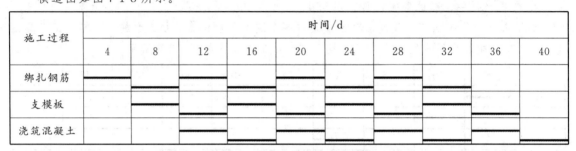

施工过程	时间/d									
	4	8	12	16	20	24	28	32	36	40
绑扎钢筋										
支模板										
浇筑混凝土										

图 7-1-8　等节奏流水施工横道图

[经典例题·案例节选]

背景资料：

某拟建工程由甲、乙、丙三个施工过程组成；该工程共划分成四个施工流水段，每个施工过程在各个施工流水段上的流水节拍见表 7-1-4。按相关规范规定，施工过程乙完成后其相应施工段至少要养护 2d，才能进入下道工序。为了尽早完工，经过技术攻关，实现施工过程乙在施工过程甲完成之前 1d 提前插入施工。

表 7-1-4　流水施工参数表

施工过程（工序）	流水节拍/d			
	施工一段	施工二段	施工三段	施工四段
甲	2	4	3	2
乙	3	2	3	3
丙	4	2	1	3

问题：

1. 该工程应采用何种流水施工模式？

2. 计算各施工过程间的流水步距和总工期。

3. 试编制该工程流水施工计划图。

[答案]

1. 根据工程特点，该工程只能组织无节奏流水施工。

2. 求各施工过程之间的流水步距：

（1）各施工过程流水节拍的累加数列：

甲：2　6　9　11

乙：3　5　8　11

丙：4　6　7　10

（2）错位相减，取大差得流水步距：

$$
\begin{array}{c}
K_{甲,乙} \quad 2 \quad 6 \quad 9 \quad 11 \\
-)\qquad\quad 3 \quad 5 \quad 8 \quad 11 \\
\hline
\quad 2 \quad 3 \quad 4 \quad 3 \quad -11
\end{array}
$$

所以：$K_{甲,乙}=4$（d）。

$$
\begin{array}{c}
K_{乙,丙} \quad 3 \quad 5 \quad 8 \quad 11 \\
-)\qquad\quad 4 \quad 6 \quad 7 \quad 10 \\
\hline
\quad 3 \quad 1 \quad 2 \quad 4 \quad -10
\end{array}
$$

所以：$K_{乙,丙}=4$（d）。

（3）总工期 $T=\sum K+\sum t_n+\sum G-\sum C=(4+4)+(4+2+1+3)+2-1=19$（d）。

3. 流水施工计划图如图7-1-9所示。

施工过程	施工进度/d																		
	1	2	3	4	5	6	7	8	9	10	11	12	13	14	15	16	17	18	19
甲																			
乙																			
丙																			

图7-1-9　无节奏流水施工横道图

[经典例题·案例节选]

背景资料：

某建筑群共有6个单元，一个单元的施工过程和施工时间见表7-1-5。组织流水施工并计算工期。

表7-1-5　流水施工参数表

施工过程	挖土	垫层	混凝土基础	砌墙基	回填土
施工时间/d	12	12	18	12	6

[答案]

（1）$m=6$，$t_挖=12$，$t_垫=12$，$t_{混凝土}=18$，$t_基=12$，$t_回=6$。

（2）确定流水步距，$K=$流水节拍的最大公约数，$K=6$。

（3）确定各施工过程需要的作业队组数：

$b_i=\dfrac{t_i}{K}$，$b_挖土=\dfrac{t_挖土}{K}=\dfrac{12}{6}=2$，$b_垫=\dfrac{t_垫}{K}=\dfrac{12}{6}=2$，$b_{混凝土}=\dfrac{t_{混凝土}}{K}=\dfrac{18}{6}=3$，$b_基=\dfrac{t_基}{K}=\dfrac{12}{6}=2$，

$b_回=\dfrac{t_回}{K}=\dfrac{6}{6}=1$。

总队伍数求和即可，n 为10d。

（4）工期计算如下：

$T=(m+n-1)\times K=(6+10-1)\times6=90$（d）。

流水施工计划图如图 7-1-10 所示。

施工过程		时间/d													
		6	12	18	24	30	36	42	48	54	60	66	72	78	84	90
挖土	A₁															
	A₂															
垫层	B₁															
	B₂															
混凝土基础	C₁															
	C₂															
	C₃															
砌墙基	D₁															
	D₂															
回填土	E₁															

图 7-1-10　异节奏流水施工横道图

重点提示

（1）该考点为高频考点，与进度网络计划每年必考其一。

（2）理解等节奏、无节奏流水施工的特点并会计算流水工期，一般在选择题中考查流水施工的概念，在案例中考查工期的计算。

（3）无节奏流水的流水步距计算时，一定注意是施工过程沿施工段累计求和，案例分析题中经常在给出流水节拍时将顺序颠倒。

考点 2　双代号网络计划★★★

网络计划图概念：由箭线和节点组成，用来表示工作流程的有向、有序网状图形。

双代号网络图（箭线式网络图）：以箭线及其两端节点的编号表示工作；同时，节点表示工作的开始或结束以及工作之间的连接状态，如图 7-1-11 所示。

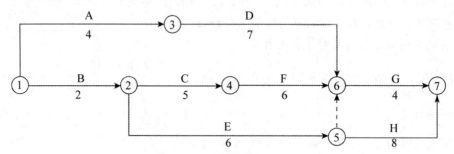

图 7-1-11　双代号网络计划图

计划工期：完成网络图中所有工作所需要的时间。

关键线路：持续时间最长的线路。

关键工作：位于关键线路上的工作。

一、双代号网络图时间参数计算

最早开始时间：指在其所有紧前工作全部完成后，本工作有可能开始的最早时刻。

最早完成时间：指在其所有紧前工作全部完成后，本工作有可能完成的最早时刻。

最迟完成时间：在不影响整个任务按期完成的前提下，本工作必须完成的最迟时刻。

最迟开始时间：在不影响整个任务按期完成的前提下，本工作必须开始的最迟时刻。

总时差：在不影响总工期的前提下，本工作可以利用的机动时间。

自由时差：在不影响其紧后工作最早开始时间的前提下，本工作可以利用的机动时间。

六个时间参数的计算方法是：首先从左往右计算最早开始时间和最早完成时间，然后从右往左计算最迟完成时间和最迟开始时间，最后计算总时差和自由时差。

双代号网络计划六时标注法如图 7-1-12 所示。

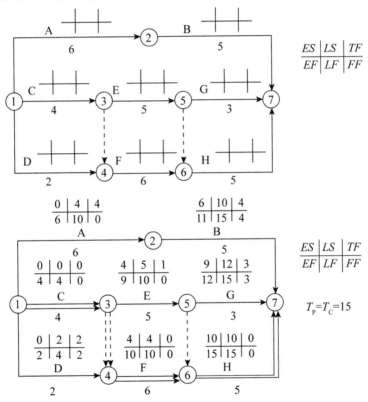

图 7-1-12 双代号网络计划六时标注法

二、时标网络图与前锋线比较法

在双代号网络图中引入时间坐标，即可得到双代号时标网络图，如图 7-1-13 所示。

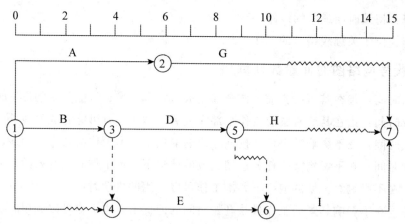

图 7-1-13 双代号时标网络图

（1）时标网络图：给出自由时差、最早开始时间、最早完成时间三个参数的双代号网络图，具有横坐标，是网络计划与横道图的结合。

（2）特点：波形线长度代表自由时差。

（3）计算原理：总时差等于自由时差的累积。

（4）前锋线：实际进度连线。

三、双代号网络图常考考点

（1）关键线路寻找、总工期计算。

（2）网络图绘制。

（3）工期索赔。

（4）时间参数计算。

（5）网络计划优化。

（6）时标网络图前锋线比较法。

┌─ 重 点 提 示 ─────────────────────────────

关键线路寻找、总工期计算、工期索赔均为常考考点，务必掌握。工期索赔要满足非施工方原因、超过总时差、在合理索赔期限内三个条件才能进行。网络图绘制考查不会很复杂，多为两条线路的网络图或在既有网络图上添加虚线。

└──

实战演练

[2018 真题·案例分析]

背景资料：

某高校图书馆工程，地下 2 层，地上 5 层，建筑面积约 35000m²，现浇钢筋混凝土框架结构，部分屋面为正向抽空四角锥网架结构。施工单位与建设单位签订了施工总承包合同，合同工期为 21 个月。

在工程开工前，施工单位按照收集依据、划分施工过程（段）计算劳动量、优化并绘制正式进度计划图等步骤编制了施工进度计划，并通过了总监理工程师的审查与确认，项目部在开工后进行了进度检查，发现施工进度拖延，其部分检查结果如图 7-1-14 所示。

项目部为优化工期，通过改进装饰装修施工工艺，使其作业时间缩短为 4 个月，据此调整的进度计划通过了总监理工程师的确认。

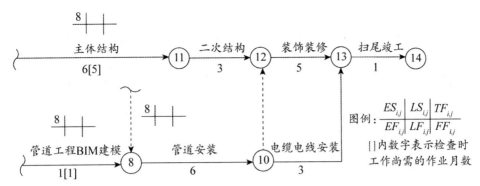

图 7-1-14　施工进度检查结果（时间单位：月）

项目部计划采用高空散装法施工屋面网架，监理工程师审查时认为高空散装法施工高空作业多、安全隐患大，建议修改为采用分条安装法施工。

管道安装按照计划进度完成后，因甲供电缆电线未按计划进场，导致电缆电线安装工程最早开始时间推迟了 1 个月，施工单位按规定提出索赔工期 1 个月。

问题：

1. 单位工程进度计划编制步骤还应包括哪些内容？

2. 图 7-1-14 中，工程总工期是多少？管道安装的总时差和自由时差分别是多少？除工期优化外，进度网络计划的优化目标还有哪些？

3. 监理工程师的建议是否合理？网架安装方法还有哪些？网架高空散装法施工的特点还有哪些？

4. 施工单位提出的工期索赔是否成立？并说明理由。

[答案]

1. 还应包括的内容：确定施工顺序；计算工程量；计算劳动量或机械台班需用量；确定持续时间；绘制可行的施工进度计划图。

2. （1）工程总工期：22 个月。

理由：案例背景中明确合同工期为 21 个月，进而推理出主体结构延迟 1 个月，导致总工期变为 22 个月。

（2）管道安装的总时差是：1 个月；自由时差是：0 个月。

（3）除工期优化外，进度网络计划的优化目标还有资源优化、费用优化。

3. （1）监理工程师建议是合理的。理由：本题中写明"部分屋面为正向抽空四角锥网架结构"，分条安装法施工适用于分割后刚度和受力状况改变较小的网架，如正向抽空四角锥网架等。

（2）网架安装方法还有：滑移法、整体吊装法、整体提升法、整体顶升法。

（3）网架高空散装法施工的特点还有：脚手架用量大；工期较长；需占建筑物场内用地；技术上有一定难度。

4. 施工单位提出的工期索赔不成立。

理由：电线电缆安装工程至少有 1 个月的总时差，最早开始时间推迟了 1 个月，小于总时差，不影响总工期。

[2017 真题·案例分析]

背景资料：

某新建别墅群项目，总建筑面积 45000m²，各幢别墅均为地下 1 层，地上 3 层，砖混结构。

某施工总承包单位项目部按幢编制了单幢工程施工进度计划。某幢别墅计划工期为180d，施工进度计划如图7-1-15所示。现场监理工程师在审核该进度计划后，要求施工单位制定进度计划和包括材料需求计划在内的资源需求计划，以确保该幢工程在计划日历天内竣工。

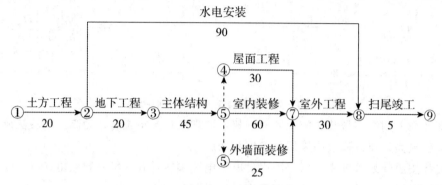

图7-1-15 某幢别墅施工进度计划图（单位：d）

该别墅工程开工后第46d进行的进度检查时发现，土方工程和地基基础工程基本完成，已开始主体结构工程施工，工期进度滞后5d。项目部依据赶工参数（见表7-1-6），对相关施工过程进行压缩，确保工期不变。

表7-1-6 赶工参数表

	施工过程	最大可压缩时间/d	赶工费用/（元/d）
1	土方工程	2	800
2	地下工程	4	900
3	主体结构	2	2700
2	水电安装	3	450
5	室内装修	8	3000
4	屋面工程	5	420
6	外墙面装修	2	1000
7	室外工程	3	4000
8	扫尾竣工	0	0

项目部对地下室M5水泥砂浆防水层施工提出了技术要求：采用普通硅酸盐水泥、自来水、中砂、防水剂等材料拌合，中砂含泥量不得大于3%；防水层施工前应采用强度等级M5的普通砂浆将基层表面的孔洞、缝隙堵塞抹平；防水层施工要求一遍成型，铺抹时应压实、表面应提浆压光，并及时进行保湿养护7d。

监理工程师对室内装饰装修工程检查验收后，要求在装饰装修完工后第5d进行TVOC等室内环境污染物浓度检测。项目部对检测时间提出异议。

问题：

1. 项目部除了材料需求计划外，还应编制哪些资源需求计划？

2. 按照经济、合理原则对相关施工过程进行压缩，请分别写出最适宜压缩的施工过程和相应的压缩天数。

3. 找出项目部对地下室水泥砂浆防水层施工技术要求的不妥之处，并分别说明理由。

4. 监理工程师对检测时间提出异议是否正确？并说明理由，针对本工程，室内环境污染物浓度检测还应包括哪些项目？

[答案]

1. 项目部还应编制的需求计划：劳动力需求计划和施工机械设备需求计划。

2. 依据工期压缩的原则，即优先压缩赶工费增加最少的工作，即，将主体结构施工过程压缩 2d；将室内装修施工过程压缩 3d。

3. （1）不妥之处一：采用普通硅酸盐水泥、自来水、中砂、防水剂等材料拌合，中砂含泥量不得大于 3%。

理由：水泥砂浆应使用硅酸盐水泥、普通硅酸盐水泥或特种水泥。砂宜采用中砂，含泥量不应大于 1%。拌制用水、聚合物乳液、外加剂等的质量要求应符合国家现行标准的有关规定。

（2）不妥之处二：防水层施工前采用强度等级 M5 的普通砂浆将基层表面的孔洞、缝隙堵塞抹平。

理由：应采用与防水层相同的防水砂浆将基层表面的孔洞、缝隙堵塞抹平。

（3）不妥之处三：防水层施工要求一遍成型。

理由：防水砂浆宜采用多层抹压法施工。

（4）不妥之处四：保湿养护 7d。

理由：水泥砂浆防水层至少养护 14d。

4. （1）不正确。

理由：民用建筑工程及室内装修工程的室内环境质量验收，应在工程完工至少 7d 以后、工程交付使用前进行。

（2）针对本工程室内环境污染物浓度检测还有氡、甲醛、氨、苯、甲苯、二甲苯等。

[2015 真题·案例分析]

背景资料：

某群体工程，主楼地下 2 层，地上 8 层，总建筑面积 26800m²，现浇钢筋混凝土框架-剪力墙结构，建设单位分别与施工单位、监理单位按照《建设工程施工合同（示范文本）》（GF—2013—0201）、《建设工程监理合同（示范文本）》（GF—2012—0202）签订了施工合同和监理合同。

合同履行过程中，发生了下列事件：

事件一：监理工程师在审查施工组织总设计时，发现其总进度计划部分仅有网络图和编制说明，监理工程师认为该部分内容不全，要求补充完善。

事件二：某单位工程的施工进度计划网络图如图 7-1-16 所示，因工艺设计采用某专利技术，工作 F 需要工作 B 和工作 C 完成以后才能开始施工，监理工程师要求施工单位对该进度计划网络图进行调整。

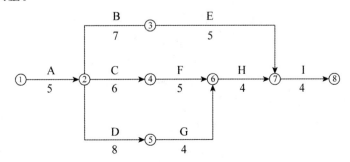

图 7-1-16　施工进度计划网络图（单位：月）

事件三：施工过程中发生索赔事件如下：

（1）由于项目功能调整变更设计，导致工作 C 中途出现停顿，持续时间比原计划超出 2 个月，造成施工人员窝工损失 $13.6 \times 2 = 27.2$（万元）。

（2）当地发生百年一遇大暴雨引发泥石流，导致工作 E 停工，清理恢复施工共用时 3 个月，造成施工设备损失费用 8.2 万元、清理和修复工程费用 24.5 万元。

针对上述（1）、（2）事件，施工单位在有效时限内分别向建设单位提出 2 个月、3 个月的工期索赔，27.2 万元、32.7 万元的费用索赔（所有事项均与实际相符）。

事件四：某单位工程会议室主梁跨度为 10.5m，截面尺寸（$b \times h$）为 450mm×900mm，施工单位按规定编制了模板工程专项方案。

问题：

1. 事件一中，施工单位对施工总进度计划还需补充哪些内容？

2. 绘制事件二中调整后的施工进度计划网络图（双代号），指出其关键线路（用工作表示），并计算其总工期（单位：月）。

3. 事件三中，分别指出施工单位提出的两项工期索赔和两项费用索赔是否成立？并说明理由。

4. 事件四中，该专项方案是否需要组织专家论证？该梁跨中底模的最小起拱高度、跨中混凝土浇筑高度分别是多少（单位：mm）？

［答案］

1. 施工总进度计划还需补充的内容有：分期（分批）实施工程的开、竣工日期及工期一览表，资源需要量及供应平衡表等。

2. （1）事件二调整后的施工进度计划网络图如图 7-1-17 所示。

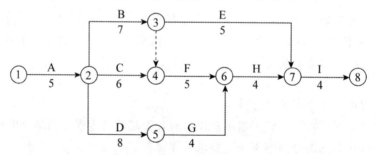

图 7-1-17　调整后的施工进度计划网络图（单位：月）

（2）关键线路：A→B→F→H→I、A→D→G→H→I。

（3）总工期＝5＋7＋5＋4＋4＝25（月）。

3. （1）工期索赔不成立。理由：工作 C 为非关键工作，总时差为 1 个月，停顿 2 个月后工期拖延只有 1 个月，所以只能索赔 1 个月。

费用索赔成立。理由：工作 C 停顿是非承包方原因导致的。

（2）工期索赔不成立。理由：工作 E 为非关键工作，总时差为 4 个月，不可抗力延误的 3 个月没有影响总工期，所以工期索赔不成立。

费用索赔不成立。理由：32.7 万元的费用索赔中施工设备损失费用 8.2 万元是不能索赔的，因不可抗力事件导致的承包人的施工机械设备损坏及停工损失，由承包人承担。清理和修复工程费用 24.5 万元是可以索赔的，因为不可抗力事件导致工程所需清理、修复费用，由发包人承担。

4. (1) 该专项方案不需要组织专家论证。搭设跨度 10m 及以上需要单独编制安全专项施工方案。搭设跨度 18m 及以上还应组织专家论证。该工程主梁跨度为 10.5m，所以只需要编制专项施工方案，不需要进行专家论证。

(2) 对跨度不小于 4m 的现浇钢筋混凝土梁、板，其模板应按设计要求起拱；当设计无具体要求时，起拱高度应为跨度的 1/1000～3/1000。所以该工程梁的起拱高度为：10.5mm～31.5mm。所以最小起拱高度为 10.5mm。

跨中混凝土浇筑高度：900mm。

重点提示

(1) 该考点为高频考点，与施工横道图每年必考其一。

(2) 熟练掌握六时参数的计算过程，尤其掌握总时差、自由时差的概念及计算；总时差计算、总工期计算、关键线路寻找是重中之重，必须掌握。

(3) 时标网络计划图具备双代号网络计划图与流水施工图的双重优点，可以直接在时标网络计划图上找出关键线路及自由时差，并进一步计算总时差。一般考查时标网络图时都会涉及总时差和关键线路。

第二节　施工进度计划

考点 1　进度计划分类★★

进度计划分类见表 7-2-1。

表 7-2-1　进度计划分类

分类	编制对象	编制负责人
施工总进度计划	一个建设项目或一个建筑群体	总承包企业总工程师
单位工程进度计划	一个单位工程	项目经理组织
分阶段工程（或专项工程）进度计划	工程阶段目标（或专项工程）	专业工程师或负责分部分项的工长
分部分项工程进度计划	—	—

考点 2　施工总进度计划、单位工程进度计划编制依据和内容★★

施工总进度计划、单位工程进度计划的编制依据和内容见表 7-2-2。

表 7-2-2　施工总进度计划、单位工程进度计划的编制依据和内容

	施工总进度计划	单位工程进度计划
编制依据	(1) 工程项目承包合同及招标投标书 (2) 工程项目全部设计施工图纸及变更洽商 (3) 工程项目所在地区位置的自然条件和技术经济条件 (4) 工程项目设计概算和预算资料、劳动定额及机械台班定额等 (5) 工程项目拟采用的主要施工方案及措施、施工顺序、流水段划分等 (6) 工程项目需用的主要资源包括：劳动力状况、机具设备能力、物资供应来源条件等 (7) 建设方及上级主管部门对施工的要求 (8) 现行规范、规程和技术经济指标等有关技术规定	(1) 主管部门的批示文件及建设单位的要求 (2) 施工图纸及设计单位对施工的要求 (3) 施工企业年度计划对该工程的安排和规定的有关指标 (4) 施工组织总设计或大纲对该工程的有关部门规定和安排 (5) 资源配备情况，如：施工中需要的劳动力、施工机具和设备、材料、预制构件和加工品的供应能力及来源情况 (6) 建设单位可能提供的条件和水电供应情况 (7) 施工现场条件和勘察资料 (8) 预算文件和国家及地方规范等资料
编制内容	(1) 编制说明 (2) 施工总进度计划表（图） (3) 分期（分批）实施工程的开、竣工日期及工期一览表 (4) 资源需要量及供应平衡表等	(1) 工程建设概况 (2) 工程施工情况 (3) 单位工程进度计划，分阶段进度计划，单位工程准备工作计划，劳动力需用量计划，主要材料、设备及加工计划，主要施工机械和机具需要量计划，主要施工方案及流水段划分，各项经济技术指标要求等

考点 **3**　施工进度计划实施监测方法★

施工进度计划实施监测方法包括：S形曲线法、香蕉型曲线比较法、实际进度前锋线法、横道计划比较法、网络计划法。

考点 **4**　进度计划调整方法★

(1) 关键工作的调整。

(2) 改变某些工作间的逻辑关系。

(3) 剩余工作重新编制进度计划。

(4) 非关键工作调整。

(5) 资源调整。

━━━━━━━━━━━━ 📖实战演练 ━━━━━━━━━━━━

［经典例题·多选］下列文件中，属于单位工程进度计划的内容有（　　）。

A. 分阶段进度计划

B. 施工现场条件和勘察资料

C. 建设单位可能提供的条件和水电供应情况

D. 主要施工方案及流水段划分

E. 工程建设概况

［解析］单位工程进度计划的内容一般应包括：①工程建设概况；②工程施工情况；③单

位工程进度计划，分阶段进度计划，单位工程准备工作计划，劳动力需用量计划，主要材料、设备及加工计划，主要施工机械和机具需要量计划，主要施工方案及流水段划分，各项经济技术指标要求等。选项 B、C 属于单位工程进度计划的编制依据。

［答案］ADE

═══ 重点提示 ═══

（1）该考点为低频考点，选择题与案例分析题都可以考查。

（2）案例分析题中一般考查问答题，注意记忆关键词作答。

═══ 名师总结 ═══

本章为施工进度管理，主要内容是施工横道计划图和双代号网络计划图，历年考试中多在案例分析题中考查计算题，两者必出其一，网络计划图出题频率高于施工横道图。流水步距计算是施工横道图的核心内容，关键线路是网络计划图的核心内容，必须深刻理解。

═══ 同步强化训练 ═══

案例分析题

背景资料：

某办公楼工程，地下 2 层，地上 10 层，总建筑面积 27000m²，现浇钢筋混凝土框架结构，抗震等级一级，建设单位与施工总承包单位签订了施工总承包合同，双方约定工期为 20 个月，建设单位供应部分主要材料。

在合同履行过程中，发生了下列事件：

事件一：施工总承包单位按规定向项目监理工程师提交了施工总进度计划网络图（如下图所示），该计划通过了监理工程师的审查和确认。

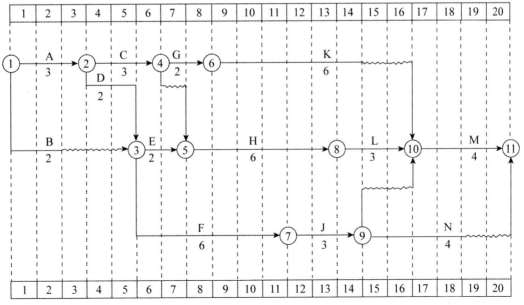

施工总进度计划网络图（时间单位：月）

事件二：在施工过程中，由于建设单位供应的主材未能按时交付给施工单位，致使工作 K

的实际进度在第 11 月底时拖后三个月；部分施工机械由于施工总承包单位原因未能按时进场，致使工作 H 的实际进度在第 11 月底时拖后一个月；在工作 F 进行过程中，由于施工工艺不符合施工规范要求导致发生质量问题，被监理工程师责令整改，致使工作 F 的实际进度在第 11 月底时拖后一个月，施工总承包单位就工作 K、H、F 工期拖后分别提出了工期索赔。

问题：

1. 事件一中，施工总承包单位应重点控制哪条线路（以网络图节点表示）？

2. 事件二中，分别分析工作 K、H、F 的总时差，并判断其进度偏差对施工进度的影响，分别判断施工总承包单位就工作 K、H、F 工期拖后提出的索赔是否成立？

参考答案及解析

案例分析题

1. 应该重点控制关键线路：①—②—③—⑤—⑧—⑩—⑪。

2. (1) 工作 K 总时差 2 个月，进度偏差导致总工期拖延 1 个月。工作 H 总时差 0 个月，为关键工作，进度偏差导致总工期拖延 1 个月。工作 F 总时差 2 个月，进度偏差导致总工期拖延 0 个月。

(2) 工作 K 索赔成立，因为是非承包商原因，但工作 K 只能索赔 1 个月工期（延误 3 个月，有 2 个月的总时差）。工作 H 索赔不成立，因为是承包商自身原因。工作 F 索赔不成立，因为是承包商自身原因。

工期最终可以索赔 1 个月。

第七章

第八章

项目施工质量管理

▶学习提示

　　本章为项目施工质量管理，主要内容是项目质量计划管理、项目材料质量管理、项目施工质量检查与检验、工程质量问题防治，历年考试中多在案例分析题中考查相关内容。本章内容大部分为记忆性内容，考生需加强记忆。

▶考情分析

近四年考试真题分值统计表 （单位：分）

节序	节名	2020 年			2019 年			2018 年			2017 年		
		单选	多选	案例	单选	多选	案例	单选	多选	案例	单选	多选	案例
第一节	项目质量计划管理	—	—	—	—	—	5	—	—	2	—	—	6
第二节	项目材料质量管理	—	—	5	—	—	—	—	—	—	2	—	—
第三节	项目施工质量检查与检验	—	—	—	—	—	—	—	—	—	—	—	10
第四节	工程质量问题防治	—	—	—	1	—	2	—	—	—	—	—	10
	合计	—	—	5	1	—	7	—	—	2	2	—	26

第一节 项目质量计划管理

考点 1 项目质量管理应遵循的程序★★

（1）明确项目质量目标。

（2）编制项目质量计划。

（3）实施项目质量计划。

（4）监督检查项目质量计划的执行情况。

（5）收集、分析、反馈质量信息并制定预防和改进措施。

考点 2 项目部管理人员要求★★★

（1）项目部应设置质量管理人员，在项目经理领导下，负责项目的质量管理工作。

（2）项目质量计划应由项目经理组织编写，须报企业相关管理部门批准并得到发包方和监理方认可后实施。

考点 3 项目质量计划编制依据★★

（1）国家和地方相关的法律、法规、技术标准、规范及有关施工操作规程。

（2）企业的质量管理体系文件及其对项目部的管理要求。

（3）项目管理实施规划或施工组织设计、专项施工方案。

（4）工程承包合同、设计图纸及相关文件。

考点 4 项目质量计划的主要内容★

（1）编制依据。

（2）项目概况。

（3）人员、技术、施工机具等资源的需求和配置。

（4）场地、道路、水电、消防、临时设施规划。

（5）质量管理组织和职责。

（6）质量目标和要求。

（7）影响施工质量的因素分析及其控制措施。

（8）对违规事件的报告和处理。

（9）施工质量检查、验收及其相关标准。

（10）进度控制措施。

（11）突发事件的应急措施。

（12）质量管理和技术措施。

（13）与工程建设有关方的沟通方式。

（14）施工管理应形成的记录。

（15）应收集的信息及传递要求。

（16）施工企业质量管理的其他要求。

第二节　项目材料质量管理

考点 1　建筑材料复试要求★★

（1）工程所用的原材料、半成品或成品构件等应有出厂合格证和材质报告单。

（2）项目应实行见证取样和送检制度，即在建设单位或监理工程师的见证下，由项目试验员在现场取样后送至试验室进行试验。

（3）送检的检测试样，必须从进场材料中随机抽取，严禁在现场外抽取。

（4）工程的取样送检见证人，应由该工程建设单位书面确认，并委派在工程现场的建设或监理单位人员1～2名担任。

（5）当建设单位、监理单位对建筑施工企业试验室出具的试验报告有争议时，应委托被争议各方认可的、具备相应资质的检测机构重新检测。

考点 2　主要材料复试内容及要求★★★

主要材料复试内容及要求见表8-2-1。

表 8-2-1　主要材料复试内容及要求

材料	复试内容	要求
钢筋	屈服强度、抗拉强度、伸长率和冷弯	—
水泥	抗压强度、抗折强度、安定性、凝结时间	钢筋混凝土结构、预应力混凝土结构中严禁使用含氯化物的水泥 同一生产厂家、同一等级、同一品种、同一批号且连续进场的水泥，袋装不超过200t为一批，散装不超过500t为一批检验
建筑外墙金属窗、塑料窗	气密性、水密性、抗风压性能	符合质量标准
人造木板及胶粘剂	甲醛含量	符合质量标准
饰面板（砖）	室内用花岗石放射性，粘贴用水泥的凝结时间、安定性、抗压强度，外墙陶瓷面砖的吸水率及抗冻性能	符合质量标准

注：钢筋的进场复试内容除包括屈服强度、抗拉强度、伸长率和冷弯外，还有重量偏差。此为法规部分的内容。

> **重点提示**
> （1）该考点为非高频考点，一般考查案例分析题。
> （2）重点记忆各种材料进场复试时的复试内容及要求，会在案例分析题中以问答题的形式考查。

考点 3　建筑材料质量管理要求★★

（1）建筑材料的质量控制主要体现在四个环节：

1）材料的采购。

2) 材料进场试验检验。

3) 过程保管。

4) 材料使用。

（2）现场验证不合格的材料不得使用，也可经相关方协商后按有关标准规定降级使用。

（3）物资进场验证不齐或对其质量有怀疑时，要单独存放该部分物资，待资料齐全和复验合格后，方可使用。

（4）对于项目采购的物资，业主的验证不能代替项目对所采购物资的质量责任，而业主采购的物资，项目的验证也不能取代业主对其采购物资的质量责任。

ℹ 实战演练

[2017真题·单选]关于施工现场材料检验的说法，正确的是（　　）。

A. 建筑材料复试送检的检测试样可以在施工现场外抽取

B. 工程取样送检见证人由监理单位书面确认

C. 施工单位的验证不能代替建设单位所采购物资的质量责任

D. 建设单位的验证可以代替施工单位所采购物资的质量责任

[解析]建筑材料复试送检的检测试样，必须从进场材料中随机抽取，严禁在现场外抽取，选项A错误。工程的取样送检见证人，应由该工程建设单位书面确认，选项B错误。业主的验证不能代替项目对所采购物资的质量责任，而业主采购的物资，项目的验证也不能取代业主对其采购物资的质量责任，选项C正确、选项D错误。

[答案]C

重点提示

该考点为低频考点，注意对于项目采购的物资在任何情况下业主和施工单位的责任是不能互替的。

第三节　项目施工质量检查与检验

考点 1　基坑（槽）验槽重点部位★★

基坑（槽）验槽，应重点观察柱基、墙角、承重墙下或其他受力较大部位，如有异常部位，要会同勘察、设计等有关单位进行处理。

考点 2　钢筋混凝土工程质量控制★

钢筋混凝土工程质量控制见表8-3-1。

表 8-3-1　钢筋混凝土工程质量控制

分项工程	主要控制内容
模板分项工程	模板的设计、制作、安装和拆除
钢筋分项工程	钢筋进场检验、钢筋加工、钢筋连接、钢筋安装等
混凝土工程	主要组成材料的合格证及复验报告、坍落度、配合比、现场混凝土浇筑工艺及方法、大体积混凝土测温措施、冬施浇筑时入模温度、现场混凝土试块、后浇带的留置和处理、养护方法及时间等是否符合设计和规范要求 混凝土的实体检测：混凝土的强度、钢筋保护层厚度等

续表

分项工程	主要控制内容
钢筋混凝土构件安装工程	预制构件和连接质量控制

重点提示

该考点为低频考点，一般考查案例分析题，均为记忆性内容。

考点 3　防水工程施工完成后的检查与检验★★

防水工程施工完成后的检查与检验见表 8-3-2。

表 8-3-2　防水工程施工完成后的检查与检验内容

工程类别	检查与检验内容
地下防水工程	检查标识好的"背水内表面的结构工程展开图"，核对地下防水渗漏情况
屋面防水工程	雨后或持续淋水 2h 后（有可能作蓄水检验的屋面，其蓄水时间不应少于 24h），检查屋面有无渗漏、积水和排水系统是否畅通
厨房、厕浴间防水工程	应做 24h 蓄水试验，确认无渗漏时再做保护层和面层。设备与饰面层施工完后还应在其上继续做第二次 24h 蓄水试验

注： 蓄水试验的蓄水时间不应少于 24h，案例分析题中一般只给出开始和结束的时间，需要通过计算得出是否满足 24h。

重点提示

（1）该考点为非高频考点，一般考查案例分析题。

（2）注意蓄水试验的蓄水时间不应少于 24h，室内防水要做两次蓄水试验。

第四节　工程质量问题防治

考点 1　工程质量事故的分类★★★

工程质量事故的分类见表 8-4-1。

表 8-4-1　工程质量事故的分类

事故分类	死亡人数	重伤人数	直接经济损失
特别重大事故	30 人以上	100 人以上	1 亿元以上
重大事故	10 人以上 30 人以下	50 人以上 100 人以下	5000 万元以上 1 亿元以下
较大事故	3 人以上 10 人以下	10 人以上 50 人以下	1000 万元以上 5000 万元以下
一般事故	3 人以下	10 人以下	100 万元以上 1000 万元以下

注： 重点记忆较大事故和一般事故的分类，考查较多。

重点提示

（1）该考点案例分析题与选择题都可能考查，案例分析题考查居多。

（2）注意质量事故与安全事故的区分，在事故分类标准上两者基本相同，但是事故处理有不同点。

考点 2　质量事故报告★★★

（1）工程质量问题发生后，事故现场有关人员应当立即向工程建设单位负责人报告；工程建设单位负责人接到报告后，应于1h内向事故发生地县级以上人民政府住房和城乡建设主管部门及有关部门报告。

（2）事故报告后出现新情况，以及事故发生之日起30d内伤亡人数发生变化的，应当及时补报。

（3）较大、重大及特别重大事故逐级上报至国务院住房和城乡建设主管部门，一般事故逐级上报至省级人民政府住房和城乡建设主管部门，必要时可以越级上报事故情况。

> **重点提示**
>
> （1）该考点案例分析题与选择题都可能考查，案例分析题考查居多。
>
> （2）注意质量事故与安全事故的区分，两者的事故上报对象不同，事故报告内容也有区别。

考点 3　事故报告、事故调查报告应包括的内容★★★

事故报告、事故调查报告应包括的内容见表8-4-2。

表 8-4-2　事故报告、事故调查报告应包括的内容

类别	内容
事故报告	（1）事故发生的时间、地点、工程项目名称、工程各参建单位名称
	（2）事故发生的简要经过、伤亡人数（包括下落不明的人数）和初步估计的直接经济损失
	（3）事故的初步原因
	（4）事故发生后采取的措施及事故控制情况
	（5）事故报告单位、联系人及联系方式
事故调查报告	（1）事故项目及各参建单位概况
	（2）事故发生经过和事故救援情况
	（3）事故造成的人员伤亡和直接经济损失
	（4）事故项目有关质量检测报告和技术分析报告
	（5）事故发生的原因和事故性质
	（6）事故责任的认定和事故责任者的处理建议
	（7）事故防范和整改措施

考点 4　地基基础工程质量事故处理★★

一、边坡塌方

（一）现象

在挖方过程中或挖方后，边坡局部或大面积塌方，使地基土受到扰动，承载力降低，严重的会影响建筑物的安全。

（二）原因

（1）土质松软，开挖次序、方法不当而造成塌方。

（2）边坡顶部堆载过大，或受外力振动影响，使边坡内剪切应力增大，边坡土体承载力不足，土体失稳而塌方。

（3）在有地表水、地下水作用的土层开挖时，未采取有效的降排水措施，造成涌砂、涌泥、涌水，内聚力降低，进而引起塌方。

（4）基坑（槽）开挖坡度不够，或通过不同土层时，没有根据土的特性分别放成不同坡度，致使边坡失稳而塌方。

（三）治理

对基坑（槽）塌方，应清除塌方后采取临时性支护措施；对永久性边坡局部塌方，应清除塌方后用块石填砌或用2∶8、3∶7灰土回填嵌补，与土接触部位做成台阶搭接，防止滑动；或将坡度改缓。同时，应做好地面排水和降低地下水位的工作。

二、回填土密实度达不到要求

（一）现象

回填土经夯实或碾压后，其密实度达不到设计要求，在荷载作用下变形增大，强度和稳定性下降。

（二）原因

（1）碾压或夯实机具能量不够，达不到影响深度要求，使土的密实度降低。

（2）填方土料不符合要求。

（3）土的含水率过大或过小，因而达不到最优含水率下的密实度要求。

（三）治理

（1）因含水量小或碾压机能量过小时，可采用增加夯实遍数，或使用大功率压实机碾压等措施。

（2）因含水量过大而达不到密实度的土层，可采用翻松晾晒、风干，或均匀掺入干土等吸水材料，重新夯实。

（3）将不符合要求的土料挖出换土，或掺入石灰、碎石等夯实加固。

实战演练

［2019真题·单选］易造成回填土密实度达不到要求的原因是（　　　　）。

A. 土的含水率过大或过小

B. 虚铺厚度小

C. 碾压机械功率过大

D. 夯实遍数过多

［解析］回填土密实度达不到要求原因：①土的含水率过大或过小，因而达不到最优含水率下的密实度要求；②填方土料不符合要求；③碾压或夯实机具能量不够，达不到影响深度要求，使土的密实度降低。

［答案］A

三、基坑（槽）泡水

（一）现象

基坑（槽）开挖后，地基土被水浸泡。

（二）治理

（1）被水淹泡的基坑，应采取措施，将水引走排净。

（2）设置截水沟，防止水刷边坡。

（3）已被水浸泡扰动的土，采取排水晾晒后夯实；或抛填碎石、小块石夯实；或换土夯实（3∶7灰土）。

四、预制桩桩身断裂

（一）现象

桩在沉入过程中，桩身突然倾斜错位，桩尖处土质条件没有特殊变化，而贯入度逐渐增加或突然增大；同时，当桩锤跳起后，桩身随之出现回弹现象。

（二）原因

（1）稳桩不垂直，压入地下一定深度后，再用走架方法校正，使桩产生弯曲。

（2）制作桩的混凝土强度不够，桩在堆放、吊运过程中产生裂纹或断裂未被发现。

（3）桩入土后，遇到大块坚硬的障碍物，把桩尖挤向一侧。

（4）两节桩或多节桩施工时，相接的两节桩不在同一轴线上，产生了弯曲。

（5）制作桩时，桩身弯曲超过规定，桩尖偏离桩的纵轴线较大，沉入过程中桩身发生倾斜或弯曲。

（三）预防和治理

（1）应会同设计人员共同研究处理方法。根据工程地质条件，上部荷载及桩所处的结构部位，可以采取补桩的方法。可在轴线两侧分别补一根或两根桩。

（2）桩在堆放、吊运过程中，严格按照有关规定执行，发现裂缝超过规定坚决不能使用。

（3）施工前应对桩位下的障碍物清除干净，必要时对每个桩位用钎探了解。对桩构件进行检查，发现桩身弯曲超标或桩尖不在纵轴线上的不宜使用。

（4）在稳桩过程中及时纠正不垂直，接桩时要保证上下桩在同一纵轴线上，接头处要严格按照操作规程施工。

五、泥浆护壁灌注桩坍孔

（一）现象

在成孔过程中或成孔后，孔壁坍落。

（二）原因

（1）在松散砂层中钻孔时，进尺速度太快或停在一处空转时间太长，转速太快。

（2）冲击（抓）锥或掏渣筒倾倒，撞击孔壁。

（3）泥浆比重不够，起不到可靠的护壁作用。

（4）孔内水头高度不够或孔内出现承压水，降低了静水压力。

（5）用爆破处理孔内孤石、探头石时，炸药量过大，造成很大震动。

（6）护筒埋置太浅，下端孔坍塌。

（三）防治

（1）在松散砂土或流沙中钻进时，应控制进尺，选用较大相对密度、黏度、胶体率的优质泥浆（或投入黏土掺片石或卵石，低锤冲击，使黏土膏、片石、卵石挤入孔壁）。

（2）如地下水位变化过大，应采取升高护筒，增大水头，或用虹吸管连接等措施。

（3）严格控制冲程高度和炸药用量。

（4）孔口坍塌时，应先探明位置，将砂和黏土（或砂砾和黄土）混合物回填到坍孔位置以上 1～2m；如坍孔严重，应全部回填，等回填物沉积密实后再进行钻孔。

（1）该考点一般考查案例分析题。

（2）考查形式多为问答题，在背景资料中给出现象，让考生列举产生这种现象的原因和防治措施。

（3）重点记忆产生现象的原因，防治措施一般是针对原因采取措施。

考点 5　主体结构工程质量事故处理★★

一、混凝土强度等级偏低，不符合设计要求

（一）现象

混凝土标准养护试块或现场检测强度，按规范标准评定达不到设计要求的强度等级。

（二）原因

（1）配置混凝土所用原材料的材质不符合国家标准的规定。

（2）拌制混凝土时没有法定检测单位提供的混凝土配合比试验报告，或操作中未能严格按混凝土配合比进行规范操作。

（3）拌制混凝土时投料计量有误。

（4）混凝土搅拌、运输、浇筑、养护不符合规范要求。

（三）防治措施

（1）拌制混凝土所用水泥、粗（细）骨料和外加剂等均必须符合有关标准规定。

（2）必须按法定检测单位发出的混凝土配合比试验报告进行配制。

（3）配制混凝土必须按质量比计量投料且计量要准确。

（4）混凝土拌合必须采用机械搅拌，加料顺序为粗骨料→水泥→细骨料→水，并严格控制搅拌时间。

（5）混凝土的运输和浇捣必须在混凝土初凝前进行。

（6）控制好混凝土的浇筑和振捣质量。

（7）控制好混凝土的养护。

二、混凝土表面缺陷

（一）现象

拆模后混凝土表面出现麻面、露筋、蜂窝、孔洞等。

（二）原因

（1）局部配筋、铁件过密，阻碍混凝土下料或无法正常振捣。

（2）钢筋保护层垫块厚度或放置间距、位置等不当。

（3）混凝土浇筑高度超过规定要求，且未采取措施，导致混凝土离析。

（4）混凝土浇筑方法不当、不分层或分层过厚，布料顺序不合理等。

（5）漏振或振捣不实。

（6）混凝土坍落度、和易性不好。

（7）模板表面不光滑、安装质量差，接缝不严、漏浆，模板表面污染未清除。

（8）木模板在混凝土入模之前没有充分湿润，钢模板脱模剂涂刷不均匀。

（9）混凝土拆模过早。

（三）防治措施

（1）模板使用前应进行表面清理，保持表面清洁光滑，钢模应保证边框平直，组合后应使接缝严密，必要时可用胶带加强，浇混凝土前应充分湿润或均匀涂刷脱模剂。

（2）按规定或方案要求合理布料，分层振捣，防止漏振。

（3）对局部配筋或铁件过密处，应事先制定处理措施，保证混凝土能够顺利通过，浇筑密实。

> **重点提示**
>
> 混凝土表面缺陷的原因虽然有九条，但核心内容就是模板、钢筋、混凝土。

三、混凝土收缩裂缝

（一）现象

裂缝多出现在新浇筑并暴露于空气中的结构构件表面，有塑态收缩、沉陷收缩、干燥收缩、碳化收缩、凝结收缩等收缩裂缝。

（二）原因

（1）混凝土水胶比、坍落度偏大，和易性差。

（2）混凝土浇筑振捣差，养护不及时或养护差。

（3）混凝土原材料质量不合格，如骨料含泥量大等。

（4）水泥或掺合料用量超出规范规定。

（三）防治措施

（1）选用合格的原材料。

（2）根据现场情况、图纸设计和规范要求，由有资质的试验室配制合适的混凝土配合比，并确保搅拌质量。

（3）确保混凝土浇筑振捣密实，并在初凝前进行二次抹压。

（4）确保混凝土及时养护，并保证养护质量满足要求。

实战演练

[2013 真题·案例分析]

背景资料：

某商业建筑工程，地上 6 层，砂石地基，砖混结构，建筑面积 24000m²，外窗采用铝合金窗，内门采用金属门。在施工过程中发生了如下事件：

事件一：砂石地基施工中，施工单位采用细砂（掺入 30％的碎石）进行铺填。监理工程师检查发现其分层铺设厚度和分段施工的上下层塔接长度不符合规范要求，令其整改。

事件二：二层现浇混凝土楼板出现收缩裂缝，经项目经理部分析认为原因有：混凝土原材料质量不合格（骨料含泥量大），水泥和掺合料用量超出规范规定。同时提出了相应的防治措施：选用合格的原材料，合理控制水泥和掺合料用量。监理工程师认为项目经理部的分析不全面，要求进一步完善原因分析和防治方法。

事件三：监理工程师对门窗工程检查时发现：外窗未进行三性检查，内门采用"先立后砌"安装方式，外窗采用射钉固定安装方式。监理工程师对存在的问题提出整改要求。

事件四：建设单位在审查施工单位提交的工程竣工资料时，发现工程资料有涂改，违规使用复印件等情况，要求施工单位进行整改。

问题：

1. 事件一中，砂石地基采用的原材料是否正确？砂石地基还可以采用哪些原材料？除事件一列出的项目外，砂石地基施工过程还应检查哪些内容？

2. 事件二中，出现裂缝的原因还可能有哪些？并补充完善其他常见的防治方法。

3. 事件三中：建筑外墙铝合金窗的三性试验是指什么？分别写出错误安装方式的正确做法。

4. 针对事件四，分别写出工程竣工资料在修改以及使用复印件时的正确做法。

[答案]

1.（1）采用的原材料正确（掺入不少于总重30％的碎石和卵石）。

（2）砂石地基还可以用中砂、粗砂、卵石、石屑等。

（3）施工过程中还应检查：夯实时加水量、夯压遍数、压实系数。

2.（1）出现裂缝的原因还有：混凝土水胶比、坍落度偏大，和易性差；混凝土浇筑振捣差，养护不及时或养护差。

（2）防治措施：①根据现场情况、图纸设计和规范要求，由有资质试验室配制合适的混凝土配合比，并确保拌制质量；②确保混凝土浇筑振捣密实，并在初凝前进行二次抹压；③确保混凝土及时养护，并保证养护质量满足要求。

3.（1）铝合金窗的三性试验指：气密性、水密性、抗风压性。

（2）正确做法：内门应先砌后立；窗要采用膨胀螺栓。

4.（1）工程资料不得随意修改，当需要修改时，应实行划改，并由划改人签署。

（2）当为复印件时，提供单位应在复印件上加盖单位印章，并应有经办人签字和日期；提供单位应对资料的真实性负责。

重点提示

（1）该考点一般考查案例分析题。

（2）考查形式多为问答题，在背景资料中给出现象，让考生列举产生这种现象的原因和防治措施。

（3）重点记忆产生现象的原因，防治措施一般是针对原因采取措施。

考点 6 防水工程质量事故处理★★

一、防水混凝土施工缝渗漏水

（一）现象

施工缝处混凝土松散，骨料集中，接槎明显，沿缝隙处渗漏水。

（二）原因分析

（1）在浇筑上层混凝土时，未按规定处理施工缝，上、下层混凝土不能牢固粘结。

（2）钢筋过密，内外模板距离狭窄，混凝土浇捣困难，施工质量不易保证。

（3）施工缝留的位置不当。

（4）浇筑地面混凝土时，因工序衔接等原因造成新老接槎部位产生收缩裂缝。

（5）在支模和绑钢筋的过程中，掉入缝内的杂物没有及时清除。浇筑上层混凝土后，在新旧混凝土之间形成夹层。

（6）下料方法不当，骨料集中于施工缝处。

（三）治理

（1）根据渗漏、水压大小情况，采用促凝胶浆或氰凝灌浆堵漏。

（2）不渗漏的施工缝，可沿缝剔成八字形凹槽，将松散石子剔除，刷洗干净，用水泥素浆打底，抹 1：2.5 水泥砂浆找平压实。

二、防水混凝土裂缝渗漏水

（一）现象

混凝土表面有不规则的收缩裂缝且贯通于混凝土结构，有渗漏水现象。

（二）原因分析

（1）由于设计或施工等原因产生局部断裂或环形裂缝。

（2）设计中，对土的侧压力及水压作用考虑不周，结构缺乏足够的刚度。

（3）混凝土搅拌不均匀，或水泥品种混用，收缩不一产生裂缝。

（三）治理

（1）采用促凝胶浆或氰凝灌浆堵漏。

（2）对不渗漏的裂缝，可用灰浆或用水泥压浆法处理。

（3）对于结构所出现的环形裂缝，可采用埋入式橡胶止水带、后埋式止水带、粘贴式氯丁胶片以及涂刷式氯丁胶片等方法。

三、屋面卷材起鼓

（一）现象

卷材起鼓一般在施工后不久产生。在高温季节，有时上午施工下午就起鼓。鼓泡一般由小到大，逐渐发展，大的直径可达 200～300mm，小的数十毫米，大小鼓泡还可能成片串联。起鼓一般从底层卷材开始，其内还有冷凝水珠。

（二）原因分析

在卷材防水层中黏结不实的部位，窝有水分和气体；当其受到太阳照射或人工热源影响后，体积膨胀，造成鼓泡。

（三）治理

（1）直径 100mm 以下的中、小鼓泡可用抽气灌胶法治理，并压上几块砖，几天后再将砖移去即可。

（2）直径 100～300mm 的鼓泡可先铲除鼓泡处的保护层，再用刀将鼓泡按斜十字形割开，放出鼓泡内气体，擦干水分，清除旧胶结料，用喷灯把卷材内部吹干。随后按顺序把旧卷材分片重新粘贴好，再新贴一块方形卷材（其边长比开刀范围大 100mm），压入卷材下；最后，粘贴覆盖好卷材，四边搭接好，并重做保护层。上述分片铺贴顺序是按屋面流水方向先下再左右后上。

（3）直径更大的鼓泡用割补法治理。先用刀把鼓泡卷材割除，按上一做法进行基层清理，再用喷灯烘烤旧卷材搓口，并分层剥开，除去旧胶结料后，依次粘贴好旧卷材，上面铺贴一层新卷材（四周与旧卷材搭接不小于 100mm）。再依次粘贴旧卷材，上面覆盖铺贴第二层新卷材，周边压实刮平，重做保护层。

四、山墙、女儿墙部位漏水

（一）现象

在山墙、女儿墙部位漏水。

（二）原因分析

（1）山墙或女儿墙与屋面板缺乏牢固拉结，转角处没有做成钝角，垂直面卷材与屋面卷材没有分层搭接，基层松动（如墙外倾或不均匀沉陷）。

（2）压顶板滴水线破损，雨水沿墙进入卷材。

（3）垂直面保护层因施工困难而被省略。

（4）卷材收口处张口，固定不牢；封口砂浆开裂、剥落，压条脱落。

（三）治理

（1）清除卷材张口脱落处的旧胶结料，烤干基层，重新钉上压条，将旧卷材贴紧钉牢，再覆盖一层新卷材，收口处用防水油膏封口。

（2）凿除开裂和剥落的压顶砂浆，重抹 1:（2～2.5）水泥砂浆，并做好滴水线。

（3）将转角处开裂的卷材割开，旧卷材烘烤后分层剥离，清除旧胶结料，将新卷材分层压入旧卷材下，并搭接粘贴牢固。再在裂缝表面增加一层卷材，四周粘贴牢固。

┌─ 重 点 提 示 ─────────────────────────────┐

（1）该考点一般考查案例分析题。

（2）考查形式多为问答题，在背景资料中给出现象，让考生列举处理措施。

（3）重点记忆相关情况的处理措施。

└──────────────────────────────────────┘

考点 7　建筑装饰装修工程常见质量问题★★

建筑装饰装修工程常见质量问题见表 8-4-3。

表 8-4-3　建筑装饰装修工程常见质量问题

序号	分部（子分部）、分项工程名称	质量问题
1	地面工程	水泥地面：倒泛水、渗漏、起砂、空鼓等
		板块地面：泛碱、断裂，天然石材地面色泽、纹理不协调，板块类地面空鼓，地面砖爆裂拱起等
		木、竹地板地面：表面不平整、拼缝不严、地板起鼓等
2	抹灰工程	一般抹灰：空鼓，面层爆灰、裂缝、抹灰层脱层、表面不平整、接槎和抹纹明显等
		装饰抹灰：除一般抹灰存在的缺陷外，还存在色差、掉角、脱皮等
3	门窗工程	木门窗：关闭不严密、安装留缝、安装不牢固、开关不灵活、倒翘等
		金属门窗：划痕、碰伤、漆膜或保护层不连续；框与墙体之间连接不紧密
4	吊顶工程	吊杆、龙骨和饰面材料安装不牢固
		金属吊杆、龙骨的接缝不均匀，角缝不吻合，表面不平整、翘曲、有锤印；木质吊杆和龙骨不顺直、劈裂、变形
		吊顶内填充的吸声材料无防散落措施
		饰面材料表面不洁净、色泽不一致，有翘曲、裂缝及缺损
5	轻质隔墙工程	墙板材安装不牢固、脱层、翘曲，接缝有裂缝或缺损
6	饰面板（砖）工程	色泽不一致，裂痕和缺损、石材表面泛碱、接缝不顺直，安装（粘贴）不牢固、表面不平整

续表

序号	分部（子分部）、分项工程名称	质量问题
7	涂饰工程	流坠、疙瘩、泛碱、漏涂、透底、咬色、砂眼、刷纹、起皮和掉粉
8	裱糊与软包工程	拼接、花饰不垂直，花饰不对称，离缝或亏纸，相邻壁纸（墙布）搭缝，翘边，壁纸（墙布）空鼓，壁纸（墙布）死折，壁纸（墙布）色泽不一致
9	细部工程	橱柜制作与安装工程：损坏、面层拼缝不严密、变形、翘曲
		窗帘盒、窗台板、散热器罩制作与安装工程：窗帘盒安装上口下口不平、两端距窗洞口长度不一致；窗台板水平度偏差＞2mm，安装不牢固、翘曲，散热器罩翘曲、不平
		木门窗套制作与安装工程：安装不牢固、翘曲，门窗套线条不顺直、接缝不严密、色泽不一致
		护栏和扶手制作与安装工程：护栏安装不牢固、护栏和扶手转角弧度不顺、护栏玻璃选材不当等
		花饰制作与安装工程：条形花饰歪斜，单独花饰中心位置偏离，接缝不严、有裂缝等

重点提示

（1）该考点一般考查案例分析题。

（2）考查形式多为问答题，直接针对表格提问装饰装修工程中某分项工程的常见质量问题有哪些。

考点 8 节能工程质量事故处理★★

（1）建筑节能工程采用的新技术、新设备、新材料、新工艺，应按照有关规定进行评审、鉴定及备案。施工前应对新的或首次采用的施工工艺进行评价，并制定专门的施工技术方案。

（2）门窗节能工程常见问题及处理要点：

1）常见问题：①采用非断热型材的单玻窗；②执行65％设计标准的居住建筑采用传热系数大于4.0的外窗；③门窗类型与设计不符；④部分检测机构出具的检测报告检测依据不正确。

2）处理要点：①夏热冬冷地区复验项目：玻璃遮阳系数、可见光透射比、气密性、传热系数、中空玻璃露点；②建筑外窗的中空玻璃露点、玻璃遮阳系数、气密性、保温性能和可见光透射比应符合设计要求；③严寒、寒冷和夏热冬冷地区的建筑外窗，应对其气密性作现场实体检验，检测结果应满足设计要求。

重点提示

该考点一般考查案例分析题，可能以问答题形式考查也可能以改错题形式考查。

名师总结

本章为项目施工质量管理，主要内容是项目质量计划管理、项目材料质量管理、项目施工质量检查与检验、工程质量问题防治，本章内容大部分为记忆性内容，历年考试中多在案例分析题中考查问答题，学习时应多记忆关键词。

│ 同步强化训练 │

案例分析题

（一）

背景资料：

高新技术企业新建厂区里某8层框架结构办公楼工程，采用公开招标的方式选定A公司作为施工总承包。施工合同中双方约定钢筋、水泥等主材由业主供应，其他结构材料及装饰装修材料均由总承包负责采购。

施工过程中，发生如下事件：

事件一：钢筋第一批进场时，供货商只提供了出厂合格证，业主指令总承包对该批钢筋进行进场验证，总承包单位对钢材的品种、型号、见证取样进行了质量验证，对钢筋的屈服强度、抗拉强度进行了复试。监理单位提出了意见。

事件二：袋装水泥第一批进场了300袋，水泥为同一生产厂家、同一等级、同一品种、同一批号。业主指令总承包进行进场复试，总承包单位对水泥的抗折强度、抗压强度进行了一组复试。复试合格后，总承包方直接安排投入使用。使用过程中，水泥出现了质量问题。建设单位认为是总承包单位作的复试，质量责任应由总承包单位负责。监理单位下达了停工令。

事件三：总承包单位依据质量稳定、履约能力强的原则选择了建筑外墙金属窗、塑料窗生产厂家，并进行了抗风压性能复试。

问题：

1. 指出事件一中不妥之处，并分别说明正确做法。

2. 指出事件二中不妥之处，并分别说明正确做法。

3. 指出事件三中不妥之处，并分别说明正确做法。

（二）

背景资料：

某幕墙公司通过招投标从总承包单位承包了某机关办公大楼幕墙工程的施工任务。承包合同约定，本工程实行包工包料承包，合同工期180个日历天。在合同履行过程中发生了以下事件：

事件一：按照合同约定，总承包单位应在8月1日交出施工场地，但由于总承包单位负责施工的主体结构没有如期完成，使幕墙开工时间延误了10d。

事件二：幕墙公司向某铝塑复合板生产厂订购铝塑复合板，考虑该生产厂具有与本工程规模相符的幕墙安装资质，幕墙公司遂与该厂签订了铝塑复合板幕墙供料和安装的合同。总承包单位提出异议，要求幕墙公司解除铝塑复合板安装合同。

事件三：对办好隐蔽工程验收的部位，幕墙公司已进行封闭，但总承包单位和监理单位对个别施工部位的质量还有疑虑，要求重新检验。

事件四：工程竣工验收前，幕墙公司与发包人签订了《房屋建筑工程质量保修书》，保修期限为一年。

问题：

1. 事件一中，幕墙公司可否要求总包单位给予工期补偿和赔偿停工损失？为什么？

2. 事件二中，总承包单位要求幕墙公司解除铝塑复合板安装合同是否合理？为什么？

3. 事件三中，幕墙公司是否可以因这些部位已经进行过隐蔽工程验收而拒绝重新检验？重新检验的费用应由谁负责？

4. 指出事件四中《房屋建筑工程质量保修书》保修期限的错误，说明理由并修正保修期限。

（三）

背景资料：

某市大学城园区新建音乐学院教学楼，其中中庭主演播大厅层高 5.4m，双向跨度 19.8m，设计采用现浇混凝土井字梁。施工过程中发生如下事件：

事件一：模架支撑方案经施工单位技术负责人审批后报监理签字，监理工程师认为其支撑高度超过 5m，需进行专家论证。

事件二：按监理工程师提出的要求，施工单位组织成立以企业总工程师、监理、设计单位技术负责人、同时还聘请了外单位相关专业专家共计 7 人组成的专家组，对模架方式进行论证。专家组提出口头论证意见后离开，论证会结束。

事件三：在演播大厅屋盖混凝土施工过程中，因西侧模板支撑系统失稳，发生局部坍塌，使东侧刚浇筑的混凝土顺斜面向西侧流淌，致使整个楼层模架全部失稳而相继倒塌。整个事故未造成人员死亡，重伤 9 人，轻伤 14 人，直接经济损失 1290 余万元。事故发生后，有关单位立即成立事故调查小组和事故处理小组，对事故的情况展开全面调查。并向相关部门上报质量事故调查报告。

问题：

1. 事件一中，监理工程师的说法是否正确？为什么？该方案是否需要进行专家论证？为什么？

2. 指出事件二中不妥之处，并分别说明理由。

3. 事件三中，按造成损失严重程度划分应为什么类型事故？并给出此类事故的判定标准。

4. 工程质量事故调查报告的主要内容有哪些？

参考答案及解析

案例分析题

（一）

1. （1）不妥之处一：供货商只提供了出厂合格证。

正确做法：供货商应提供出厂合格证、材质报告单。

（2）不妥之处二：总承包单位对钢材的品种、型号、见证取样进行了质量验证。

正确做法：应对钢材的品种、型号、规格、数量、外观检查和见证取样进行质量验证。

（3）不妥之处三：对钢筋的屈服强度、抗拉强度进行了复试。

正确做法：对钢筋的屈服强度、抗拉强度、伸长率和冷弯性能进行复试。

2. （1）不妥之处一：总承包单位对水泥的抗折强度、抗压强度进行了一批复试。

正确做法：总承包单位应对水泥的抗折强度、抗压强度、安定性、凝结时间进行复试。

（2）不妥之处二：进行了一组复试。

正确做法：应进行了两组复试。

（3）不妥之处三：建设单位认为是总承包单位作的复试，质量责任应由总承包单位负责。

正确做法：项目的验证不能取代业主对其采购物资的质量责任。

3. （1）不妥之处一：总承包单位依据质量稳定、履约能力强的原则选择了建筑外墙金属窗、塑料窗生产厂家。

正确做法：总承包单位依据质量稳定、履约能力强、信誉高、价格有竞争力的原则选择建筑外墙金属窗、塑料窗生产厂家。

（2）不妥之处二：进行了抗风压性能

复试。

正确做法：进行气密性、水密性、抗风压性能复试。

（二）

1. 可以。

理由：因为《合同法》第283条规定，发包人未按照约定的时间和要求提供原材料、设备、场地、资金、技术资料的，承包人可以顺延工程日期，并有权要求赔偿停工、窝工等损失，所以幕墙公司的要求是合理的。

2. 合理。

理由：因为幕墙公司是分包单位，《合同法》禁止分包单位将其承包的工程再分包。幕墙公司与铝塑复合板生产单位签订的安装合同属于违法分包合同，应予解除。

3. 不可以。

"无论工程师是否进行验收，当其要求对已经隐蔽的工程重新检验时，承包人应按要求进行剥露或开孔，并在检验后重新覆盖或修复"。如果重新检验合格，费用应由发包人承担并相应顺延工期；检验不合格，费用和工期延误均应由承包人负责。

4. （1）错误：保修期限为一年。

（2）理由：幕墙属于装修工程，《房屋建筑工程质量保修办法》（原建设部令第80号）规定，其最低保修期限为2年。幕墙工程又有外墙面的防渗漏问题，对于它的防渗漏，最低保修期限为5年。

（三）

1. （1）监理工程师的说法不正确。

（2）理由：搭设高度8m及以上的混凝土模板支撑工程施工方案才需要进行专家论证。

（3）本方案需要进行专家论证。

（4）理由：搭设跨度18m及以上的混凝土模板支撑工程施工方案需要进行专家论证，本工程跨度19.8m，故此方案需进行专家论证。

2. 事件二中不妥之处如下：

（1）不妥之处一：本单位总工程师、监理、设计单位技术负责人组成专家组。

理由：根据《危险性较大的分部分项工程安全管理办法》（建办质〔2018〕31号），本项目参建各方的人员不得以专家身份参加专家论证会。

（2）不妥之处二：专家组提出口头论证意见后离开，论证会结束。

理由：根据《危险性较大的分部分项工程安全管理办法》（建办质〔2018〕31号），方案经论证后，专家组应当提交书面论证报告，并在论证报告上签字确认。

3. （1）本案例中所发生事故，按造成损失严重程度划分应为较大事故。

（2）依据住房和城乡建设部《关于做好房屋建筑和市政基础设施工程质量事故报告和调查处理工作的通知》（建质〔2010〕111号），凡具备下列条件之一者为较大事故：①造成3人以上10人以下死亡；②或者10人以上50人以下重伤；③或者直接经济损失1000万元以上5000万元以下。

4. 工程质量事故调查报告的内容主要有：

（1）事故项目及各参建单位概况。

（2）事故发生经过和事故救援情况。

（3）事故造成的人员伤亡和直接经济损失。

（4）事故项目有关质量检测报告的技术分析报告。

（5）事故发生的原因和事故性质。

（6）事故责任的认定和事故责任者的处理建议。

（7）事故防范和整改措施。

第九章
项目施工安全管理

▶ **学习提示**

　　本章为项目施工安全管理，主要内容是工程安全生产管理计划、工程安全生产检查、工程安全生产管理要点、常见安全事故类型及其原因，历年考试中案例分析题分值占比较大。本章内容均为记忆性内容，考生需加强记忆。

▶ **考情分析**

近四年考试真题分值统计表

（单位：分）

节序	节名	2020 年			2019 年			2018 年			2017 年		
		单选	多选	案例	单选	多选	案例	单选	多选	案例	单选	多选	案例
第一节	工程安全生产管理计划	—	2	—	—	—	—	—	—	3	—	—	4
第二节	工程安全生产检查	—	—	15	—	—	—	—	—	—	—	—	6
第三节	工程安全生产管理要点	—	—	—	—	—	6	—	—	9	—	—	—
第四节	常见安全事故类型及其原因	—	2	—	—	—	—	—	—	—	—	—	—
	合计	—	4	15	—	—	6	—	—	12	—	—	10

第一节　工程安全生产管理计划

考点 1　施工安全生产教育培训★★★

（1）教育培训内容：计划编制、组织实施、人员持证审核。

（2）安全教育和培训的类型：各类上岗证书的初审、复审培训，三级教育（企业、项目、班组）、岗前教育、日常教育、年度继续教育。

（3）教育培训对象：企业各管理层的负责人、管理人员、特殊工种以及新上岗、待岗复工、转岗、换岗的作业人员。

（4）施工企业新上岗操作工人岗前教育培训内容

1）安全生产法律法规和规章制度。

2）安全操作规程。

3）针对性的安全防护措施。

4）违章指挥、违章作业、违反劳动纪律产生的后果。

5）预防、减少安全风险以及紧急情况下应急救援的基本知识、方法和措施。

（5）安全生产继续教育内容：

1）新颁布的安全生产法律法规、安全技术标准规范和规范性文件。

2）先进的安全生产技术和管理经验。

3）典型事故案例分析。

（6）建筑施工安全生产费用管理：

1）安全生产费用管理应包括资金的提取、申请、审核审批、支付、使用、统计、分析、审计检查等工作内容。

2）安全生产费用应包括安全技术措施、安全教育培训、劳动保护、应急准备等，以及必要的安全评价、监测、检测、论证所需费用。

（7）施工企业的从业人员上岗应符合下列要求：

1）企业主要负责人、项目负责人和专职安全生产管理人员必须经安全生产知识和管理能力考核合格，依法取得安全生产考核合格证书。

2）企业的各类管理人员必须具备与岗位相适应的安全生产知识和管理能力，依法取得必要的岗位资格证书。

3）特殊工种作业人员必须经安全技术理论和操作技能考核合格，依法取得建筑施工特种作业人员操作资格证书。

考点 2　施工现场安全管理内容★★

（1）制订项目安全管理目标，建立安全生产组织与责任体系，明确安全生产管理职责，实施责任考核。

（2）配置满足安全生产、文明施工要求的费用、从业人员、设施、设备、劳动防护用品及相关的检测器具。

（3）编制安全技术措施、方案、应急预案。

（4）落实施工过程的安全生产措施，组织安全检查，整改安全隐患。

（5）组织施工现场场容场貌、作业环境和生活设施安全文明达标。

（6）确定消防安全责任人，制订用火、用电、使用易燃易爆材料等各项消防安全管理制度和操作规程，设置消防通道、消防水源，配备消防设施和灭火器材，并在施工现场入口处设置明显标志。

（7）组织事故应急救援抢险。

（8）对施工安全生产管理活动进行必要的记录，保存应有的资料。

考点 3　应急救援预案内容★★

（1）紧急情况、事故类型及特征分析。

（2）应急救援组织机构与人员及职责分工、联系方式。

（3）应急救援设备和器材的调用程序。

（4）与企业内部相关职能部门和外部政府、消防、抢险、医疗等相关单位与部门的信息报告、联系方法。

（5）抢险急救的组织、现场保护、人员撤离及疏散等活动的具体安排。

考点 4　危险源辨识的方法★★

危险源辨识的方法有：现场调查法、工作任务分析法、头脑风暴法、事件树分析法、德尔菲法、安全检查表法、专家调查法、危险与可操作性研究法、故障树分析法。

考点 5　重大危险源控制系统的组成★★★

（1）重大危险源的辨识。

（2）重大危险源的评价。

（3）重大危险源的管理。

（4）重大危险源的安全报告。

（5）事故应急救援预案。

（6）工厂选址和土地实用规划。

（7）重大危险源的监察。

> **重点提示**
>
> 该考点为记忆性内容，案例分析题与选择题都可能考查。案例分析题一般考查问答题。

第二节　工程安全生产检查

考点 1　安全检查主要内容★★★

安全检查的主要内容有：查安全制度、查安全措施、查教育培训、查操作行为、查安全防护、查设备设施、查劳动防护用品使用、查安全思想、查安全责任、查伤亡事故处理等。

考点 2　安全检查标准★★★

一、查安全措施

主要是检查现场安全措施计划及各项安全专项施工方案的编制、审核、审批及实施情况；重点检查方案的内容是否全面、措施是否具体并有针对性，现场的实施运行是否与方案规定的内容相符。

二、查安全防护

主要是检查现场临边、洞口等各项安全防护设施是否到位，有无安全隐患。

三、查设备设施

主要是检查现场投入使用的设备设施的购置、租赁、安装、验收、使用、过程维护保养等各个环节是否符合要求；设备设施的安全装置是否齐全、灵敏、可靠，有无安全隐患。

四、查教育培训

主要是检查现场教育培训岗位、教育培训人员、教育培训内容是否明确、具体、有针对性；三级安全教育制度和特种作业人员持证上岗制度的落实情况是否到位；教育培训档案资料是否真实、齐全。

五、查操作行为

主要是检查现场施工作业过程中有无违章指挥、违章作业、违反劳动纪律的行为发生。

考点 3　建筑工程施工安全检查的主要形式★★★

建筑工程施工安全检查的主要形式：定期安全检查，经常性安全检查，开工、复工安全检查，专业性安全检查，日常巡查，季节性安全检查，节假日安全检查，专项检查，设备设施安全验收检查等。

考点 4　定期安全检查要求★★★

建筑施工企业应建立定期分级安全检查制度，定期安全检查属全面性和考核性的检查，建筑工程施工现场应至少每旬开展一次安全检查工作，施工现场的定期安全检查应由项目经理亲自组织。

考点 5　经常性安全检查的方式★★★

（1）现场专（兼）职安全生产管理人员及安全值班人员每天例行开展的安全巡视、巡查。

（2）现场项目经理、责任工程师及相关专业技术管理人员在检查生产工作的同时进行的安全检查。

（3）作业班组在班前、班中、班后进行的安全检查。

实战演练

[2017 真题·案例节选]

背景资料：

某新建仓储工程，建筑面积 $8000m^2$，地下 1 层，地上 1 层，采用钢筋混凝土筏板基础，建筑高度 12m；地下室为钢筋混凝土框架结构，地上部分为钢结构；筏板基础混凝土等级为 C30，内配双层钢筋网，主筋为Ⅲ级Φ20 螺纹钢，基础筏板下三七灰土夯实，无混凝土垫层。

屋面梁安装过程中，发生 2 名施工工人高处坠落事故，1 人死亡。当地人民政府接到事故报告后，按照事故调查规定组织安全生产监督管理部门、公安机关等相关部门指派的人员和 2 名专家组成事故调查组。调查组检查了项目部制定的项目施工安全检查制度，其中规定了项目经理至少每旬组织开展一次定期安全检查，专职安全人员每天进行巡视检查。调查组认为项目部经常性安全检查制度规定内容不全，要求完善。

问题：

3. 判断此次高处坠落事故等级。事故调查组还应有哪些单位和部门指派人员参加？

4. 项目部经常性安全检查的方式还应有哪些？

[答案]

3.（1）此次高处坠落事故属于一般事故。

（2）事故调查组还应由有关人民政府、负有安全生产监督管理职责的有关部门、监察机关以及工会派人组成，并应当邀请人民检察院派人参加。

4. 施工现场经常性安全检查的方式主要有：①现场专（兼）职安全生产管理人员及安全值班人员每天例行开展的安全巡视、巡查；②现场项目经理、责任工程师及相关专业技术管理人员在检查生产工作的同时进行的安全检查；③作业班组在班前、班中、班后进行的安全检查。

考点 6　安全检查要求★★

（1）应有明确的检查目的和检查项目、内容及检查标准、重点、关键部位。对面积大或数量多的项目可采取系统的观感和一定数量的测点相结合的检查方法。检查时尽量采用检测工具，并做好检查记录。

（2）采用安全检查评分表的，应记录每项扣分的原因。

（3）检查中发现的隐患应发出隐患整改通知书，责令责任单位进行整改，并作为整改后的备查依据。

（4）检查后应对隐患整改情况进行跟踪复查，查被检单位是否按"三定"原则（定人、定期限、定措施）落实整改，经复查整改合格后，进行销案。

考点 7　安全检查方法★

安全检查可以采用："看""量""听""测""问""运转试验"等方法。

考点 8　安全检查项目★★★

检查项目共有12个评分表，现列举重点检查内容，见表9-2-1。

表9-2-1　安全检查项目评分表汇总

安全检查项目评分表	保证项目	一般项目
《安全管理检查评分表》	安全生产责任制、施工组织设计及专项施工方案、安全技术交底、安全检查、安全教育、应急救援	分包单位安全管理、持证上岗、生产安全事故处理、安全标志
《文明施工检查评分表》	现场围挡、封闭管理、施工场地、材料管理、现场办公与住宿、现场防火	综合治理、公示标牌、生活设施、社区服务
《模板支架检查评分表》	施工方案、支架基础、支架构造、支架稳定、施工荷载、交底与验收	杆件连接、底座与托撑、构配件材质、支架拆除
《高处作业检查评分表》	安全帽、安全网、安全带、临边防护、洞口防护、通道口防护、攀登作业、悬空作业、移动式操作平台、悬挑式物料钢平台（不区分保证项目与一般项目）	
《施工用电检查评分表》	外电防护、接地与接零保护系统、配电线路、配电箱与开关箱	配电室与配电装置、现场照明、用电档案

续表

安全检查项目评分表	保证项目	一般项目
《施工升降机检查评分表》	安全装置、限位装置、防护设施、附墙架、钢丝绳、滑轮与对重、安拆、验收与使用	导轨架、基础、电气安全、通信装置
《塔式起重机检查评分表》	载荷限制装置、行程限位装置、保护装置、吊钩、滑轮、卷筒与钢丝绳、多塔作业、安拆、验收与使用	附着、基础与轨道、结构设施、电气安全
《起重吊装安全检查评分表》	施工方案、起重机械、钢丝绳与地锚、索具、作业环境、作业人员	起重吊装、高处作业、构件码放、警戒监护

实战演练

[2016 真题·案例节选]

背景资料：

某新建工程，建筑面积 15000m²，地下 2 层，地上 5 层，钢筋混凝土框架结构，800mm 厚钢筋混凝土筏板基础，建筑总高 20m，建设单位与某施工总承包单位签订了总承包合同。施工总承包单位将建设工程的基坑工程分给了建设单位指定的专业分包单位。

项目经理组织参建各方人员进行高处作业专职安全检查，检查内容包括安全帽、安全网、安全带、悬挑式物料钢平台等。监理工程师认为检查项目不全面，要求根据《建设施工安全检查标准》（JGJ 59—2011）予以补充。

问题：

4. 按照《建筑施工安全检查标准》（JGJ 59—2011），现场高处作业检查的项目还应补充哪些？

[答案]

4. 现场高处作业检查的项目还应补充：临边防护、洞口防护、通道口防护、攀登作业、悬空作业、移动式操作平台。

重点提示

（1）该考点案例分析题与选择题都可能考查，案例分析题考查居多。

（2）各个评分表重点记忆相关检查的保证项目。

考点 9　检查评分方法★★★

（1）建筑施工安全检查评定中，保证项目应全数检查。

（2）分项检查评分表和检查评分汇总表的满分分值均应为 100 分，评分表的实得分值应为各检查项目所得分值之和。

（3）评分应采用扣减分值的方法，扣减分值总和不得超过该检查项目的应得分值。

（4）当按分项检查评分表评分时，保证项目中有一项未得分或保证项目小计得分不足 40 分，此分项检查评分表不应得分。

（5）安全等级划分见表 9-2-2。

表 9-2-2　安全等级划分

等级	原则
优良	分项检查评分表无零分，汇总表得分值应在 80 分及以上
合格	分项检查评分表无零分，汇总表得分值应在 80 分以下，70 分及以上
不合格	(1) 当汇总表得分值不足 70 分时 (2) 当有一分项检查评分表为零分时

注：分项检查评分表不应得分的情况若出现一种，无论总分是多少本次检查均为不合格。

┌─ 重点提示 ─────────────────────────────┐

评分方法中注意汇总表得分值不足 70 分时即为不及格，另外某评分表的保证项目中有一项未得分或保证项目小计得分不足 40 分时，本次检查也是不及格。

└──────────────────────────────────────┘

第三节　工程安全生产管理要点

考点 1　基础工程施工安全控制的主要内容★

（1）降水设施与临时用电安全。

（2）防水施工时的防火、防毒安全。

（3）挖土机械作业安全。

（4）桩基施工的安全防范。

（5）边坡与基坑支护安全。

考点 2　土方开挖专项施工方案的主要内容★★

土方开挖专项施工方案的主要内容有：开挖顺序、分层开挖深度、放坡要求、开挖时间、支护结构设计、坡道位置、车辆进出道路、机械选择、降水措施及监测要求。

考点 3　基坑（槽）土方开挖与回填安全技术措施要点★★

（1）基坑（槽）开挖时，两人操作间距应大于 2.5m；多台机械开挖，挖土机间距应大于 10m。

（2）挖土应由上而下，逐层进行，严禁先挖坡脚或逆坡挖土。

（3）开挖至坑底标高后，坑底应及时满封闭并进行基础工程施工。

考点 4　基坑开挖的监控★★

（1）基坑开挖前应制定系统的开挖监控方案，监控方案应包括监测点的布置、监测周期、监控报警值、监测方法及精度要求、监控目的、监测项目、工序管理和记录制度以及信息反馈系统等。

（2）基坑工程的监测包括支护结构的监测和周围环境的监测。重点是做好周围建筑物、地下管线变形、支护结构水平位移、地下水位等的监测。

考点 5　基坑施工的安全应急措施★★

（1）在基坑开挖过程中，一旦出现了渗水或漏水，应根据水量大小，采用密实混凝土封堵、高压喷射注浆、压密注浆、坑底设沟排水、引流修补等方法及时进行处理。

（2）如果支撑式支护结构发生墙背土体沉陷，应采取增设坑外回灌井、进行坑底加固、垫

第九章

层随挖随浇、加厚垫层或采用配筋垫层、设置坑底支撑等方法及时进行处理。

（3）如果发生管涌，可以在支护墙前再打设一排钢板桩，在钢板桩与支护墙间进行注浆。

考点 6　脚手架概念介绍★★★

脚手架构造如图 9-3-1 所示。

图 9-3-1　脚手架构造示意图

脚手架基本要求见表 9-3-1。脚手架有单排脚手架（如图 9-3-2 所示）和双排脚手架（如图 9-3-3 所示），脚手架连墙件如图 9-3-4 所示，剪刀撑布置示意图如图 9-3-5 所示。

表 9-3-1　脚手架基本要求

高度	脚手架类型	工程规模	剪刀撑
<24m	单排或双排	—	外侧两端、转角及中间不超过15m的立面上
24~50m	双排	专项方案	整个立面
>50m	双排、分段搭设	专家论证	整个立面

图 9-3-2　单排脚手架

图 9-3-3 双排脚手架

图 9-3-4 脚手架刚性连墙件

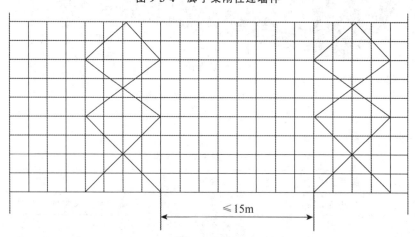

图 9-3-5 剪刀撑布置示意图（高度＜24m）

【注意】 脚手架在不同高度的要求有很多区别，要区分掌握。考查案例分析题时高度可以在背景资料中有很多种表述方式，如告知建筑物地上 8 层、层高 4.5m，其实是表达了外脚手架高度超过 24m。

考点 **7** **单排脚手架的横向水平杆不应设置的部位★**

（1）设计上不许留脚手眼的部位。

（2）过梁上与过梁两端成 60°的三角形范围内及过梁净跨度 1/2 的高度范围内。

（3）宽度小于 1m 的窗间墙；120mm 厚墙、料石清水墙和独立柱。

（4）梁或梁垫下及其左右 500mm 范围内。

（5）砖砌体门窗洞口两侧 200mm（石砌体为 300mm）和转角处 450mm（石砌体为 600mm）范围内。

（6）墙体厚度小于或等于 180mm。

（7）独立或附墙砖柱，空斗砖墙、加气块墙等轻质墙体。

（8）砌筑砂浆强度等级小于或等于 M2.5 的砖墙。

考点 8 纵向水平杆要求★★★

（1）纵向水平杆应设置在立杆内侧，其长度不应小于 3 跨。

（2）纵向水平杆接长应采用对接扣件连接或搭接。

（3）两根相邻纵向水平杆的接头不应设置在同步或同跨内。

（4）不同步或不同跨两个相邻接头在水平方向错开的距离不应小于 500mm。

（5）搭接长度不应小于 1m。

考点 9 立杆要求★★★

（1）立杆必须用连墙件与建筑物可靠连接，连墙件布置间距要符合规定。

（2）立杆接长除顶层顶步可采用搭接外，其余各层各步接头必须采用对接扣件连接。

（3）立杆上的对接扣件应交错布置，两根相邻立杆的接头不应设置在同步内，同步内每隔一根立杆的两个相邻接头在高度方向错开的距离不宜小于 500mm。

（4）搭接长度不应小于 1m。

考点 10 扫地杆要求★★★

（1）脚手架必须设置纵、横向扫地杆。

（2）纵向扫地杆应采用直角扣件固定在距底座上皮不大于 200mm 处的立杆上。

（3）横向扫地杆宜采用直角扣件固定在紧靠纵向扫地杆下方的立杆上。

（4）当立杆的基础不在同一高度上时，必须将高处的纵向扫地杆向低处延长两跨与立杆固定，高低差不应大于 1m。靠边坡上方的立杆轴线到边坡的距离不应小于 500mm，如图 9-3-6 所示。

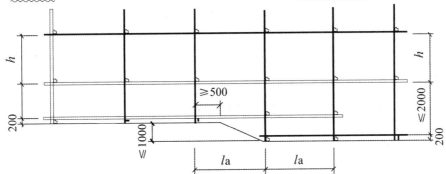

图 9-3-6 基础不在同一高度上的扫地杆设置

┌─ 重 点 提 示 ─────────────────────────────────┐
  脚手架纵向水平杆、立杆、扫地杆的要求已在案例分析题中考查过两次识图题，要具备基本的识图能力。
└───┘

⚪ 实战演练

[2016 真题·案例节选]

背景资料：

某新建工程，建筑面积 15000m²，地下 2 层，地上 5 层，钢筋混凝土框架结构，800mm

厚钢筋混凝土筏板基础，建筑总高20m，建设单位与某施工总承包单位签订了总承包合同。施工总承包单位将建设工程的基坑工程分包给了单位指定的专业分包单位。

外装修施工时，施工单位搭设了扣件式钢管脚手架（如图9-3-7所示），架体搭设完成后，进行了验收检查，提出了整改意见。

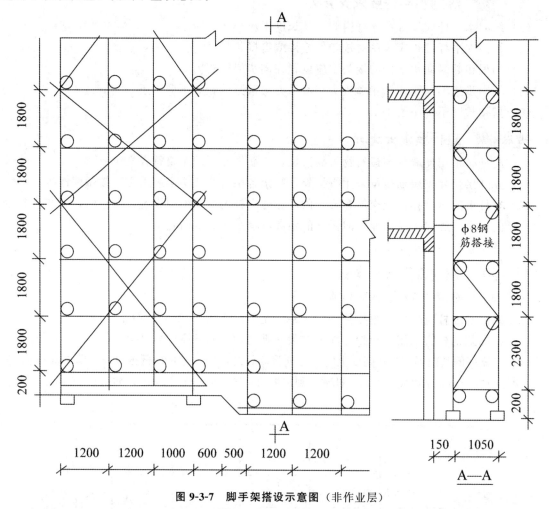

图 9-3-7　脚手架搭设示意图（非作业层）

问题：

3. 指出背景资料中脚手架搭设的错误之处。

［答案］

3.（1）错误之处一：立杆采用搭接方式接长。

正确做法：立杆接长除顶层顶步可采用搭接外，其余各层各步接头必须采用对接扣件连接。

（2）错误之处二：连墙件仅用 φ8 钢筋与主体拉结。

正确做法：严禁使用只有钢筋的柔性连墙件。宜采用刚性连墙件与建筑物可靠连接，亦可采用钢筋与顶撑配合使用的附墙连接方式。

（3）错误之处三：横向扫地杆在纵向扫地杆上部。

正确做法：横向扫地杆宜采用直角扣件固定在紧靠纵向扫地杆下方的立杆上。

（4）错误之处四：高处架体扫地杆未向低处延伸。

正确做法：当立杆的基础不在同一高度上时，必须将高处的纵向扫地杆向低处延长两跨与立杆固定。

（5）错误之处五：图中最底一步的距离为 2.3m。

正确做法：脚手架的步距一般为 1.2m，最底一步应降低步距。

重点提示

（1）脚手架相关考点为高频考点，多考查案例分析题。

（2）学习时与图片相结合，重点记忆脚手架的安装控制要点，记忆点：从脚手架的基础开始，一直往上到架体的立杆、横杆，有层次的分部分记忆，易考查案例判断是非题。

（3）掌握初步的识图能力，识图题大部分都是考查脚手架。

考点 11　脚手架的拆除★★★

（1）拆除作业必须由上而下逐层进行，严禁上下同时作业。

（2）连墙件必须随脚手架逐层拆除，严禁先将连墙件整层拆除后再拆脚手架；分段拆除高差不应大于 2 步，如高差大于 2 步，应增设连墙件加固。

（3）拆除作业应设专人指挥，当有多人同时操作时，应明确分工、统一行动，且应具有足够的操作面。

（4）拆除的构配件应采用起重设备吊运或人工传递到地面，严禁抛掷。

考点 12　脚手架在下列阶段应进行检查与验收★★★

（1）脚手架基础完工后，架体搭设前。

（2）每搭设完 6～8m 高度后。

（3）作业层上施加荷载前。

（4）达到设计高度后或遇有六级及以上风或大雨后，冻结地区解冻后。

（5）停用超过一个月。

考点 13　脚手架定期检查的主要内容★★

（1）杆件的设置与连接，连墙件、支撑、门洞桁架的构造是否符合要求。

（2）地基是否积水，底座是否松动，立杆是否悬空，扣件螺栓是否松动。

（3）高度在 24m 以上的双排、满堂脚手架，高度在 20m 以上的满堂支撑架，其立杆的沉降与垂直度的偏差是否符合技术规范要求。

（4）架体安全防护措施是否符合要求。

（5）是否有超载使用现象。

考点 14　脚手架检查★★

（1）严禁将支撑架体、防护架体与起重机械、其他作业脚手架等相连接。

（2）作业脚手架、支撑脚手架及防护脚手架等在使用过程中，非经构造设计更改和安全性验算，严禁拆除任何构配件。

实战演练

[经典例题·案例分析]

背景资料：

某企业新建厂区办公楼，建筑面积 2605m²，为 3 层框架结构，混凝土空心砌块砌筑。

现结构及砌筑均已施工完毕，外墙抹灰已完成，按经监理审核通过的施工方案拆除外脚手架，然后用吊篮进行外墙饰面防水涂料涂刷。

脚手架拆除作业：本建筑平面形状为细长条，脚手架按东、南、西、北四个立面分片进行拆除，先拆除南北面积比较大的两个立面，再拆除东西两个立面。由于架子不高，同时为了快速拆除架体，工人先将连墙件挨个拆除后，再一起拆除架管。拆除的架管、脚手板直接顺着架体溜下后斜靠在墙根，等累积一定数量后一次性清运出场。

问题：

本案例中，脚手架拆除作业存在哪些不妥之处？并简述正确做法。

[答案]

（1）不妥之处一：分段拆除时，先拆完一段，再拆另一段。

正确做法：分段拆除架体高差不应大于2步，如高差大于2步，应增设连墙件加固。

（2）不妥之处二：先将连墙件挨个拆除后，再一起拆除架管。

正确做法：每层连墙件的拆除，必须在其上全部可拆杆件均已拆除以后进行，严禁先松开连墙件，再拆除上部杆件。

（3）不妥之处三：拆除的架管、脚手板直接顺着架体溜下后斜靠在墙根。

正确做法：拆下的杆件、扣件和脚手板应及时吊运至地面，禁止自架上向下抛掷。

考点 **15** 现浇混凝土工程安全控制的主要内容★

（1）混凝土浇筑设备使用安全。

（2）混凝土浇筑用电安全。

（3）混凝土浇筑高处作业安全。

（4）模板支撑系统设计。

（5）模板支拆施工安全。

（6）钢筋加工及绑扎、安装作业安全。

考点 **16** 模板工程安全要求★★

（1）现浇混凝土工程施工方案的主要内容应包括模板支撑系统的设计、制作、安装和拆除的施工程序、作业条件。

（2）模板立柱底部应设置木垫板，禁止使用砖及脆性材料铺垫。

（3）模板安装高度超过3.0m，必须搭设脚手架，除操作人员外，脚手架下不得站其他人。

（4）遇大雨、大雾、沙尘、大雪或6级以上大风等恶劣天气时，应暂停露天高处作业。6级及以上风力时，应停止高空吊运作业。

考点 **17** 模板拆除施工安全★★★

（1）不承重的侧模板，包括梁、柱、墙的侧模板，只要混凝土强度能保证其表面及棱角不因拆除模板而受损，即可进行拆除。

（2）承重模板，包括梁、板等水平结构构件的底模，应在与结构同条件养护的试块强度达到规定要求时，进行拆除。

（3）后张法预应力混凝土结构或构件模板的拆除，侧模应在预应力张拉前拆除，其混凝土强度达到侧模拆除条件即可。进行预应力张拉，必须在混凝土强度达到设计规定值时进行，底模必须在预应力张拉完毕方能拆除。

（4）拆模作业之前必须填写拆模申请，并在同条件养护试块强度记录达到规定要求时，技术负责人方能批准拆模。

（5）各类模板拆除的顺序和方法，应根据模板设计的要求进行。如果模板设计无要求时，可按：先支的后拆，后支的先拆，先拆非承重的模板，后拆承重的模板及支架的顺序进行。

（6）模板拆除不能采取猛撬以致大片塌落的方法进行。

┌─ **重点提示** ─┐

（1）该考点案例分析题与选择题都可能考查。

（2）重点记忆模板工程的相关要求，与主体结构施工技术中模板工程内容结合记忆。

（3）注意预应力混凝土结构的底模拆除，是在预应力施加后拆除，而侧模是在预应力施加前即可拆除。

考点 18　高处作业基本要求★★★

（1）建筑施工中凡涉及临边与洞口作业、攀登与悬空作业、操作平台、交叉作业及安全防护网搭设的，应在施工组织设计或施工方案中制定高处作业安全技术措施。

（2）高处作业施工前，应按类别对安全防护设施进行检查、验收，验收合格后方可进行作业，并应做好验收记录。验收可分层或分阶段进行。

（3）当遇有 6 级及以上强风、浓雾、沙尘暴等恶劣气候，不得进行露天攀登与悬空高处作业。

（4）雨雪天气后，应对高处作业安全设施进行检查，当发现有松动、变形、损坏或脱落等现象时，应立即修理完善，维修合格后方可使用。

（5）安全防护设施验收应包括下列主要内容：

1）防护栏杆的设置与搭设。

2）攀登与悬空作业的用具与设施搭设。

3）操作平台及平台防护设施的搭设。

4）防护棚的搭设。

5）安全网的设置。

6）安全防护设施、设备的性能与质量、所用的材料、配件的规格。

7）设施的节点构造，材料配件的规格、材质及其与建筑物的固定、连接状况。

（6）安全防护设施验收资料应包括下列主要内容：

1）施工组织设计中的安全技术措施或施工方案。

2）安全防护用具用品、材料和设备产品合格证明。

3）安全防护设施验收记录。

4）预埋件隐蔽验收记录。

5）安全防护设施变更记录。

······ **实战演练** ······

［2018 真题·案例节选］

背景资料：

一新建工程，地下 2 层，地上 20 层，高度 70m，建筑面积 40000m^2，标准层平面为 40m×40m。项目部根据施工条件和需求、按照施工机械设备选择的经济性等原则，采用单位工程量成本比较法选择确定了塔吊型号。施工总承包单位根据项目部制定的安全技术措施、安全评价等安全管理内容提取了项目安全生产费用。

第九章

问题：

需要在施工组织设计中制定安全技术措施的高处作业项还有哪些？

[答案]

需要在施工组织设计中制定安全技术措施的高处作业项还有：临边及洞口作业、攀登与悬空作业、操作平台、交叉作业及安全防护网搭设。

考点 19　临边作业的安全防范措施★★★

（1）坠落高度在基准面2m及以上进行临边作业时，应在临空一侧设置防护栏杆，并应采取密目式安全立网或工具式栏板封闭。

（2）施工的楼梯口、楼梯平台和梯段边，应安装防护栏杆；外设楼梯口、楼梯平台和梯段边还应采用密目式安全立网封闭。

（3）建筑物外围边沿外，对没有设置外脚手架的工程，应设置防护栏杆；对有外脚手架的工程，应采用密目式安全立网全封闭。密目式安全立网应设置在脚手架外侧立杆上，并应与脚手杆紧密连接。

（4）施工升降机、龙门架和井架物料提升机等在建筑物间设置的停层平台两侧边，应设置防护栏杆、挡脚板，并应采用密目式安全立网或工具式栏板封闭。

（5）停层平台口应设置高度不低于1.80m的楼层防护门，并应设置防外开装置。井架物料提升机通道中间，应分别设置隔离设施。

> **重点提示**
>
> 　　记忆点：凡是临边、洞口周围，都应设置防护栏杆，下设挡脚板；凡是通道口一般应设置防护棚。

考点 20　洞口作业的安全防范措施★★★

（1）竖向洞口防护措施：

1）短边边长小于500mm时，应采取封堵措施。

2）短边边长大于或等于500mm时，应在临空一侧设置高度不小于1.2m的防护栏杆，并应采用密目式安全立网或工具式栏板封闭，设置挡脚板。

（2）非竖向洞口防护见表9-3-2。

表9-3-2　非竖向洞口防护的尺寸与措施

尺寸	措施
25～500mm	有固定措施的盖板
500～1500mm	应采用盖板覆盖或防护栏杆等措施，并应固定牢固
>1500mm	应在洞口作业侧设置高度不小于1.2m的防护栏杆，洞口应采用安全平网封闭

（3）电梯井口应设置防护门，其高度不应小于1.5m，防护门底端距地面高度不应大于50mm，并应设置挡脚板。

（4）在电梯施工前，电梯井道内应每隔2层且不大于10m加设一道安全平网。电梯井内的施工层上部，应设置隔离防护设施。

实战演练

[经典例题·案例分析]

背景资料：

某现浇钢筋混凝土框架-剪力墙结构办公楼工程，地下 1 层，地上 16 层，建筑面积 18600m²，基坑开挖深度 5.5m。该工程由某施工单位总承包，其中基坑支护工程由专业分包单位承担施工。

在基坑支护工程施工前，分包单位编制了基坑支护安全专项施工方案，经分包单位技术负责人审批后组织专家论证，监理机构认为专项施工方案及专家论证均不符合规定，不同意进行论证。

在二层的墙体模板拆除后，监理工程师巡视发现局部存在较严重蜂窝孔洞质量缺陷，指令按照《混凝土结构工程施工规范》（GB 50666—2011）的规定进行修整。

主体结构施工至十层时，项目部在例行安全检查中发现五层楼板有两处（一处为短边尺寸 200mm 的孔口，一处为尺寸 1600mm×2600mm 的洞口）安全防护措施不符合规定，责令现场立即整改。

结构封顶后，在总监理工程师组织参建方进行主体结构部分工程验收前，监理工程师审核发现施工单位提交的报验资料所涉及的分项不全，指令补充后重新报审。

问题：

1. 根据《危险性较大的分部分项工程安全管理规定》（建办质〔2018〕31 号），指出本工程的基坑支护安全专项施工方案审批及专家组织中的错误之处，并分别写出正确做法。

2. 较严重蜂窝孔洞质量缺陷的修整过程应包括哪些主要工序？

3. 针对五层楼板检查所发现的孔口、洞口防护问题，分别写出安全防护措施。

4. 本工程主体结构分部工程验收资料应包括哪些分项工程？

[答案]

1. （1）错误之处一：经分包单位技术负责人审批后组织专家论证。

正确做法：经分包单位技术负责人审批后还需要总包单位技术负责人审批。

（2）错误之处二：分包单位技术负责人组织专家论证。

正确做法：总包单位组织专家论证。

2. 较严重蜂窝孔洞质量缺陷的修整过程应包括的主要工序：

（1）将蜂窝孔洞周围松散混凝土和软弱浮浆层凿除（清除）。

（2）蜂窝处凿毛，用水冲洗。

（3）重新支设模板，洒水充分湿润后用强度等级高一级的细石混凝土浇灌捣实；或采用微膨胀混凝土振捣密实。

（4）加强养护。

3. （1）短边尺寸 200mm 的孔口安全防护措施：用坚实的盖板盖严，盖板要有防止挪动移位的固定措施。

（2）一处为尺寸 1600mm×2600mm 的洞口安全防护措施：四周必须设防护栏杆，洞口下张设安全平网防护。

4. 主体分部工程验收资料包括钢筋、模板、混凝土、现浇结构、填充墙砌体。

重点提示

电梯的竖向洞口，除设置安全防护栏杆外，还要加设安全平网。

第九章

考点 21 防护栏杆★★

（1）防护栏杆应为两道横杆，上杆距地面高度应为 1.2m，下杆应在上杆和挡脚板中间设置。

（2）当防护栏杆高度大于 1.2m 时，应增设横杆，横杆间距不应大于 600mm。

（3）防护栏杆立杆间距不应大于 2m。

（4）挡脚板高度不应小于 180mm。

（5）防护栏杆应张挂密目式安全立网或其他材料封闭。

考点 22 移动式、落地式、悬挑式操作平台的规定★★

移动式、落地式、悬挑式操作平台的规定见表 9-3-3。

表 9-3-3　移动式、落地式、悬挑式操作平台的规定

类型	规定
移动式操作平台	（1）移动式操作平台面积不宜大于 $10m^2$，高度不宜大于 5m，高宽比不应大于 2∶1，施工荷载不应大于 $1.5kN/m^2$ （2）移动式操作平台的轮子与平台架体连接应牢固，立柱底端离地面不得大于 80mm，行走轮和导向轮应配有制动器或刹车闸等制动措施 （3）移动式行走轮承载力不应小于 5kN，制动力矩不应小于 2.5N·m，移动式操作平台架体应保持垂直，不得弯曲变形，制动器除在移动情况外，均应保持制动状态 （4）移动式操作平台移动时，操作平台上不得站人
落地式操作平台	（1）操作平台高度不应大于 15m，高宽比不应大于 3∶1 （2）操作平台应与建筑物进行刚性连接或加设防倾措施，不得与脚手架连接 （3）操作平台应从底层第一步水平杆起逐层设置连墙件，且连墙件间隔不应大于 4m，并应设置水平剪刀撑。连墙件应为可承受拉力和压力的构件，并应与建筑结构可靠连接 （4）落地式操作平台应按国家现行相关脚手架标准的规定计算受弯构件强度、连接扣件抗滑承载力、立杆稳定性、连墙杆件强度与稳定性及连接强度、立杆地基承载力等 （5）落地式操作平台一次搭设高度不应超过相邻连墙件以上两步
悬挑式操作平台	（1）操作平台的搁置点、拉结点、支撑点应设置在稳定的主体结构上，且应可靠连接 （2）严禁将操作平台设置在临时设施上 （3）悬挑式操作平台的悬挑长度不宜大于 5m，均布荷载不应大于 $5.5kN/m^2$，集中荷载不应大于 15kN，悬挑梁应锚固固定 （4）悬挑式操作平台应设置 4 个吊环，吊运时应使用卡环，不得使吊钩直接钩挂吊环。吊环应按通用吊环或起重吊环设计，并应满足强度要求 （5）悬挑式操作平台安装时，钢丝绳应采用专用的钢丝绳夹连接，钢丝绳夹数量应与钢丝绳直径相匹配，且不得少于 4 个

考点 23 拆除工程的常用方法★★

拆除工程的常用方法有：静力拆除、人工拆除、机械拆除、爆破拆除。

考点 24 塔吊的安全控制要点★★★

（1）塔吊的轨道基础和混凝土基础必须经过设计验算，验收合格后方可使用，基础周围应修筑边坡和排水设施，并与基坑保持一定安全距离。

（2）塔吊安装后，应进行整体技术检验和调整，经分阶段及整机检验合格后，方可交付使用。在无载荷情况下，塔身与地面的垂直度偏差不得超过 4/1000。

第九章

（3）作业前，必须对工作现场周围环境、行驶道路、架空电线、建筑物以及构件重量和分布等情况进行了全面了解。塔吊作业时，塔吊起重臂杆起落及回转半径内不得有障碍物，与架空输电导线的安全距离应符合规定。

（4）塔吊的动臂变幅限制器、行走限位器、力矩限制器、吊钩高度限制器以及各种行程限位开关等安全保护装置，必须安全完整、灵敏可靠，不得随意调整和拆除。严禁用限位装置代替操作机构。

（5）塔吊机械不得超荷载和起吊不明质量的物件。

（6）突然停电时，应立即把所有控制器拨到零位，断开电源开关，并采取措施将重物安全降到地面，严禁起吊重物后长时间悬挂空中。

（7）起吊重物时应绑扎平稳、牢固，不得在重物上悬挂或堆放零星物件。零星材料和物件必须用吊笼或钢丝绳绑扎牢固后方可起吊。严禁使用塔吊进行斜拉、斜吊和起吊地下埋设或凝结在地面上的重物。

> **重点提示**
>
> （1）该考点为高频考点，案例分析题与选择题都可能考查。
>
> （2）塔吊的安全控制要求是考查重点，注意记忆相关要求，案例分析题中问答题与改错题都会涉及。注意记忆相关数字以应对改错题。

考点 25　施工电梯的安全控制要点★★

（1）在施工电梯周围5m内，不得堆放易燃、易爆物品及其他杂物，不得在此范围内挖沟开槽。电梯2.5m范围内应搭坚固的防护棚。

（2）严禁利用施工电梯的井架、横竖支撑和楼层站台牵拉悬挂脚手架、施工管道、绳缆、标语旗帜及其他与电梯无关的物品。

（3）检查各限位安全装置情况，经检查无误后先将梯笼升高至离地面1m处停车检查制动是否符合要求，然后继续上行试验楼层站台、防护门、上限位以及前、后门限位，并观察运转情况，确认正常后，方可正式投产。

（4）若载运熔化沥青、剧毒物品、强酸、溶液、笨重构件、易燃物品和其他特殊材料时，必须由技术部门会同安全、机务和其他有关部门制定安全措施向操作人员交底后方可载运。

考点 26　物料提升机（龙门架、井字架）的安全控制要点★★

（1）提升机应具有下列安全防护装置并满足其要求：安全停靠装置；断绳保护装置；楼层口停靠栏杆（门）；吊篮安全门；上料口防护棚；上极限限位器；下极限限位器；紧急断点开关；信号装置；缓冲器；超载限制器；通信装置。

（2）提升机基础应有排水措施。距基础边缘5m范围内，开挖沟槽或有较大振动的施工时，必须有保证架体稳定的措施。

（3）附墙架与架体及建筑之间，均应采用刚性件连接，并形成稳定结构，不得连接在脚手架上，严禁使用钢丝绑扎。

> **重点提示**
>
> 将外用电梯与物料提升机对比记忆，两者核心内容都是防护设施。

第四节 常见安全事故类型及其原因

考点 1 工程安全事故的分类 ★★★

工程安全事故的分类见表 9-4-1。

表 9-4-1 工程安全事故的分类

事故分类	死亡人数	重伤人数	直接经济损失
特别重大事故	30 人以上	100 人以上	1 亿元以上
重大事故	10 人以上 30 人以下	50 人以上 100 人以下	5000 万元以上 1 亿元以下
较大事故	3 人以上 10 人以下	10 人以上 50 人以下	1000 万元以上 5000 万元以下
一般事故	3 人以下	10 人以下	1000 万元以下

【注意】重点记忆较大事故和一般事故的内容，考查较多。

实战演练

[2014 真题·案例分析]

背景资料：

某新建站房工程，建筑面积 56500m²，地下 1 层，地上 3 层，框架结构，建筑总高 24 米。总承包单位搭设了双排扣件式钢管脚手架（高度 25 米），在施工过程中有大量材料堆放在脚手架上面，结果发生了脚手架坍塌事故，造成 1 人死亡，4 人重伤，1 人轻伤，直接经济损失 600 多万元。事故调查中发生下列事件：

事件一：经检查，本工程项目经理持有一级注册建造师证书和安全考核资格证书（B），电工、电气焊工、架子工持有特殊作业操作资格证书。

事件二：项目部编制的重大危险源控制系统文件中，仅包含有重大危机源的辨识、重大危险源的管理、工厂选址和土地使用规划等内容，调查组要求补充完善。

事件三：双排脚手架连墙件被施工人员拆除了两处；双排脚手架同一区段，上下两层的脚手板堆放的材料重量均超过 3kN/m²。项目部对双排脚手架在基础完成后、架体搭设前，搭设到设计高度后，每次大风、大雨后等情况下均进行了阶段检查和验收，并形成了书面检查记录。

问题：

1. 事件一中，施工企业还有哪些人员需要取得安全考核资格证书及其证书类别，与建筑起重作业相关的特种作业人员有哪些？

2. 事件二中，重大危险源控制系统还应有哪些组成部分？

3. 指出事件三中的不妥之处。脚手架还有哪些情况下也要进行阶段检查和验收？

4. 生产安全事故有哪几个等级？本事故属于哪个等级？

[答案]

1.（1）事件一中，施工企业需要取得安全考核资格证书的人员及其证书类别有：施工企业主要负责人（A 证）、项目专职安全生产管理人员（C 证）。

（2）与建筑起重作业相关的特种作业人员有：起重机安装拆卸工、起重机械司机、起重机司索工、起重机信号工。

2. 重大危险源控制系统还应该包括以下几个部分：

（1）重大危险源的评价。

（2）重大危险源的安全报告。

（3）事故应急救援预案。

（4）重大危险源的监察。

3.（1）不妥之处有：

不妥之处一：双排脚手架连墙杆被施工人员拆除了两处。

理由：在施工过程中双排脚手架连墙杆不能拆除。

不妥之处二：双排脚手架同一区段，上下两层的脚手板堆放的材料重量均超过$3kN/m^2$。

理由：根据相关规定，当在双排脚手架上同时有两个及以上操作层作业时，在同一个跨距内各操作层的施工均布荷载标准值总和不得超过$5.0kN/m^2$。

不妥之处三：每次大风、大雨后等情况下均进行了阶段检查和验收。

理由：应在遇有六级及以上大风或大雨后进行检查与验收。

（2）脚手架还应在以下情况下进行检查和验收：

1）每搭设完6～8m高度后。

2）作业层上施加荷载前。

3）达到设计高度后或遇有六级及以上风或大雨后。

4）冻结地区土层解冻后。

5）停用超过一个月。

4.（1）生产安全事故分为四个等级：特别重大事故、重大事故、较大事故、一般事故。

（2）本事故1人死亡、4人重伤、直接经济损失600多万元，属于一般事故。

［重］［点］［提］［示］

（1）该考点为高频考点，案例分析题与选择题都可能考查，案例分析题考查居多。

（2）注意将安全事故与质量事故相区分，在事故分类标准上两者基本相同，但是事故处理有不同点。

（3）考试时较大事故和一般事故考查较多。

［名师总结］

本章为项目施工安全管理，主要内容是工程安全生产管理计划、工程安全生产检查、工程安全生产管理要点、常见安全事故类型及其原因，本章内容均为记忆性内容，历年考试多考查案例分析题，安全事故分级为高频考点，重点记忆较大事故和一般事故相关内容。

▌同步强化训练▐

案例分析题

（一）

背景资料：

某现浇钢筋混凝土框架-剪力墙结构办公楼工程，地下1层，地上16层，建筑面积18600m^2，基坑开挖深度5.5m。该工程由某施工单位总承包，其中基坑支护工程由专业分包单位承担施工。

在基坑支护工程施工前，分包单位编制了基坑支护安全专项施工方案，经分包单位技术负责人审批后组织专家论证，监理机构认为专项施工方案及专家论证均不符合规定，不同意进行论证。

针对地下室200mm厚的无梁楼盖，项目部编制了模板及其支撑架专项施工方案。方案中采用扣件式钢管支撑架体系，支撑架立杆纵横向间距均为1600mm，扫地杆局部距地面约1500mm，每步设置纵横向水平杆，步距为1500mm，立杆伸出顶层水平杆的长度控制在150～300mm。顶托螺杆插入立杆的长度不小于150mm，伸出立杆的长度控制在500mm以内。

结构封顶后，在总监理工程师组织参建方进行主体结构部分工程验收前，监理工程师审核发现施工单位提交的报验资料所涉及的分项不全，指令补充后重新报审。

在装饰装修阶段，项目部使用钢管和扣件临时搭设了一个移动式操作平台用于顶棚装饰装修作业。该操作平台的台面面积8.64m²，台面距楼地面高4.6m。

问题：

1. 按照《危险性较大的分部分项工程安全管理办法》（建办质〔2018〕31号）规定，指出本工程的基坑支护安全专项施工方案审批及专家组织中的错误之处，并分别写出正确做法。

2. 指出本项目模板及其支撑架专项施工方案中的不妥之处，并分别写出正确做法。

3. 本工程主体结构分部工程验收资料应包括哪些分项工程？

4. 现场搭设的移动式操作平台的台面面积、台面高度是否符合规定？现场移动式操作平台作业安全控制要点有哪些？

（二）

背景资料：

某新建综合楼工程，现浇钢筋混凝土框架结构，地下1层，地上10层，建筑檐口高度45m，某建筑工程公司中标后成立项目部进场组织施工。

在施工过程中，发生了下列事件：

事件一：根据施工组织设计的安排，施工高峰期现场同时使用机械设备达到8台。项目土建施工员仅编制了安全用电和电气防火措施报送给项目监理工程师。监理工程师认为存在多处不妥，要求整改。

事件二：施工过程中，项目部要求安全员对现场固定式塔吊的安全装置进行全面检查，但安全员仅对塔吊的力矩限制器、爬梯护圈、小车断绳保护装置、小车断轴保护装置进行了安全检查。

事件三：在后浇带施工方案中，明确指出：

（1）梁、板的模板与支架整体一次性搭设完毕。

（2）在模板浇筑混凝土前，后浇带两侧用快易收口网进行分隔、上部用木板遮盖防止落入物料。

（3）两侧混凝土结构强度达到拆模条件后，拆除所有底模及支架，后浇带位置处重新搭设支架及模板，两侧进行固定，责令改正后重新报审，针对后浇带混凝土填充作业，监理工程师要求施工单位提前将施工技术要点以书面形式对作业人员进行交底。

事件四：公司按照《建筑施工安全检查标准》（JGJ 59—2011）对现场进行检查评分，汇总表总得分为85分，但施工机具分项检查评分表得零分。

问题：

1. 事件一中存在哪些不妥之处？并分别说明理由。

2. 事件二中，项目安全员还应对塔吊的哪些安全装置进行检查（至少列出四项）？

3. 事件三中，后浇带施工方案中有哪些不妥之处？后浇带混凝土填充作业的施工技术要点主要有哪些？

4. 事件四中，按照《建筑施工安全检查标准》（JGJ 59—2011），确定该次安全检查评定等级，并说明理由。

（三）

背景资料：

某施工单位承建了某学生活动中心工程，地下 2 层，地上 16 层，钢筋混凝土筏板基础，地上结构为钢筋混凝土框架结构，首层阶梯报告厅局部层高 21m，模板直接支撑在地基土上。墙充填为普通混凝土小型空心砌块。

施工过程中发生如下事件：

事件一：基础工程施工完成后，在施工单位自检合格、总监理工程师签署"质量控制资料符合要求"审查意见的基础上，监理工程师组织施工单位项目负责人、项目技术负责人、建设单位项目负责人进行了地基与基础分部工程的验收。

事件二：项目经理部为了搞好现场管理，加快施工进度，制定了一系列管理制度，并从现场实际条件出发，作了以下几项具体安排：

（1）场地四周设置 1.5m 高的现场围挡，进行封闭管理。

（2）因临时建筑不足，安排部分工人住在已建成的该工程地下室内。

（3）为保证消防用水，安装了一根管径 50mm 的消防竖管，平时兼做楼层施工供水。

事件三：外装修施工时，施工单位搭设了扣件式钢管脚手架。立杆进行搭接，横向扫地杆采用对接扣件固定在紧靠纵向扫地杆上方的立杆上。脚手架立杆基础不在同一高度的地方，将高处的纵向扫地杆向低处延长一跨与立杆固定。外侧立面两端设置一道剪刀撑，中间各道剪刀撑净距为 15m，剪刀撑斜杆与地面的倾角为 30°。架体搭设完成后，进行了验收检查，监理工程师提出了整改意见。

问题：

1. 事件一中，施工单位项目经理组织基础工程验收是否妥当？说明理由。本工程地基基础分部工程验收还应有哪些人员参加？

2. 事件二中工作安排是否妥当？并指出正确的做法。

3. 指出事件三中脚手架搭设的错误之处并说明正确做法。

4. 哪些情况需对脚手架及其地基基础进行检查验收？

参考答案及解析

案例分析题

（一）

1. （1）错误之处一：经分包单位技术负责人审批后组织专家论证。

   正确做法：经分包单位技术负责人审批后还需要总包单位技术负责人审批。

   （2）错误之处二：分包单位技术负责人组织专家论证。

   正确做法：总包单位组织专家论证。

2. （1）不妥之处一：支撑架立杆纵横向间距均为 1600mm。

   正确做法：支撑架立杆纵横向间距均不大于 1500mm。

   （2）不妥之处二：扫地杆距地面约 1500mm。

   正确做法：扫地杆距地面不大于 200mm。

   （3）不妥之处三：顶托螺杆伸出立杆的长度控制在 500mm 以内。

   正确做法：顶托螺杆伸出立杆的长度控制在 300mm 以内。

3. 主体分部工程验收资料应包括钢筋、模板、混凝土、现浇结构、填充墙砌体分项工程。

4. (1) 现场搭设的移动式操作平台的台面面积和台面高度均符合规定。(移动式操作平台台面不得超过 10m², 高度不得超过 5m)

(2) 移动式操作平台作业安全控制要点:

1) 移动式操作平台面积不宜大于 10m², 高度不宜大于 5m, 高宽比不应大于 2:1, 施工荷载不应大于 1.5kN/m²。

2) 移动式操作平台的轮子与平台架体连接应牢固, 立柱底端离地面不得大于 80mm, 行走轮和导向轮应配有制动器或刹车闸等制动措施。

3) 移动式行走轮承载力不应小于 5kN, 制动力矩不应小于 2.5N·m, 移动式操作平台架体应保持垂直, 不得弯曲变形, 制动器除在移动情况外, 均应保持制动状态。

4) 移动式操作平台移动时, 操作平台上不得站人。

(二)

1. 项目土建施工员仅编制了安全用电和电气防火措施报送给项目监理工程师, 不妥。

理由: 施工现场临时用电设备在 5 台及以上或设备总容量在 50kW 及以上时, 应编制用电组织设计。其编制者应为电气技术人员编制, 不应为土建施工员。

2. 项目安全员还应对塔吊的超高、变幅、行走限位器, 吊钩保险, 卷筒保险等装置进行检查。

3. (1) 不妥之处有:

不妥之处一: 梁、板的模板与支架整体一次性搭设完毕。

正确做法: 梁、板模板应与后浇带模板分开搭设。

不妥之处二: 在楼板浇筑混凝土前, 后浇带两侧用快易收口网进行分隔。

正确做法: 后浇带两侧应用模板进行分隔。上部采取钢筋保护措施。

不妥之处三: 两侧混凝土结构强度达到拆模条件后, 拆除所有底模及支架。

正确做法: 两侧混凝土结构强度达到拆模

条件后, 应保留后浇带模板, 其余拆除。

(2) 后浇带混凝土填充作业的施工技术要点主要有:

1) 采用微膨胀混凝土。

2) 比原结构高一等级混凝土。

3) 保持至少 14d 的湿润养护。

4) 在主体结构保留一段时间(若设计无要求, 则至少保留 28d)后再浇筑, 将结构连成整体。

5) 后浇带接缝处按施工缝的要求处理。

4. (1) 该次安全检查评定等级不合格。

(2) 理由: 建筑施工安全检查评定的等级划分应符合下列规定:

1) 优良: 分项检查评分表无零分, 汇总表得分值应在 80 分及以上。

2) 合格: 分项检查评分表无零分, 汇总表得分值应在 80 分以下, 70 分及以上。

3) 不合格: ①当汇总表得分值不足 70 分时; ②当有一分项检查评分表得零分时。

(三)

1. (1) 事件一中监理工程师组织基础工程验收不妥当。

理由: 基础工程验收属分部工程验收, 应由总监理工程师(建设单位项目负责人)组织。

(2) 本工程地基基础分部工程验收还应有如下人员参加: 勘察单位项目负责人, 设计单位项目负责人, 施工单位技术、质量部门负责人。

2. (1) "场地四周设置 1.5m 高的现场围挡"不妥。

正确做法: 场地四周必须采用封闭围挡, 围挡要坚固、整洁、美观, 并沿场地四周连续设置, 一般路段的围挡高度不得低于 1.8m, 市区主要路段的围挡高度不得低于 2.5m。

(2) "安排部分工人住在已建成的该工程地下室内"不妥。

正确做法: 现场的施工区域应与办公生活区划分清晰, 并应采取相应的隔离防护措施，在建工程内严禁住人。

（3）"安装了一根管径 50mm 的消防竖管，平时兼做楼层施工供水"不妥。

正确做法：高度超过 24m 的建筑工程，安装临时消防竖管，管径不小于 75mm，严禁消防竖管作为施工用水管线。

3.（1）不妥之处一：立杆进行搭接。

正确做法：除顶层顶步外，其余各层各步接头必须采用对接扣件连接。

（2）不妥之处二：横向扫地杆采用对接扣件固定在紧靠纵向扫地杆上方的立杆上。

正确做法：横向扫地杆应采用直角扣件固定在紧靠纵向扫地杆下方的立杆上。

（3）不妥之处三：脚手架立杆基础不在同一高度的地方，将高处的纵向扫地杆向低处延长一跨与立杆固定。

正确做法：脚手架立杆基础不在同一高度上时，必须将高处的纵向扫地杆向低处延长两跨与立杆固定，高低差不应大于 1m。

（4）不妥之处四：外侧立面两端设置一道剪刀撑，中间各道剪刀撑净距为 15m。

正确做法：建筑地上 16 层，高度大于 24m，应在外侧全立面连续设置剪刀撑。

（5）不妥之处五：剪刀撑斜杆与地面的倾角为 30°。

正确做法：剪刀撑斜杆与地面的倾角应在 45°～60°之间。

4. 需对脚手架及其地基基础进行检查和验收的情况有：

（1）基础完工后，架体搭设前。

（2）每搭设完 6～8m 高度后。

（3）作业层上施加荷载前。

（4）达到设计高度后。

（5）遇有六级及以上大风或大雨后。

（6）冻结地区解冻后。

（7）停用超过一个月的，在重新投入使用之前。

第十章

项目合同与成本管理

▶ 学习提示

本章为项目合同与成本管理，主要内容是施工合同管理、工程量清单计价规范应用、工程造价管理、施工商务管理、施工成本管理，历年考试中案例分析题分值占比较大。本章内容大部分为理解性内容，考生需掌握计算原理，不可死记公式。

▶ 考情分析

近四年考试真题分值统计表
（单位：分）

节序	节名	2020 年			2019 年			2018 年			2017 年		
		单选	多选	案例	单选	多选	案例	单选	多选	案例	单选	多选	案例
第一节	施工合同管理	—	—	—	—	—	18	—	—	5	—	—	—
第二节	工程量清单计价规范应用	—	—	—	—	—	—	—	—	3	—	—	—
第三节	工程造价管理	—	—	6	—	—	6	1	—	6	—	—	4
第四节	施工商务管理	—	—	12	—	—	10	—	—	—	—	—	5
第五节	施工成本管理	—	—	6	—	—	—	—	—	6	—	—	—
	合计	—	—	24	—	—	34	1	—	20	—	—	9

第一节 施工合同管理

考点 1 《建设工程施工合同（示范文本）》的构成★★

《建设工程施工合同（示范文本）》（GF—2017—0201）由合同协议书、通用合同条款和专用合同条款三部分组成。

考点 2 解释构成合同文件的优先顺序★

（1）合同协议书。

（2）中标通知书（如果有）。

（3）投标函及其附录（如果有）。

（4）专用合同条款及其附件。

（5）通用合同条款。

（6）技术标准和要求。

（7）图纸。

（8）已标价工程量清单或预算书。

（9）其他合同文件。

考点 3 总承包合同方式★★

（1）设计采购施工（EPC）/交钥匙工程总承包。

（2）设计-施工总承包（D-B）。

（3）施工总承包。

（4）根据工程项目的不同规模、类型和项目发包人要求，工程总承包还可采用设计-采购总承包（E-P）和采购—施工总承包（P-C）等方式。

考点 4 总包合同管理的原则★★

（1）协调合作原则。

（2）维护权益原则。

（3）依法履约原则。

（4）全面履行原则。

（5）动态管理原则。

（6）诚实信用原则。

第二节 工程量清单计价规范应用

考点 1 不得作为竞争性的费用★★★

不得作为竞争性的费用有：安全文明施工费、规费、税金。

第三节 工程造价管理

考点 1 建设工程造价分类★★

根据工程项目不同的建设阶段，建设工程造价可以分为如下六类：①投资估算；②概算造价；③预算造价；④合同价；⑤结算价；⑥决算价。

考点 2 造价的分类★★

造价的分类见表 10-3-1。

表 10-3-1 造价的分类

组成		具体内容
按费用构成要素划分	人工费	计时工资或计件工资、奖金、津贴补贴、加班加点工资、特殊情况下支付的工资
	材料费	材料原价、运杂费、运输损耗费、采购及保管费
	施工机具使用费	折旧费、大修理费、经常修理费、安拆费及场外运费、人工费、燃料动力费、税费、仪器仪表使用费
	企业管理费	管理人员工资、办公费、差旅交通费、固定资产使用费、工具用具使用费、劳动保险和职工福利费、劳动保护费、检验试验费、工会经费、职工教育经费、财产保险费、财务费、税金、其他
	规费	社会保险费、住房公积金
	利润	所承包工程获得的盈利
	税金	应计入建筑安装工程造价内的增值税和附加费
按造价形成划分	分部分项工程费	专业工程、分部分项工程 分部分项工程费＝Σ（分部分项工程量×综合单价） 式中，综合单价包括人工费、材料费、施工机具使用费、企业管理费和利润以及一定范围的风险费用
	措施项目费	安全文明施工费、夜间施工增加费、二次搬运费、冬雨期施工增加费、已完工程及设备保护费、工程定位复测费、特殊地区施工增加费、大型机械设备进出场及安拆费、脚手架工程费 国家计量规范规定应予计量的措施项目，其计算公式为： 措施项目费＝Σ（措施项目工程量×综合单价）
	其他项目费	暂列金额、计日工、总承包服务费、暂估价
	规费	同上
	税金	同上

实战演练

[2018 真题·单选] 根据《建筑安装工程费用项目组成》（建标〔2013〕44 号）规定，以下费用属于规费的是（   ）。

A. 印花税
B. 工程排污费
C. 工会经费
D. 检验试验费

[解析] 规费包括：社会保险费（含养老保险费、失业保险费、医疗保险费、生育保险费、工伤保险费）、住房公积金、工程排污费。

[答案] B

考点 3 措施费与安全文明施工费★★★

措施费与安全文明施工费见表10-3-2。

表 10-3-2　措施费与安全文明施工费的组成

类别	组成
措施项目费	安全文明施工费、夜间施工增加费、二次搬运费、冬雨期施工增加费、已完工程及设备保护费、工程定位复测费、特殊地区施工增加费、大型机械设备进出场及安拆费、脚手架工程费
安全文明施工费	环境保护费、文明施工费、安全施工费、临时设施费

重点提示

措施项目费具体包括的内容可能在案例分析题中出计算题或在选择题中出多选题。

考点 4 工程造价计算★★★

建筑工程造价＝分部分项工程费＋措施项目费＋其他项目费＋规费＋税金。

重点提示

（1）该考点为高频考点，多以计算题形式在案例分析题中考查。

（2）重点掌握造价在不同分类标准下的具体内容，并会计算。考试时分部分项工程费、措施项目费、其他项目费、规费、税金给具体费用，五者求和为工程造价。

考点 5 综合单价计算★★★

综合单价＝预算价＋管理费＋利润＝（人工费＋材料费＋机械费）×（1＋管理费费率）×（1＋利润率）。

其中，预算价＝人工费＋材料费＋机械费；管理费＝预算价×管理费费率；利润＝（预算价＋管理费）×利润率。

重点提示

掌握公式，清楚工程造价计算中税金的计算基数，清楚综合单价计算中管理费和利润的计算基数。考试时应单独计算出预算价、管理费、利润后再相加，尽量不要列综合公式。

考点 6 工程施工成本的构成（补充内容）★

（1）全费用成本＝直接成本＋间接成本。

（2）直接成本包括：人工费、材料费、机械费、措施费。

（3）间接成本包括：规费、税金。

考点 7 造价审查方法★★

造价审查方法主要有：全面审查法、重点审查法、指标审查法和经验审查法、分组审查法、筛选对比法、分解对比法。

第四节 施工商务管理

考点 **1** 合同价款约定方式★

合同价款约定方式见表10-4-1。

表 10-4-1 合同价款约定方式

分类		适用性	风险承担
总价合同	固定总价	适用于规模小、技术难度小、工期短（一般在一年之内）的工程项目	工程量与工程费用风险全部由承包商承担
	可调总价	适用于虽然工程规模大、技术难度大、图纸设计不完整、设计变更多，但是工期一般在一年之上的工程项目	业主承担工程价格风险，承包商承担工程量风险
单价合同	固定单价	适用于图纸不完备但是采用标准设计的工程项目	业主承担工程量风险，承包商承担工程价格风险
	可调单价	适用于工期长、施工图不完整、施工过程中可能发生各种不可预见因素较多的工程项目	业主承担工程量风险，工程费用风险双方分担
成本加酬金合同		适用于灾后重建、新型项目或对施工内容、经济指标不确定的工程项目	工程量与工程费用风险全部由业主承担

重点提示

明确各种合同的适用范围，并理解合同中的风险承受主体。记忆点：两个极端，总价合同风险全由承包商承担，成本加酬金合同由业主承担。

考点 **2** 招标工程报价浮动率★★

（1）招标工程：承包人报价浮动率 $L=（1-中标价/招标控制价）\times100\%$。

（2）非招标工程：承包人报价浮动率 $L=（1-报价值/施工图预算）\times100\%$。

实战演练

[2016 真题·案例节选]

背景资料：

某新建住宅楼工程，建筑面积 43200m²，砖混结构，投资额 25910 万元。建设单位自行编制了招标工程量清单等招标文件，其中部分条款内容为：本工程实行施工总承包模式；承包范围为土建、水电安装、内外装修及室外道路和小区园林景观，施工质量标准为合格；工程款按每月完成工程量的 80% 支付，保修金为总价的 5%，招标控制价为 25000 万元，工期自 2013 年 7 月 1 日起至 2014 年 9 月 30 日止，工期为 15 个月，园林景观由建设单位指定专业分包单位施工。

某施工总承包单位按市场价格计算为 25200 万元，为确保中标最终以 23500 万元作为投标价，经公开招投标，该总承包单位中标，双方签订了工程施工总承包合同 A，并上报建设行政主管部门。建设单位因资金紧张，提出工程款支付比例修改为按每月完成工程量的 70% 支付，并提出今后在同等条件下该施工总承包单位可以优先中标的条件，施工总承包单位同意了建设单位这一要求，双方据此重新签订了施工总承包合同 B，约定照此执行。

内装修施工前，项目经理部发现建设单位提供的工程量清单中未包括一层公共区域楼地面面层子目，铺贴面积 1200m²。因招标工程量清单中没有类似子目，于是项目经理部按照市场价格信息重新组价，综合单价 1200 元/m²。经现场专业监理工程师审核后上报建设单位。

问题：

5. 依据本合同原则计算一层公共区域楼地面面层的综合单价（单位：元/m²）及总价（单位：万元，保留两位小数）分别是多少？

[答案]

5. 承包人报价浮动率 L＝（1－中标价/招标控制价）×100%＝（1－23500/25000）＝6%。

所以一层公共区域楼地面面层的综合单价＝1200×（1－L）＝1200×（1－6%）＝1128（元）；一层公共区域楼地面面层的总价＝1200×1128＝1353600（元）＝135.36（万元）。

重点提示

注意记忆公式，并结合例题明确各公式的计算原理。

考点 3　不可抗力责任划分★★★

因不可抗力事件导致的费用，发、承包双方应按以下原则分别承担并调整工程价款：

（1）工程本身的损害、因工程损害导致第三方人员伤亡和财产损失以及运至施工场地用于施工的材料和待安装的设备的损害，由发包人承担。

（2）发包人、承包人人员伤亡由其所在单位负责，并承担相应费用。

（3）承包人的施工机械设备损坏及停工损失，由承包人承担。

（4）停工期间，承包人应发包人要求留在施工场地的必要的管理人员及保卫人员的费用由发包人承担。

（5）工程所需清理、修复费用，由发包人承担。

重点提示

该考点为高频考点，考试时多在案例分析题结合费用索赔考查。

考点 4　综合单价变化引起的价款调整★★

工程变更导致承包人填报的综合单价与招标控制价或施工图预算的综合单价偏差超出 15% 时：

（1）当 $P_0 < P_1 \times (1-L) \times (1-15\%)$ 时，该类项目的综合单价＝$P_1 \times (1-L) \times (1-15\%)$。

（2）当 $P_0 > P_1 \times (1+15\%)$ 时，该类项目的综合单价＝$P_1 \times (1+15\%)$。

考点 5　施工索赔★★★

（1）承包人应在索赔事件发生后 28d 内，向发包人提交索赔意向通知书，说明发生索赔事件的事由。承包人逾期未发出索赔意向通知书的，丧失索赔的权利。

（2）发包人收到承包人的索赔通知书后，应及时查验承包人的记录和证明材料；发包人应在收到索赔通知书或有关索赔的进一步证明材料后的 28d 内，将索赔处理结果答复承包人，如果发包人逾期未做出答复，视为承包人索赔要求已经发包人认可。

（3）承包人接受索赔处理结果的，索赔款项在当期进度款中进行支付。

考点 6 工程保修要求★★

工程保修期限和保修金比例见表 10-4-2。

表 10-4-2　保修期限和保修金比例

序号	内容	保修期限	保险金比例
1	基础设施工程、房屋建筑的基础工程和主体工程	设计使用合理年限	3%
2	屋面防水、有防水要求的卫生间、房间和外墙面的防渗漏	5 年	
3	供热与供冷系统	2 个采暖、供冷期	
4	电气管线、给排水管道、设备安装和装饰工程	2 年	

考点 7 预付款和进度款的计算★★★

一、预付款额度

（1）题目规定。

（2）数学计算：工程备料款数额 $= \dfrac{\text{工程总价} \times \text{材料比重（％）}}{\text{年度施工天数}} \times \text{材料储备天数}$。

（3）工程总价中不包括暂列金额。

二、预付款起扣点计算

（1）题目规定，如达到总价款 60％ 起扣。

（2）数学计算：起扣点 $= \text{工程总价款} - \dfrac{\text{预付款}}{\text{主要材料比重}}$。

重点提示

若题目中含有暂列金额，则应在合同总价款中减去暂列金额。

实战演练

［2017 真题·案例节选］

背景资料：

某建设单位投资兴建一办公楼，投资概算 25000.00 万元，建筑面积 21000m²；钢筋混凝土框架-剪力墙结构，地下 2 层，层高 4.5m；地上 18 层，层高 3.6m；采取工程总承包交钥匙方式对外公开招标，招标范围为工程至交付使用全过程。经公开招投标，A 工程总承包单位中标。A 单位对工程施工等工程内容进行了招标。

B 施工单位中标了本工程施工标段，中标价为 18060 万元。部分费用如下：安全文明施工费 340 万元，其中按照施工计划 2014 年度安全文明施工费为 226 万元；夜间施工增加费 22 万元；特殊地区施工增加费 36 万元；大型机械进出场及安拆费 86 万元；脚手架费 220 万元，模板费用 105 万元；施工总包管理费 54 万元；暂列金额 300 万元。

B 施工单位中标后第 8 天，双方签订了项目工程施工承包合同，规定了双方的权利、义务和责任。部分条款如下：工程质量为合格；除钢材及混凝土材料价格浮动超出 ±10％（含 10％）、工程设计变更允许调整以外，其他一律不允许调整；工程预付款比例为 10％；合同工期为 485 日历天，于 2014 年 2 月 1 日起至 2015 年 5 月 31 日止。

问题：

2. 列式计算措施项目费、预付款各为多少万元？

[答案]

2. （1）措施项目费＝340＋22＋36＋86＋220＝704（万元）。

（2）预付款：（18060－300）×10％＝17760×10％＝1776（万元）。

[2015真题·案例节选]

背景资料：

某新建办公楼工程，建筑面积48000m²，地下2层，地上6层，中庭高度为9m，钢筋混凝土框架结构。经公开招投标，总承包单位以31922.13万元中标，其中暂列金额1000万元。

双方根据《建设工程合同（示范文本）》（GF—2013—0201）签订了施工总承包合同，合同工期为2013年7月1日起至2015年5月30日止，并约定在项目开工前7d内支付工程预付款，预付比例为15％，从未完施工工程尚需的主要材料的价值相当于工程预付款数额时开始扣回，主要材料所占比重为65％。

自工程招标开始至工程竣工结算的过程中，发生了下列事件：

事件四：总承包单位于合同约定之日正式开工，截至2013年7月8日建设单位仍未支付工程预付款，于是总承包单位向建设单位提出如下索赔：购置钢筋资金占用费1.88万元、利润18.26万元、税金0.58万元，监理工程师签认情况属实。

问题：

4. 事件四中，列式计算工程预付款、工程预付款起扣点（单位：万元，保留两位小数）。总承包单位的哪些索赔成立？

[答案]

4. （1）预付款＝（中标价－暂列金额）×15％＝（31922.13－1000）×15％＝4638.32（万元）。

起扣点＝承包工程价款总额－（预付备料款/主要材料所占比重）＝（31922.13－1000）－（4638.32/65％）＝23786.25（万元）。

（2）总承包单位索赔成立的有：购置钢筋资金占用费1.88万元，利润18.26万元。

重点提示

（1）该考点为高频考点，以计算题形式在案例分析题中考查。

（2）预付款额度和起扣点都有两种计算方法，如果题目没给出计算百分比，无论题目背景如何描述均使用公式计算。

（3）无论何种计算方法，涉及工程总价款时一定要减去暂列金额。

考点 8 · 进度款价款调整★★★

（1）发包人应在收到承包人进度款支付申请后的14天内根据计量结果和合同约定对申请内容予以核实。确认后向承包人出具进度款支付证书。

（2）若发包人逾期未签发进度款支付证书，则视为承包人提交的进度款支付申请已被发包人认可，承包人可向发包人发出催告付款的通知。

（3）发包人应在收到通知后的14天内，按照承包人支付申请阐明的金额向承包人支付进度款。发包人未按规定支付进度款的，承包人可催告发包人支付，并有权获得延迟支付的利息。

（4）发包人在付款期满后的7天内仍未支付的，承包人可在付款期满后的第8天起暂停施工。发包人应承担由此增加的费用和（或）延误的工期，向承包人支付合理利润，并承担违约责任。

考点 9　工程造价指数调整法★

工程结算造价＝工程合同价×（1＋竣工时工程造价指数/签订合同时工程造价指数）。

考点 10　竣工调值公式法★★

$$P=P_0\left(a_0+a_1A/A_0+a_2B/B_0+a_3C/C_0+a_4D/D_0\right)$$

式中，P——调值后的工程实际结算价款；P_0——调值前工程进度款；a_0——不调值部分比重；a_1、a_2、a_3、a_4——调值因素比重；A、B、C、D——现行价格指数或价格；A_0、B_0、C_0、D_0——基期价格指数或价格。

实战演练

[2013 真题·案例节选]

背景资料：

某新建图书馆工程，采用公开招标的方式，确定某施工单位中标。双方按《建设工程施工合同（示范文本）》（GF—2013—0201）签订了施工总承包合同。合同约定总造价 14250 万元，预付备料款 2800 万元，每月底按月支付施工进度款。竣工结算时，结算价款按调值公式法进行调整。在招标和施工过程中，发生了如下事件：

……

事件六：合同中约定，根据人工费和四项主要材料的价格指数对总造价按调值公式法进行调整。各调值因素的比重、基准和现行价格指数见表 10-4-3。

表 10-4-3　各调值因素的比重、基准和现行价格指数

可调项目	人工费	材料Ⅰ	材料Ⅱ	材料Ⅲ	材料Ⅳ
因素比重	0.15	0.30	0.12	0.15	0.08
基期价格指数	0.99	1.01	0.99	0.96	0.78
现行价格指数	1.12	1.16	0.85	0.80	1.05

问题：

6. 事件六中，列式计算经调整后的实际结算价款应为多少万元（保留两位小数）？

[答案]

6. 事件六，经调整后的实际结算价款＝14250×（0.2＋0.15×1.12/0.99＋0.30×1.16/1.01＋0.12×0.85/0.99＋0.15×0.80/0.96＋0.08×1.05/0.78）＝14962.13（万元）。

重点提示

（1）该考点为非高频考点，以计算题形式在案例分析题中考查。

（2）竣工调值公式在应用时注意两点，一是所有调值因素比重均为占总价款比重，二是不调值部分比重与所有调值因素比重求和必须等于1。

考点 11　索赔的起因★★

（1）合同变更。

（2）不可抗力因素。

（3）业主违约。

（4）合同错误。

（5）工程环境变化。

第五节　施工成本管理

考点 1　价值工程成本控制原理★★

按价值工程的公式 $V = F/C$ 分析，提高价值的途径有 5 条：

（1）功能提高，成本不变。

（2）功能不变，成本降低。

（3）功能提高，成本降低。

（4）辅助功能降低，成本大幅度降低。

（5）功能大幅度提高，成本稍有提高。

实战演练

[2018 真题·案例节选]

背景资料：

某开发商拟建一城市综合体项目，预计总投资 15 亿元。发包方式采用施工总承包，施工单位承担部分垫资，按月度实际完成工作量的 75% 支付工程款，工程质量为合格，保修金为 3%，合同总工期为 32 个月。

某总包单位对该开发商社会信誉、偿债备付率、利息备付率等偿债能力及其他情况进行了尽职调查。中标后，双方依据《建设工程工程量清单计价规范》（GB 50500—2013），对工程量清单编制方法等强制性规定进行了确认，对工程造价进行了全面审核。最终确定有关费用如下：分部分项工程费 82000.00 万元，措施费 20500.00 万元，其他项目费 12800.00 万元，暂列金额 8200.00 万元，规费 2470.00 万元，税金 3750.00 万元。双方依据《建设工程施工合同（示范文本）》（GF—2017—0201）签订了工程施工总承包合同。

项目部对基坑围护提出了三个方案：A 方案成本为 8750.00 万元，功能系数为 0.33；B 方案成本为 8640.00 万元，功能系数为 0.35；C 方案成本为 8525.00 万元，功能系数为 0.32。最终运用价值工程方法确定了实施方案。

竣工结算时，总包单位提出索赔事项如下：

（1）特大暴雨造成停工 7 天，开发商要求总包单位安排 20 人留守现场照管工地，发生费用 5.60 万元。

（2）本工程设计采用了某种新材料，总包单位为此支付给检测单位检验试验费 4.60 万元，要求开发商承担。

（3）工程主体完工 3 个月后，总包单位为配合开发商自行发包的燃气等专业工程施工，脚手架留置比计划延长 2 个月拆除。为此要求开发商支付 2 个月脚手架租赁费 68.00 万元。

（4）总包单位要求开发商按照银行同期同类贷款利率，支付垫资利息 1142.00 万元。

问题：

2. 对总包合同实施管理的原则有哪些？

3. 计算本工程签约合同价（单位：万元，保留两位小数）。双方在工程量清单计价管理中应遵守的强制性规定还有哪些？

4. 列式计算三个基坑维护方案的成本系数、价值系数（保留三位小数），并确定选择哪个方案。

5. 总包单位提出的索赔是否成立？并说明理由。

[答案]

2. 对总包合同实施管理的原则有：依法履约原则；诚实信用原则；全面履行原则；协调合作原则；维护权益原则；动态管理原则。

3. （1）本工程签约合同价＝分部分项工程费＋措施费＋其他项目费＋规费＋税金＝82000.00＋20500.00＋12800.00＋2470.00＋3750.00＝121520.00（万元）。

（2）双方在工程量清单计价管理中应遵守的强制性规定还有：工程量清单的使用范围、计价方式、竞争费用、风险处理、工程量清单编制方法、工程量计算规则。

4. （1）三个基坑维护方案的成本系数、价值系数计算如下：

A 方案成本系数 $C=8750.00/（8750.00+8640.00+8525.00）=0.338$，功能系数 $F=0.33$，根据价值工程原理，A 方案的价值系数 $V=F/C=0.33/0.338=0.976$。

B 方案成本系数 $C=8640.00/（8750.00+8640.00+8525.00）=0.333$，功能系数 $F=0.35$，根据价值工程原理，B 方案的价值系数 $V=F/C=0.35/0.333=1.051$。

C 方案成本系数 $C=8525.00/（8750.00+8640.00+8525.00）=0.329$，功能系数 $F=0.32$，根据价值工程原理，C 方案的价值系数 $V=F/C=0.32/0.329=0.973$。

（2）根据价值工程原理，价值系数越大，方案越理想。

因为 $1-0.976=0.024$，$1-1.051=-0.051$，$1-0.973=0.027$，取绝对值比较，最终运用价值工程方法确定实施方案 B。

5. （1）特大暴雨造成停工 7 天，开发商要求总包单位安排 20 人留守现场照管工地，发生费用 5.60 万元，索赔成立。

理由：特大暴雨属于不可抗力，停工期间，承包人应发包人要求留在施工场地的必要的管理人员及保卫人员的费用由发包人承担。

（2）本工程设计采用了某种新材料，总包单位为此支付给检测单位检验试验费 4.60 万元，要求开发商承担，索赔成立。

理由：工程造价中企业管理费虽包括检验试验费，但检验试验费不包括新材料的试验费。此外，工程设计采用了某种新材料为设计变更，属于开发商责任范畴。

（3）工程主体完工 3 个月后，总包单位为配合开发商自行发包的燃气等专业工程施工，脚手架留置比计划延长 2 个月拆除。为此要求开发商支付 2 个月脚手架租赁费 68.00 万元。索赔成立。

理由：此事件属于非施工方责任范畴，故索赔成立。

（4）总包单位要求开发商按照银行同期同类贷款利率，支付垫资利息 1142.00 万元。索赔不成立。

理由：当事人对垫资利息没有约定而承包人请求支付利息的，不予支付。

考点 2　挣值法控制成本★

一、三个费用值

三个费用值关系如图 10-5-1 所示。

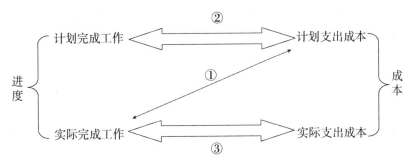

图 10-5-1　三个费用值关系

（1）已完成工作预算成本 $BCWP$ ＝已完成工程量×预算成本单价。

（2）计划完成工作预算成本 $BCWS$ ＝计划工程量×预算成本单价。

（3）已完成工作实际成本 $ACWP$，即到某一时刻为止，已完成的工作（或部分工作）所实际花费的成本金额。

二、计算公式

（1）成本偏差 CV：

$$CV = BCWP - ACWP$$

当 CV 为负值时，即表示项目运行超出预算成本；当 CV 为正值时，表示项目运行节支，实际成本没有超出预算成本。

（2）进度偏差 SV：

$$SV = BCWP - BCWS$$

当 SV 为负值时，表示进度延误，即实际进度落后于计划进度；当 SV 为正值时，表示进度提前，即实际进度快于计划进度。

（3）成本绩效指数 CPI：

$$CPI = BCWP / ACWP$$

当 $CPI < 1$ 时，表示超支，即实际费用高于预算成本；当 $CPI > 1$ 时，表示节支，即实际费用低于预算成本。

（4）进度绩效指数 SPI：

$$SPI = BCWP / BCWS$$

当 $SPI < 1$ 时，表示进度延误，即实际进度比计划进度滞后；当 $SPI > 1$ 时，表示进度提前，即实际进度比计划进度快。

━━━━━━━━━ ✎ **实战演练** ━━━━━━━━━

[经典例题·案例分析]

背景资料：

某高校装修多间自习教室，计划进度与实际进度如图 10-5-2 所示，图中粗实线表示计划进度（进度线上方的数据为每周拟完工作的计划成本），粗虚线表示实际进度（进度线上方的数据为每周实际发生成本），假定各分项工程每周计划进度与实际进度匀速进行，而且各分项工程实际完成工程量与计划完成总工程量相等。

问题：

1. 计算每周成本数据，并将结果填入表 10-5-1。

2. 分析第 5 周末和第 8 周末的成本偏差和进度偏差。

分项工程	计划进度与实际进度/周									
	1	2	3	4	5	6	7	8	9	10
吊顶龙骨安装及窗帘盒制作安装	5	5	5							
	5	5	5	3						
吊顶矿棉板安装			4	4						
				3	3					
墙面涂刷乳胶漆				3	3	3				
					3	3	3			
地面铺设塑胶地板						7	7	7		
							6	6	7	
固定教室桌椅							6	6		
								4	4	3

图 10-5-2 某高校自习教室装修工程计划进度与实际进度

[答案]

1. 每周成本数据的计算结果见表 10-5-1。

表 10-5-1 某高校自习教室装修工程成本数据计算结果表 （单位：万元）

项目	成本数据									
	1	2	3	4	5	6	7	8	9	10
每周拟完工程计划成本	5	5	9	7	10	10	13	6		
拟完工程计划成本累计	5	10	19	26	36	46	59	65		
每周已完工程实际成本	5	5	5	6	6	3	9	10	11	3
已完工程实际成本累计	5	10	15	21	27	30	39	49	60	63
每周已完工程计划成本	3.75	3.75	3.75	7.75	7	3	10	11	11	4
已完工程计划成本累计	3.75	7.5	11.25	19	26	29	39	50	61	65

2. （1）第 5 周末成本偏差与进度偏差：

成本偏差＝已完工程预算成本－已完工程实际成本＝26－27＝－1（万元）＜0，即成本超支 1 万元。

进度偏差＝已完工程预算成本－拟完工程计划成本＝26－36＝－10（万元），即进度拖后

10 万元。

（2）第 8 周末成本偏差与进度偏差：

成本偏差＝已完工程计划成本－已完工程实际成本＝50－49＝1（万元）＞0，即成本节约 1 万元。

进度偏差＝已完工程计划成本－拟完工程计划成本＝50－65＝－15（万元），即进度拖后 15 万元。

名师总结

本章为项目合同与成本管理，主要内容是施工合同管理、工程量清单计价规范应用、工程造价管理、施工商务管理，本章内容大部分为理解性内容，历年考试中在案例分析题考查计算。工程造价计算、预付款计算、起扣点计算是重点内容。

同步强化训练

案例分析题

（一）

背景资料：

某办公楼工程，钢筋混凝土框架结构，地下 1 层，地上 8 层，层高 4.5m，工程桩采用泥浆护壁钻孔灌注桩，墙体采用普通混凝土小砌块，工程外脚手架采用双排落地扣件式钢管脚手架，位于办公楼顶层的会议室，其框架柱间距为 8m×8m。项目部按照绿色施工要求，收集现场施工废水循环利用。

在施工过程中，发生了以下事件：

事件一：施工单位对工程中标造价进行分析，费用情况如下：分部分项工程费 4800 万元，措施项目费 576 万元，暂列金额 222 万元，风险费 260 万元，规费 64 万元，税金 218 万元。

事件二：隐蔽工程验收合格后，施工单位填报了浇筑申请单，监理工程师签字确认。施工班组将水平输送泵管固定在脚手架小横杆上，采用振动棒倾斜于混凝土内由近及远、分层浇筑。会议室顶板底模支撑拆除前，试验员从标准养护室取一组试件进行试验，试验强度达到设计强度的 90%，项目部据此开始拆模。

事件三：因工期紧，砌块生产 7d 后运往工地进行砌筑，砌筑砂浆采用收集的循环水进行现场拌制。墙体一次砌筑至梁底以下 200mm 位置，留待 14d 后砌筑顶紧。监理工程师进行现场巡视后责令停工整改。

事件四：施工总承包单位对项目部进行专项安全检查时发现：安全管理检查评分表内的保证项目仅对"安全生产责任制""施工组织设计及专项施工方案"两项进行了检查；外架立面剪刀撑间距 12m，由底至顶连续设置；电梯井口处设置活动的防护栅门，电梯井内每隔四层设置一道安全平网进行防护。检查组下达了整改通知单。

问题：

1. 事件一中，施工单位的中标造价是多少万元？措施项目费通常包括哪些费用？

2. 事件二中，项目部的做法是否正确？说明理由。当设计无规定时，通常情况下模板拆除顺序的原则是什么？

3. 针对事件三中的不妥之处，分别写出相应的正确做法。

4. 事件四中，安全管理检查评分表的保证项目还应检查哪些？写出施工现场安全设置需整改项目的正确做法。

（二）

背景资料：

某建筑单位投资兴建住宅楼，建筑面积 12000m²，钢筋混凝土框架结构，地下 1 层，地上 7 层，工程桩采用泥浆护壁钻孔灌注桩，土方开挖范围内有局部滞水层。经公开招投标，某施工总承包单位中标。双方根据《建设工程施工合同（示范文本）》（GF—2017—0201）签订了施工总承包合同，合同工期为 10 个月，质量目标为合格。

合同履行过程中，发生了下列事件：

事件一：施工单位对中标工程造价进行了分析，费用构成情况是：分部分项工程费 3793 万元，措施项目费 547 万元，脚手架费为 336 万元，暂列金额 100 万元，其他项目费 200 万元，规费及税金 264 万元。

事件二：项目部完成浇筑的泥浆循环清孔工作后，随即放置钢筋笼、下导管及桩身混凝土灌注，混凝土浇筑至桩顶设计标高。

事件三：由于工程地质条件复杂，距基坑边 5m 处为居民住宅区，因此在土方开挖过程中，安排专人随时观测周围环境变化。

事件四：地下室结构完成，施工单位自检合格后，项目负责人立即组织总监理工程师及建设单位、勘察单位、设计单位项目负责人进行地基基础分部验收。

问题：

1. 事件一中，除税金外还有哪些费用在投标时不得作为竞争性费用？计算施工单位的工程中标造价是多少万元（保留两位小数）？建筑工程造价有哪些特点？

2. 指出事件二中的不妥之处，并写出正确做法

3. 事件三中，施工单位在土方开挖过程中还应注意检查哪些情况？

4. 本工程地基基础分部工程的验收程序有哪些不妥之处？并说明理由。

参考答案及解析

案例分析题

（一）

1. （1）中标造价＝4800＋576＋222＋64＋218＝5880（万元）。

（2）措施项目费通常包括：安全文明施工费（含环境保护费、文明施工费、安全施工费、临时设施费）、夜间施工增加费、二次搬运费、冬雨期施工增加费、已完成工程及设备保护费、工程定位复测费、特殊地区施工增加费、大型机械设备进出场及安拆费、脚手架工程费。

2. （1）项目部做法不正确。

不妥之处一：施工班组将水平输送泵管固定在脚手架小横杆上。

正确做法：输送泵管应采用支架固定，支架应与结构牢固连接，输送泵管转向处支架应加密。

不妥之处二：采用振动棒倾斜于混凝土内由近及远、分层浇筑。

正确做法：应插入混凝土内由远及近浇筑。

不妥之处三：试验员从标准养护室取一组试件进行试验。

正确做法：试样应该再同样条件下养护后测试，框架间距为 8m×8m 时，强度达到 75% 后才能拆模。

（2）拆模顺序为：按后支的先拆、先支的后拆，先拆除非承重部分，后拆除承重部分的拆模顺序进行。

3. 不妥之处一：砌块生产 7d 后运往工地进行砌筑。

正确做法：砌块应达到 28d 龄期再使用。

不妥之处二：砌筑砂浆采用收集的循环水进行现场拌制。

正确做法：砌筑砂浆拌制宜采用自来水，水质应符合现行行业标准《混凝土用水标准》(JGJ 63—2006) 的规定。

不妥之处三：墙体一次砌筑至梁底以下200mm位置。

正确做法：正常施工条件下，砖砌体每日砌筑高度宜控制在1.5m或一步脚手架高度内。

4. (1) 安全管理检查评定保证项目还应包括：安全技术交底、安全检查、安全教育、应急救援。

(2) 整改项目的正确做法：①24m以上的双排脚手架应在外侧立面整个长度和高度上连续设置剪刀撑；②电梯井应设置固定的防护栅门；③电梯井内每隔两层（不大于10m）设一道安全平网进行防护。

（二）

1. (1) 除税金外，安全文明施工费、规费在投标时也不得作为竞争性费用。

(2) 中标造价＝分部分项工程费＋措施项目费＋其他项目费＋规费＋税金＝3793＋547＋200＋264＝4804（万元）。

(3) 建筑工程造价特点：①大额性；②个别性和差异性；③动态性；④层次性。

2. 不妥之处：项目部完成浇筑的泥浆循环清孔工作后，随机放置钢筋笼、下导管及桩身混凝土灌注，混凝土浇筑至桩顶设计标高。

正确做法：下导管之后进行二次循环清孔，混凝土浇筑超过设计标高至少0.5m。

3. 土方开挖过程中还应检查平面位置、高程、边坡坡度、压实度、排水和降低地下水位情况。

4. (1) 不妥之处一：施工单位自检合格后，项目负责人立即组织验收。

理由：施工单位确认自检合格后提出验收申请。

(2) 不妥之处二：项目负责人立即组织验收。

理由：应由总监理工程师或建设单位项目负责人组织验收。

(3) 不妥之处三：组织总监理工程师及建设单位、勘察单位、设计单位项目负责人进行地基基础分部验收。

理由：应组织施工单位项目负责人和项目技术负责人等进行验收；勘察、设计单位项目负责人和施工单位技术、质量部门负责人应参加地基与基础分部工程的验收。

第十一章

项目资源管理

▶**学习提示**

    本章为项目资源管理，主要内容是材料管理、机械设备管理、劳动力管理，历年考试中多在案例分析题考查相关内容。本章中记忆性内容和理解性内容均有，考生需加强记忆关键词，掌握计算方法。

▶**考情分析**

近四年考试真题分值统计表 （单位：分）

节序	节名	2020 年			2019 年			2018 年			2017 年		
		单选	多选	案例	单选	多选	案例	单选	多选	案例	单选	多选	案例
第一节	材料管理	—	—	—	—	—	—	—	—	—	—	—	—
第二节	机械设备管理	—	2	—	—	—	—	—	—	3	—	2	—
第三节	劳动力管理	—	—	—	—	—	6	—	—	—	—	—	8
	合计	—	2	—	—	—	6	—	—	3	—	2	8

第一节　材料管理

考点 1　**材料计划的分类★**

材料计划的分类见表11-1-1。

表11-1-1　材料计划的分类

分类标准	类别
按照计划的用途分	采购计划、材料需用计划、加工订货计划
按照计划的期限划分	临时追加计划、月计划、季度计划、年度计划、单位工程材料计划
项目常用的材料计划	单位工程主要材料需用计划、主要材料年度需用计划、主要材料月（季）度需用计划、半成品加工订货计划、周转料具需用计划、主要材料采购计划、临时追加计划等

考点 2　**材料需用计划的编制★★**

一、单位工程主要材料需要量计划

项目开工前，项目经理部依据施工图纸、预算、管理水平和节约措施，以单位工程为对象编制各种材料需要量计划，作为编制其他材料计划及项目材料采购总量控制的依据。

二、主要材料月度需用计划

（1）该计划是项目材料需用计划中最具体的计划，是制定采购计划和向供应商订货的依据。

（2）计划中应注明产品的名称、单位、主要技术要求（含质量）、数量、规格型号、进场日期、提交样品时间等。

三、周转料具需用计划

依据施工组织设计，按规格、数量、品种、需用时间和进度编制。

考点 3　**材料采购方案的计算★★★**

$$F=Q/2\times P\times A+S/Q\times C$$

式中，F——采购费和储存费之和；Q——每次采购量；P——采购单价；A——年仓库储存费率；S——总采购量；C——每次采购费。

【注意】仓库储存费率是该年的费率，不是月费率。

━━━━━ ✎ 实战演练 ━━━━━

[2015真题·案例节选]

背景资料：

某新建办公楼工程，建筑面积48000m²，地下2层，地上6层，中庭高度为9m，钢筋混凝土框架结构。经公开招投标，总承包单位以31922.13万元中标，其中暂定金额1000万元。

双方根据《建设工程施工合同（示范文本）》（GF—2013—0201）签订了施工总承包合同，合同工期为2013年7月1日起至2015年5月30日止，并约定在项目开工前7天内支付工程预付款，预付比例为15%，从未完施工工程尚需的主要材料的价值相当于工程预付款数额时开始扣回，主要材料所占比重为65%。

自工程招标开始至工程竣工结算的过程中，发生了下列事件：

……

事件三：项目实行资金预算管理，并编制了工程项目现金流量表，其中 2013 年度需要采购钢筋总量为 1800t，按照工程款收支情况，提出了两种采购方案：

方案一：以 1 个月为单位采购周期，一次采购费用为 320 元，钢筋单价为 3500 元/t，仓库月储存费率为 4‰。

方案二：以 2 个月为单位采购周期，一次采购费用为 330 元，钢筋单价为 3450 元/t，仓库月储存费率为 3‰。

问题：

3. 事件三中，列式计算采购费用和储存费用之和，并确定总承包单位应选择哪种采购方案？

[答案]

3. 方案一：

$$F = Q/2 \times P \times A + S/Q \times C = 1/2 \times 1800/6 \times 3500 \times 4‰ \times 6 + 6 \times 320 = 14520 （元）。$$

方案二：

$$F = Q/2 \times P \times A + S/Q \times C = 1/2 \times 1800/3 \times 3450 \times 3‰ \times 6 + 3 \times 330 = 19620 （元）。$$

在进行材料采购时，应进行方案优选，选择采购费和储存费之和最低的方案，故选择方案一。

考点 **4** **最优采购批量的计算★**

$$Q_0 = \sqrt{2SC/PA}$$

式中，Q_0——最优采购批量。

考点 **5** **ABC 分类法★★★**

ABC 分类法是根据库存材料的占用资金大小和品种数量之间的关系，把材料分为 ABC 三类（见表 11-1-2），找出重点管理材料的一种方法。

表 11-1-2　材料 ABC 分类表

材料分类	品种数占全部品种数	资金额占资金总额
A 类	5%～10%	70%～75%
B 类	20%～25%	20%～25%
C 类	60%～70%	5%～10%
合计	100%	100%

考点 **6** **ABC 分类法分类步骤★★★**

第一步，计算每一种材料的金额。

第二步，按照金额由大到小排序并列成表格。

第三步，计算每一种材料金额占库存总金额的比率。

第四步，计算累计比率。

第五步，分类。

A 类材料占用资金比重大，是重点管理的材料，要按品种计算经济库存量和安全库存量，并对库存量随时进行严格盘点，以便采取相应措施。对 B 类材料，可按大类控制其库存；对 C 类材料，可采用简化的方法管理，如定期检查库存，组织在一起订货运输等。

━━━━━━━━ ⚫实战演练 ━━━━━━━━

[2014 真题·案例节选]

背景资料：

某办公楼工程，地下 2 层，地上 10 层，总建筑面积 27000m²，现浇钢筋混凝土框架结构，建设单位与施工总承包单位签订了施工总承包合同，双方约定工期为 20 个月，建设单位供应部分主要材料。

在合同履行过程中，发生了下列事件：

……

事件四：施工总承包单位根据材料清单采购了一批装修材料，经计算分析，各种材料价款占该批材料价款及累计百分比见表 11-1-3。

表 11-1-3　各种装饰装修材料占该批材料价款的累计百分比一览表

材料名称	所占比例	累计百分比
实木门窗（含门套）	30.10%	30.10%
铝合金窗	17.91%	48.01%
细木工板	15.31%	63.32%
瓷砖	11.60%	74.92%
实木地板	10.57%	85.49%
白水泥	9.50%	94.99%
其他	5.01%	100.00%

问题：

4. 事件四中，根据 ABC 分类法，分别指出重点管理材料名称（A 类材料）和次要管理材料名称（B 类材料）。

［答案］

4. 重点管理材料名称（A 类材料）：实木门窗、铝合金窗、细木工板、瓷砖。

次要管理材料名称（B 类材料）：实木地板、白水泥。

重点提示

（1）该考点常以计算题形式在案例分析题中考查。

（2）计算时先算出各种材料占总价款的百分比，再将百分比由高到低排序，然后计算累计百分比得出结果。

第二节　机械设备管理

考点 1　施工机械设备选择依据★

施工机械设备选择依据有：施工项目的工程量多少、工程特点、施工条件、工期要求等。

考点 2　施工机械设备选择原则★★

施工机械设备选择原则有：经济性、安全性、高效性、稳定性、适应性。

考点 3　施工机械设备选择的方法★★

（1）施工机械需用量计算：

$$N = P / (W \times Q \times K_1 \times K_2)$$

式中，N——机械需用数量；P——计划期内工作量；W——计划期内台班数；Q——机械台班生产率（即台班工作量）；K_1——现场工作条件影响系数；K_2——机械生产时间利用系数。

（2）单位工程量成本比较法：

$$C=（R+Fx）/Qx$$

式中，C——单位工程量成本；R——一定期间固定费用；F——单位时间可变费用；Q——单位作业时间产量；x——实际作业时间（机械使用时间）。

（3）折算费用法（等值成本法）：

年折算费用=（原值-残值）×资金回收系数+残值×利率+年度机械使用费

其中：资金回收系数$=\dfrac{i（1+i）^n}{（1+i）^n-1}$。

式中，i——复利率；n——计利期。

------ 实战演练 ------

[2018 真题·案例节选]

背景资料：

一新建工程，地下 2 层，地上 20 层，高度 70m，建筑面积 40000m²，标准层平面为 40m×40m。项目部根据施工条件和需求、按照施工机械设备选择的经济性等原则，采用单位工程量成本比较法选择确定了塔吊型号。施工总承包单位根据项目部制定的安全技术措施、安全评价等安全管理内容提取了项目安全生产费用。

问题：

1. 施工机械设备选择的原则和方法分别还有哪些？当塔吊起重荷载达到额定起重量 90% 以上时，对起重设备和重物的检查项目有哪些？

[答案]

1.（1）施工机械设备选择的原则主要有适应性、高效性、稳定性、经济性和安全性。

（2）施工机械设备选择的方法还有：折算费用法（等值成本法）、界限时间比较法和综合评分法。

（3）当塔吊起重荷载达到额定起重量 90% 以上时，对起重设备和重物的检查项目有：起重机的稳定性、制动器的可靠性、重物的平稳性、绑扎的牢固性，确认安全后方可起吊。

[经典例题·案例分析]

背景资料：

某基础公司分包某地下商业中心土方开挖工程，土方量为 128600m³，平均运土距离 8km，合同工期 45d。该公司能投入此工程的机械设备见表 11-2-1。

表 11-2-1　能投入此工程的机械设备表

挖掘机			
型号	PC01-01	PC02-01	PC09-01
斗容量/m³	0.84	1.17	1.96
台班产量/（m³/台班）	600	1000	1580
台班单价/（元/台班）	1180	1860	300
自卸汽车			
载重能力/t	8	12	15
运距 8km 台班产量/（m³/台班）	45	63	77
台班单价/（元/台班）	516	680	850

问题：

1. 若完成该挖土任务要按表 11-2-1 中所列挖掘机和自卸汽车型号各选一种，且数量没有限制，则如何组织最经济？相应的每立方米土方挖运直接费为多少？

2. 如果每天按 8h 施工时间考虑，每天出土必须外运，且考虑公司自有机械设备数量限制（机械设备数量见表 11-2-2），需如何安排相应的机械设备，才能使土方作业最经济？

表 11-2-2 公司自有机械设备数量表

挖掘机			
型号	PC01-01	PC02-01	PC09-01
自有设备数量/台	6	3	1
自卸汽车			
载重能力/t	8	12	15
自有设备数量/台	40	36	10

3. 按第 2 问中所选结果，计算其土方挖运单方直接费。

[答案]

1. 先根据案例中数据计算各机械设备的土方挖（运）单方直接费：

（1）三种型号挖掘机每立方米土方的挖土直接费分别为：

PC01-01：1180/600＝1.97；

PC02-01：1860/1000＝1.86；

PC09-01：3000/1580＝1.90。

取挖土直接费最低为 1.86 元/m³ 的 PC02-01 型挖掘机。

（2）三种型号自卸汽车每立方米土方的运土直接费分别为：

8t 车：516/45＝11.47；

12t 车：680/63＝10.79；

15t 车：850/77＝11.04。

取运土直接费最低为 10.79 元/m³ 的 12t 自卸汽车。

（3）相应的每立方米土方挖运直接费为：1.86＋10.79＝12.65（元/m³）。

2. 挖运都选相应直接费最低的设备：

（1）首先按挖土直接费最低的 PC02-1 挖掘机考虑，每天施工需要台数：

128600/（1000×45）＝2.86≈3（台），取每天安排 PC02-1 型挖掘机 3 台，则每天挖土量为：3×1000＝3000（m³）。

（2）自卸车也选用运土直接费最低的 12t 自卸车，每天需：3000/63＝47.6（台），该公司仅有该型号自卸车 36 台，故超出部分只能另选其他车型。

每天剩余土方量：3000－36×63＝732（m³）。

（3）考虑采用运土直接费次低的 15t 自卸车，每天需：732/77＝9.5（台），故选择选用15t 自卸车 9 台。

每天仍剩余土方量：732－9×77＝39（m³）。

（4）剩余 39m³ 均需任一车型一个台班（其中 12t 自卸车除外，15t 自卸车只剩下 1 台），考虑到 8t 自卸车台班单价 516 元最低，故选用 1 台 8t 自卸车。

（5）综上所述，最经济的安排方式如下：

应选择施工机械为：PC02-1 型挖掘机 3 台，8t 自卸车 1 台，12t 自卸车 36 台，15t 自卸车 9 台。

3. 每日土方挖运总费用＝3×1860＋1×516＋36×680＋9×850＝38226（元）；

土方挖运工作天数＝128600/3000＝42.86≈43（d）；

则土方挖运单方直接费为＝38226×43/128600＝12.78（元/m³）。

考点 4　项目机械设备管理工作的主要内容★

（1）制定设备管理制度。

（2）签订机械租赁合同，组织设备进场与退场。

（3）做好设备安全技术交底，监督操作者取得操作证，按规程操作设备。

（4）参与重要机械设备作业指导书、防范措施的制定、审查等。

（5）建立机械设备日巡查、周检查、月度大检查制度，组织设备维修保养。

（6）建立现场设备台账。

（7）负责各种资料、记录的收集、整理、存档和机械统计报表工作。

（8）负责机械危险辨识和应急预案的编制和演练。

（9）参与机械事故、未遂事故的调查、处理、报告。

考点 5　施工机械进场验收主要内容★★

（1）操作人员持证上岗。

（2）机械工作机构无损伤，运转正常，紧固件牢固。

（3）安全防护装置完好，安全、防火距离符合要求。

（4）传动部分是否灵活可靠，离合器是否灵活，制动器是否可靠，限位保险装置是否有效，机械的润滑情况是否良好。

（5）电气设备是否可靠，电阻摇测记录是否符合要求，漏电保护器灵敏可靠，接地接零保护正确。

（6）安装位置是否符合平面布置图要求。

（7）安装地基是否牢固，机械是否稳固，工作棚是否符合要求。

考点 6　土方机械选择★★

土方机械化开挖应根据工程规模、地下水情况、土方量、开挖深度、基础形式、运距、地质、现场和机具设备条件、工期要求以及土方机械的特点等合理选择挖土机械。

重点提示

建议以"特型（形）深水工具（距）质量条规"的记忆口诀进行记忆。

第三节　劳动力管理

考点 1　劳务用工管理要求★★★

（1）建筑劳务企业必须依法与工人签订劳动合同，合同中应明确工作条件、工资标准（计时工资或计件工资)、合同终止条件、双方责任、合同期限、工作内容、支付方式、支付时间等。

(2) 劳务企业应当每月对劳务作业人员应得工资进行核算,按照劳动合同约定的日期支付工资,不得以工程款拖欠、结算纠纷、垫资施工等理由随意克扣或无故拖欠工人工资。

(3) 总承包企业、专业承包企业项目部应当以劳务班组为单位,建立建筑劳务用工档案,按月归集劳动合同、考勤表、包工作业工作量完成登记表、工资发放表、班组工资结清证明等资料。

(4) 总承包企业或专业承包企业支付劳务企业劳务分包款时,应责成专人现场监督劳务企业将工资直接发放给劳务工本人,严禁发放给"包工头"或由"包工头"替多名劳务工代领工资,以避免出现"包工头"携款潜逃,劳务工工资拖欠的情况。

(5) 劳务分包单位的劳务员在进场施工前,应按实名制管理要求,将进场施工人员花名册、身份证、劳动合同文本、岗位技能证书复印件及时报送总承包商备案。

考点 2　劳务作业分包范围★★

劳务作业的分包范围有:脚手架作业、钢筋作业、混凝土作业、模板作业、焊接作业、抹灰作业、水暖电安装作业、钣金作业、石制作业、木工作业、砌筑作业、油漆作业、架线作业等。

考点 3　劳务作业分包资格预审内容★

劳务作业分包资格预审内容有:资金情况、劳动力资源情况、劳务分包单位的企业性质、施工业绩、履约能力、资质等级、社会信誉、管理水平等。

考点 4　劳动效率影响因素★★

劳动效率影响因素有:地形、地质、劳动组合、实施方案的特点、环境、气候、现场平面布置、工程特点、施工机具。

考点 5　劳动力需要量影响因素★★

劳动力需要量影响因素有:编制劳动力需要量计划时,由于班次、劳动力投入量、持续时间、劳动效率、工程量、每班工作时间之间存在一定的变量关系,因此,在计划中要注意它们之间的相互调节。

> **重点提示**
> 劳动力需要量计算会在案例分析题中考查。不要死记公式,计算过程均为基本数学运算。

实战演练

[2013真题·案例节选]

背景资料:

事件三:基于安全考虑,建设单位要求仍按原合同约定时间完成底板施工,为此施工单位采取调整劳动力计划,增加劳动力等措施,在15天内完成了2700t钢筋制作[工效为4.5 t/(人·工日)]。

问题：

3. 计算事件三中钢筋制作的劳动力投入量。编制劳动力需求计划时，需要考虑哪些参数？

[答案]

3. （1）劳动力投入量：2700/（15×4.5）＝40（人）。

（2）编制劳动力需要量计划时，需要考虑：工程量、劳动力投入量、持续时间、班次、劳动效率、每班工作时间。

考点 6　劳动力配置计划的编制方法★★

（1）按设备计算定员。

（2）按劳动定额定员。

（3）按岗位计算定员。

（4）按比例计算定员。

（5）按劳动效率计算定员。

（6）按组织机构职责范围、业务分工计算管理人员的人数。

名师总结

本章为项目资源管理，主要内容是材料管理、机械设备管理、劳动力管理，本章中记忆性内容和理解性内容均有，历年考试中多在案例分析题考查相关内容。考生需重点掌握材料采购方案的计算、ABC 分类法的计算，劳动力需求量计算过程均为基本数学运算，非计算类题目，考查劳动力管理内容居多。

同步强化训练

案例分析题

背景资料：

某工程由某建筑公司承建，工程需要采购水泥若干。根据项目经理部编制的材料需要量计划和现场仓储条件，该项目年需要采购水泥总量为 24000t。根据以上情况，现提出两种采购方案：

方案一：以半个月为单位采购周期，一次采购费用为 60 元，水泥单价 180 元/t。仓库年保管率 3.5%。

方案二：以一个月为单位采购周期，一次采购费用为 62 元，水泥单价 180 元/t，仓库年保管率 3%。

问题：

根据案例中提供的资料，通过计算决定应选择哪一种采购方案？

参考答案及解析

案例分析题

分别计算方案一和方案二的采购费和存储费之和 F：

（1）方案一：

每次采购数量为：24000/24＝1000（t）；

则采购费和储存费之和为：

$Q/2×P×A+S/Q×C=1000/2×180×$

$3.5\%+24000/1000×60=4590$（元）。

（2）方案二：

每次采购数量为：24000/12＝2000（t）；

则采购费和储存费之和为：

$Q/2 \times P \times A + S/Q \times C = 2000/2 \times 180 \times$

$3\% + 24000/2000 \times 62 = 6144$（元）。

（3）由此可见，方案一采购费和储存费之和较小，故应以每半个月为周期采购一次。

第十二章

建筑工程验收管理

▶ 学习提示

　　本章为建筑工程验收管理，主要内容是建筑工程各分部工程验收要求，考试中一般会考查案例分析题。本章内容均为记忆性内容，考生需加强记忆。

▶ 考情分析

近四年考试真题分值统计表 （单位：分）

章序	章名	2020 年			2019 年			2018 年			2017 年		
		单选	多选	案例	单选	多选	案例	单选	多选	案例	单选	多选	案例
第十二章	建筑工程验收管理	1	—	5	—	—	—	—	—	—	—	—	—

考点 1　工程资料要求★★

（1）工程资料应与建筑工程建设过程同步形成。

（2）工程资料不得随意修改；当需修改时，应实行划改，并由划改人签署。

（3）工程资料应为原件；当为复印件时，提供单位应在复印件上加盖单位印章，并应有经办人签字及日期；提供单位应对资料的真实性负责。

考点 2　工程资料分类★

工程资料分类见表12-1。

表 12-1　工程资料分类

文件类型	分类
工程资料（5类）	工程准备阶段文件、监理资料、施工资料、竣工图和工程竣工文件
工程准备阶段文件（6类）	决策立项文件、建设用地文件、勘察设计文件、招投标及合同文件、开工文件、商务文件
施工资料（8类）	施工管理资料、施工技术资料、施工进度及造价资料、施工物资资料、施工记录、施工试验记录及检测报告、施工质量验收记录、竣工验收资料
工程竣工文件（4类）	竣工验收文件、竣工决算文件、竣工交档文件、竣工总结文件

考点 3　施工资料组卷要求★

（1）专业承包工程形成的施工资料应由专业承包单位负责，并应单独组卷。

（2）电梯应按不同型号每台电梯单独组卷。

（3）室外工程应按室外建筑环境、室外安装工程单独组卷。

（4）当施工资料中部分内容不能按一个单位工程分类组卷时，可按建设项目组卷。

（5）施工资料目录应与其对应的施工资料一起组卷。

（6）应按单位工程进行组卷。

考点 4　工程资料移交★★★

（1）移交对象：

1）施工单位应向建设单位移交施工资料。

2）实行施工总承包的，各专业承包单位应向施工总承包单位移交施工资料。

3）监理单位应向建设单位移交监理资料。

4）工程资料移交时应及时办理相关移交手续，填写工程资料移交书、移交目录。

5）建设单位应按国家有关法规和标准的规定向城建档案管理部门移交工程档案，并办理相关手续。有条件时，向城建档案管理部门移交的工程档案应为原件。

重点提示

工程资料移交必须按照上述对象移交，建设单位请监理单位代为收取资料是错误做法。

（2）工程资料归档保存期限应符合国家现行有关标准的规定。当无规定时，不宜少于5年。

重点提示

（1）该考点为高频考点，案例分析题与选择题都可能考查。

（2）工程资料的移交对象是非常重要的考点。注意工程资料移交是以合同关系为原则，有合同关系才能进行工程资料移交。

考点 5 地基基础工程质量验收★★★

地基基础工程质量验收的参与者见表12-2。

表12-2 地基基础工程质量验收的参与者

组织者	建设单位项目负责人或总监理工程师
参加单位	施工、监理（建设）、设计、勘察等单位
验收组成员	总监理工程师、建设单位项目负责人、设计单位项目负责人、勘察单位项目负责人、施工单位技术质量负责人及项目经理等

当在验收过程参与工程结构验收的建设、施工、监理、设计、勘察单位各方不能形成一致意见时，应当协商提出解决的方法，待意见一致后，重新组织工程验收。

重点提示

（1）该考点案例分析题与选择题都可能考查。

（2）注意记忆地基基础工程质量验收的组织单位和参加单位。

考点 6 地基与基础工程验收应提交的资料★★★

地基与基础工程验收资料包括：岩土工程勘察报告；设计文件；图纸会审记录和技术交底资料；工程测量、定位放线记录；施工组织设计及专项施工方案；施工记录及施工单位自查评定报告；隐蔽工程验收资料；检测与检验报告；监测资料；竣工图等。

考点 7 主体结构分类★★★

主体结构主要包括混凝土结构、砌体结构、钢结构、钢管混凝土结构、型钢混凝土结构、铝合金结构、木结构等子分部工程，见表12-3。

表12-3 主体结构工程一览表

序号	子分部工程名称	分项工程
1	混凝土结构	预应力，现浇结构，模板，混凝土，钢筋，装配式结构
2	砌体结构	砖砌体，石砌体，配筋砌体，填充墙砌体，混凝土小型空心砌块砌体
3	钢结构	钢管结构安装，钢零部件加工，钢构件组装及预拼装，钢结构焊接，紧固件连接，单层钢结构安装，多层及高层钢结构安装，预应力钢索和膜结构，压型金属板，防腐涂料涂装，防火涂料涂装
4	钢管混凝土结构	钢管焊接，构件连接，构件安装，钢管内钢筋骨架，混凝土，构件现场拼装
5	型钢混凝土结构	紧固件连接，型钢与钢筋连接，型钢焊接，型钢构件组装及预拼装，型钢安装，模板，混凝土
6	铝合金结构	铝合金框架结构安装，铝合金空间网格结构安装，铝合金零部件加工，铝合金构件组装，铝合金焊接，紧固件连接，铝合金构件预拼装，铝合金面板，铝合金幕墙结构安装，防腐处理
7	木结构	胶合木结构，轻型木结构，方木与原木结构，木结构的防护

重点提示

该考点为高频考点，可以单独考查选择题，也可以与违法分包或者施工资料相结合考查案例分析题。

考点 8　结构实体检验★★★

（1）内容：混凝土强度、钢筋保护层厚度、结构位置与尺寸偏差、合同约定的项目。

（2）宜采用同条件养护试件方法，当未取得同条件养护试件或同条件养护试件强度不符合要求时，可采用回弹-取芯法进行检验。

考点 9　主体结构验收组织及验收人员★★★

主体结构验收组织及验收人员见表12-4。

表 12-4　主体结构验收组织及验收人员

组织单位	建设单位
监督单位	建设工程质量监督部门
参加单位	施工、监理、设计等单位
验收组成员	建设单位负责人、项目现场管理人员及设计、施工、监理单位项目技术负责人或质量负责人

考点 10　防水工程隐蔽工程验收★

防水工程隐蔽工程验收内容见表12-5。

表 12-5　防水工程隐蔽工程验收内容

分类	隐蔽工程验收内容
地下防水	（1）防水层的基层 （2）防水混凝土结构和防水层被掩盖的部位 （3）变形缝、施工缝等防水构造的做法 （4）管道设备穿过防水层的封固部位 （5）渗排水层、盲沟和坑槽 （6）结构裂缝注浆处理部位 （7）衬砌前围岩渗漏水处理部位 （8）基坑的超挖和回填
屋面防水	（1）卷材、涂膜防水层的基层 （2）保温层的隔汽和排汽措施 （3）保温层的铺设方式、厚度、板材接缝填充质量及热桥部位的保温措施 （4）接缝的密封处理 （5）瓦材与基层的固定措施 （6）天沟、檐沟、泛水、水落口和变形缝等细部做法 （7）在屋面易开裂和渗水部位的附加层 （8）保护层与卷材、涂膜防水层之间设置的隔离层 （9）金属板材与基层的固定和板缝间的密封处理 （10）坡度较大时，防止卷材和保温层下滑的措施
室内防水	（1）卷材、涂料、涂膜等防水层的基层 （2）密封防水处理部位 （3）管道、地漏等细部做法 （4）卷材、涂膜等防水层的搭接宽度和附加层 （5）刚柔防水各层次之间的搭接情况 （6）涂料涂层厚度、涂膜厚度、卷材厚度

考点 11　检验批验收合格条件★

对于主控项目，检验批验收应全部符合要求；对于一般项目，80％的检验批应符合要求，且偏差不超过 1.5 倍。

考点 12　子分部工程有关安全和功能检测项目★★★

子分部工程有关安全和功能检测项目见表 12-6。

表 12-6　各子分部工程有关安全和功能检测项目表

项次	子分部工程	检测项目
1	门窗工程	建筑外窗的气密性能、水密性能和抗风压性能
2	饰面板工程	饰面板后置埋件的现场拉拔力
3	饰面砖工程	外墙饰面砖样板及工程的饰面砖黏结强度
4	幕墙工程	(1) 硅酮结构胶的相容性和剥离黏结性 (2) 幕墙后置埋件和槽式预埋件的现场拉拔力 (3) 幕墙的气密性、水密性、耐风压性能及层间变形性能

【注意】幕墙工程比门窗工程多检测的内容：硅酮结构胶的相容性试验、后置埋件的现场拉拔强度、平面变形性能。

重点提示

该考点案例分析题与选择题都可能考查。注意记忆各子分部工程有关安全和功能检测项目，案例分析题可考查问答题。

考点 13　装饰装修工程质量验收要求★

(1) 建筑装饰装修分部工程由总承包单位施工时，按分部工程验收。

(2) 装饰装修分包单位对承建的项目检验时，总承包单位应参加，检验合格后，分包单位应将工程的有关资料移交总包单位。

(3) 当建筑工程只有装饰装修分部工程时，该工程应作为单位工程验收。

名师总结

本章为建筑工程验收管理，主要内容是建筑工程各分部工程验收要求，考试多考查案例分析题。本章主体结构相关内容是高频考点。

┃ 同步强化训练 ┃

案例分析题

背景资料：

某施工单位在中标某高档办公楼工程中，与建设单位按照《建设工程施工合同（示范文本）》（GF—2017—0201）签订了施工总承包合同，合同中约定总承包单位将装饰装修、幕墙等分部分项工程进行专业分包。

施工过程中，监理单位下发针对专业分包工程范围内墙面装饰装修做法的设计变更指令，在变更指令下发后第 10 天，专业分包单位向监理工程师提出该项变更的估价申请。监理工程师审核时发现计算有误，要求施工单位修改。于变更令下发后的第 17 天，监理工程师再次收到变更估价申请，经审核无误后提交建设单位，但一直未收到建设单位的审批意见。次月底，施工单位在上报已完工程进度款支付时，包含了经监理工程师审核、已完成的该项变更所对应的费用，建设单位以未审批同意为由予以扣除，并提出变更设计增加款项只能在竣工结算前最后一期的进度款中支付。

该工程完工后，建设单位指令施工各单位组织相关人员进行竣工验收，并要求总监理工程师在预验收通过后立即组织参建各方相关人员进行竣工验收。建设行政主管部门提出验收组织安排有误，责令建设单位予以更正。

竣工验收通过后，总承包单位、专业分包单位分别将各自施工范围的工程资料移交到监理机构，监理机构整理后将施工资料与工程监理资料一并向当地城建档案管理部门移交，被城建档案管理部门以资料移交程序错误为由予以拒绝。

问题：

1. 在墙面装饰装修做法的设计变更估价申请报送及进度款支付过程中都存在哪些错误之处？分别写出正确做法。

2. 针对建设行政主管部门责令改正的验收组织错误，本工程的竣工预验收应由谁来组织？施工单位哪些人必须参加？本工程的竣工验收应由谁组织？

3. 分别指出总包单位、专业分包单位、监理单位的工程资料的正确移交程序。

参考答案及解析

案例分析题

1. （1）错误之处一：专业分包单位不应直接向监理工程师提出申请。

正确做法：专业分包单位应向总包单位提出，由总包单位向监理工程师提出申请。

（2）错误之处二：建设单位以未审批同意为由予以扣除该项变更的费用。

正确做法：发包人在承包人提交变更估价申请后14天内予以审批，逾期未审批的视为认可承包人提交的变更估价申请。建设单位应该认同该项变更费用，不应扣除。

（3）错误之处三：变更设计增加款项只能在竣工结算前最后一期的进度款中支付。

正确做法：因变更引起的价格调整应计入最近一期的进度款中支付。

2. （1）本工程的竣工预验收应有总监理工程师组织。

（2）施工单位必须参加的人员有：施工总承包单位的项目负责人和项目技术负责人以及分包单位的项目负责人和项目技术负责人。

（3）本工程的竣工验收应由建设单位项目负责人组织。

3. 工程资料移交的正确程序：

（1）专业分包单位工程资料移交到总包单位。

（2）总承包单位将工程资料（含专业分包单位的资料）移交到建设单位。

（3）监理机构整理后的工程监理资料移交给建设单位，建设单位再移交给当地城建档案管理部门。

第三篇

建筑工程项目施工相关法规与标准

第十三章

建筑工程相关法规

▶ 学习提示

　　本章为建筑工程相关法规，主要内容是建筑工程建设相关法规与施工安全生产及施工现场管理相关法规，历年考试中选择题与案例分析题都会考查。本章内容均为记忆性内容。

▶ 考情分析

近四年考试真题分值统计表

（单位：分）

节序	节名	2020 年			2019 年			2018 年			2017 年		
		单选	多选	案例	单选	多选	案例	单选	多选	案例	单选	多选	案例
第一节	建筑工程建设相关法规	—	—	—	—	—	—	—	—	—	—	—	—
第二节	施工安全生产及施工现场管理相关法规	—	—	—	1	—	5	—	—	—	—	—	3
	合计	—	—	—	1	—	5	—	—	—	—	—	3

第一节　建筑工程建设相关法规

考点 1　建筑施工规定★

（1）施工单位对因建设工程施工可能造成损害的毗邻建筑物、构筑物和地下管线等，应当采取专项防护措施。

（2）《城市地下管线工程档案管理办法》（原建设部第136号令）中规定：施工单位在地下管线工程施工前应当取得施工地段地下管线现状资料；施工中发现未建档的管线，应当及时通过建设单位向当地县级以上人民政府建设主管部门或者规划主管部门报告。

（3）因建设单位未移交地下管线工程档案，造成施工单位在施工中损坏地下管线的，建设单位依法承担相应的责任。

考点 2　城市档案管理基本规定★★

（1）工程文件应随工程建设进度同步形成，不得事后补编。

（2）工程资料管理人员应经过工程文件归档整理的专业培训。

（3）归档的纸质工程文件应为原件。

（4）工程文件中文字材料幅面尺寸规格宜为A4幅面，图纸宜采用国家标准图幅。

（5）归档的建设工程电子文件应采用电子签名等手段，所载内容应真实和可靠，内容必须与其纸质档案一致。

（6）勘察、设计单位应在任务完成后，施工、监理单位应在工程竣工验收前，将各自形成的有关工程档案向建设单位归档。

（7）工程档案的编制不得少于两套，一套应由建设单位保管，一套（原件）应移交当地城建档案管理机构保存。

（8）停建、缓建建设工程的档案，可暂由建设单位保管。

考点 3　保温工程保修期★★★

（1）在正常使用条件下，保温工程的最低保修期限为5年。

（2）保温工程的保修期，自竣工验收合格之日起计算。

（3）保温工程在保修范围和保修期内发生质量问题的，施工单位应当履行保修义务，并对造成的损失依法承担赔偿责任。

第二节　施工安全生产及施工现场管理相关法规

考点 1　安全事故处理有关规定★★★

（1）事故发生后，事故现场有关人员应当立即向本单位负责人报告。

（2）单位负责人接到报告后，应当于1h内向事故发生地县级以上人民政府安全生产监督管理部门和负有安全生产监督管理职责的有关部门报告。

（3）自事故发生之日起30d内，事故造成的伤亡人数发生变化的，应当及时补报。

（4）因抢救人员、防止事故扩大以及疏通交通等原因，需要移动事故现场物件的，应当做出标志，绘制现场简图并做出书面记录，妥善保存现场重要痕迹、物证。

实战演练

[2019真题·单选] 工程建设安全事故发生后，事故现场有关人员应当立即报告（ ）。

A. 应急管理部门

B. 建设单位负责人

C. 劳动保障部门

D. 本单位负责人

[解析] 工程建设生产安全事故处理的有关规定：事故发生后，事故现场有关人员应当立即向本单位负责人报告。

[答案] D

[经典例题·单选] 事故报告后出现新情况，以及事故发生之日起（ ）d内伤亡人数发生变化的，应当及时补报。

A. 30   B. 40

C. 15   D. 14

[解析] 事故报告后出现新情况，以及事故发生之日起30d内伤亡人数发生变化的，应当及时补报。

[答案] A

重点提示

（1）该考点为高频考点，案例分析题与选择题均可考查，案例分析题考查居多。

（2）事故报告的主体、事故报告的对象以及报告期限是考查重点，务必掌握。

考点 2 安全事故上报要求★★★

安全生产监督管理部门和负有安全生产监督管理职责的有关部门接到事故报告后，应当依照下列规定上报事故情况，并通知公安机关、劳动保障行政部门、工会和人民检察院：

（1）特别重大事故、重大事故逐级上报至国务院安全生产监督管理部门和负有安全生产监督管理职责的有关部门。

（2）较大事故逐级上报至省、自治区、直辖市人民政府安全生产监督管理部门和负有安全生产监督管理职责的有关部门。

（3）一般事故上报至设区的市级人民政府安全生产监督管理部门和负有安全生产监督管理职责的有关部门。

考点 3 报告事故内容★★★

（1）事故发生单位概况。

（2）事故发生的时间、地点以及事故现场情况。

（3）事故的简要经过。

（4）事故已经造成或者可能造成的伤亡人数（包括下落不明的人数）和初步估计的直接经济损失。

（5）已经采取的措施。

（6）其他应当报告的情况。

考点 4　事故调查★★

（1）特别重大事故由国务院或者国务院授权有关部门组织事故调查组进行调查。

（2）重大事故、较大事故、一般事故分别由事故发生地省级人民政府、设区的市级人民政府、县级人民政府负责调查。省级人民政府、设区的市级人民政府、县级人民政府可以直接组织事故调查组进行调查，也可以授权或者委托有关部门组织事故调查组进行调查。

（3）未造成人员伤亡的一般事故，县级人民政府也可以委托事故发生单位组织事故调查组进行调查。

（4）事故调查组应当自事故发生之日起60d内提交事故调查报告；特殊情况下，经负责事故调查的人民政府批准，提交事故调查报告的期限可以适当延长，但延长的期限最长不超过60d。

（5）重大事故、较大事故、一般事故，负责事故调查的人民政府应当自收到事故调查报告之日起15d内做出批复；特别重大事故，30d内做出批复；特殊情况下，批复时间可以适当延长，但延长的时间最长不超过30d。

（6）事故发生单位应当按照负责事故调查的人民政府的批复，对本单位负有事故责任的人员进行处理。

考点 5　事故调查组参加部门★★★

事故调查组由有关人民政府、安全生产监督管理部门、负有安全生产监督管理职责的有关部门、监察机关、公安机关以及工会派人组成，并应当邀请人民检察院派人参加。

考点 6　事故调查报告内容★★★

（1）事故发生单位概况。

（2）事故发生经过和事故救援情况。

（3）事故造成的人员伤亡和直接经济损失。

（4）事故发生的原因和事故性质。

（5）事故责任的认定以及对事故责任者的处理建议。

（6）事故防范和整改措施。

考点 7　应单独编制安全专项施工方案的工程★★★

应单独编制安全专项施工方案的工程见表13-2-1。

表13-2-1　应单独编制安全专项施工方案的工程

工程类别	专项施工方案	专家论证
基坑开挖、支护、降水	开挖深度超过3m（含3m）或虽未超过3m但地质条件、周围环境和地下管线复杂，或影响毗邻建、构筑物安全	开挖深度超过5m（含5m）

续表

工程类别	专项施工方案	专家论证
模板工程及支撑体系	(1) 各类工具式模板工程：包括滑模、爬模、飞模、隧道模等工程 (2) 混凝土模板支撑工程：搭设高度5m及以上；搭设跨度10m及以上；施工总荷载（荷载效率基本组合的设计值，以下简称设计值）10kN/m²及以上；集中线荷载（设计值）15kN/m及以上；高度大于支撑水平投影宽度且相对独立无联系构件的混凝土模板支撑工程 (3) 承重支撑体系：用于钢结构安装等满堂支撑体系	(1) 工具式模板工程：包括滑模、爬模、飞模、隧道模等工程 (2) 混凝土模板支撑工程：搭设高度8m及以上；搭设跨度18m及以上，施工总荷载15kN/m²及以上；集中线荷载20kN/m及以上。 (3) 承重支撑体系：用于钢结构安装等满堂支撑体系，承受单点集中荷载7kN以上
起重吊装及安装拆卸工程	略	略
脚手架工程	(1) 搭设高度24m及以上的落地式钢管脚手架工程（包括采光井、电梯井脚手架）。 (2) 附着式升降脚手架工程 (3) 悬挑式脚手架工程 (4) 高处作业吊篮 (5) 卸料平台、操作平台工程 (6) 异型脚手架工程	(1) 搭设高度50m及以上落地式钢管脚手架工程 (2) 提升高度150m及以上附着式整体和分片提升脚手架工程 (3) 架体高度20m及以上悬挑式脚手架工程
拆除、爆破工程	略	略
暗挖工程	略	略
其他	(1) 建筑幕墙安装工程 (2) 钢结构、网架和索膜结构安装工程。 (3) 人工挖扩孔桩工程 (4) 水下作业工程 (5) 装配式建筑混凝土预制构件安装工程 (6) 采用新技术、新工艺、新材料、新设备及尚无相关技术标准的危险性较大的分部分项工程	(1) 施工高度50m及以上的建筑幕墙安装工程 (2) 跨度大于36m及以上的钢结构安装工程；跨度大于60m及以上的网架和索膜结构安装工程 (3) 开挖深度超过16m的人工挖孔桩工程 (4) 水下作业工程 (5) 重量1000kN及以上的大型结构整体顶升、平移、转体等施工工艺 (6) 采用新技术、新工艺、新材料、新设备及尚无相关技术标准的危险性较大的分部分项工程

┌─【重】【点】【提】【示】┐
(1) 该考点为高频考点，选择题与案例分析题都可能考查。
(2) 应单独编制安全专项施工方案的工程中模板工程和脚手架工程考查相对较多。
└────────────────┘

考点 8 危大工程专项施工方案的编制和审批★★★

一、编制单位

施工单位应当在危大工程施工前组织工程技术人员编制专项施工方案。实行施工总承包的，专项施工方案应当由施工总承包单位组织编制。危大工程实行分包的，专项施工方案可以由相关专业分包单位组织编制。

二、危大工程专项施工方案的主要内容

（1）工程概况。
（2）编制依据。
（3）施工计划。
（4）施工工艺技术。
（5）施工安全保证措施。
（6）施工管理及作业人员配备和分工。
（7）验收要求。
（8）应急处置措施。
（9）计算书及相关施工图纸。

三、审批流程

专项施工方案应当由施工单位技术负责人审核签字、加盖单位公章，并由总监理工程师审查签字、加盖执业印章后方可实施。危大工程实行分包并由分包单位编制专项施工方案的，专项施工方案应当由总承包单位技术负责人及分包单位技术负责人共同审核签字并加盖单位公章。

考点 9 专家论证★★★

（1）对于超过一定规模的危大工程，施工单位应当组织召开专家论证会对专项施工方案进行论证。实行施工总承包的，由施工总承包单位组织召开专家论证会。专家论证前专项施工方案应当通过施工单位审核和总监理工程师审查。

（2）专家应当从地方人民政府住房城乡建设主管部门建立的专家库中选取，符合专业要求且人数不得少于 5 名。与本工程有利害关系的人员不得以专家身份参加专家论证会。

（3）专家组成员：①诚实守信、作风正派、学术严谨；②从事专业工作 15 年以上或具有丰富的专业经验；③具有高级专业技术职称。

考点 10 危大工程验收人员★★★

危大工程验收人员应当包括：

（1）总承包单位和分包单位技术负责人或授权委派的专业技术人员、项目负责人、项目技术负责人、专项施工方案编制人员、项目专职安全生产管理人员及相关人员。

（2）监理单位项目总监理工程师及专业监理工程师。

（3）有关勘察、设计和监测单位项目技术负责人。

重点提示

（1）掌握专家论证会的相关要求。
（2）专家论证会成员包括两部分，一是建筑五方主体的负责人，二是专家组成员，建筑五方主体不能充当专家组成员。

┌─ 名师总结 ─┐

　　本章为建筑工程相关法规，均为记忆性内容，其中安全事故的调查与处理、安全专项方案的编制要求与专家论证要求是历年考试中案例分析题的考查重点。

┃ 同步强化训练 ┃

案例分析题

　　背景资料：

　　某公共建筑工程，建筑面积22000m²，地下2层，地上5层，层高3.2m，钢筋混凝土框架结构。大堂一至三层中空，大堂顶板为钢筋混凝土井字梁结构。某施工总承包单位承担施工任务。

　　合同履行过程中，发生了下列事件：

　　事件一：施工总承包单位进场后，采购了110吨Ⅱ级钢筋，钢筋出厂合格证明资料齐全。施工总承包单位将同一炉罐号的钢筋组批，在监理工程师见证下，取样复试。

　　复试合格后，施工总承包单位在现场采用冷拉方法调直钢筋，冷拉率控制为3%。监理工程师责令施工总承包单位停止钢筋加工工作。

　　事件二：施工总承包单位根据《危险性较大的分部分项工程安全管理办法》，会同建设单位、监理单位、勘察设计单位相关人员，聘请了外单位五位专家及本单位总工程师共计六人组成专家组，对《土方及基坑支护工程施工方案》进行论证。专家组提出了口头论证意见后离开，论证会结束。

　　事件三：基础工程施工完成后，在施工总承包单位自检合格、总监理工程师签署"质量控制资料符合要求"的审查意见基础上，施工总承包单位项目经理组织施工单位质量部门负责人、总监理工程师进行了分部工程验收。

　　事件四：底板混凝土施工中，混凝土浇筑从高处开始，沿短边方向自一端向另一端进行。在混凝土浇筑完12h内对混凝土表面进行保温保湿养护，养护持续7d。养护至72h时，测温显示混凝土内部温度70℃，混凝土表面温度35℃。

　　事件五：项目经理部编制防火设施平面布置图后，立即交由施工人员按此进行施工。在基坑上口周边四个转角处分别设置了临时消火栓，东西向距离120m，加上基坑工作面、支护等距离，临时消火栓间距超过东西向距离120m。在60m²的木工棚内配备了2只灭火器及相关消防辅助工具。消防检查时对此提出了整改意见。

　　问题：

　　1. 指出事件一中施工总承包单位做法的不妥之处，分别写出正确做法。

　　2. 指出事件二中的不妥之处，并分别说明理由。

　　3. 事件三中，施工总承包单位项目经理组织基础工程验收是否妥当？说明理由。本工程地基基础分部工程验收还应包括哪些人员？

　　4. 指出事件四中底板大体积混凝土浇筑及养护的不妥之处，并写出正确做法。

　　5. 事件五中存在哪些不妥之处？并分别给出正确做法。

┃ 参考答案及解析 ┃

案例分析题

1. 事件一中，施工总承包单位做法的不妥之

处及正确做法：

　　（1）不妥之处一：施工总承包单位将同一

炉罐号的钢筋组批进行取样复试。

正确做法：按同一厂家生产的同一品种、同一类型、同一生产批次的进场材料组批进行取样复试。

（2）不妥之处二：调直钢筋时，冷拉率控制为3%。

正确做法：调直钢筋时，冷拉率不应超过1%。

2. 事件二中的不妥之处及理由：

（1）不妥之处一：施工总承包单位总工程师作为专项方案论证专家组成员。

理由：本项目参建各方的人员都不得以专家身份参加专家论证会。

（2）不妥之处二：专家组提出了口头论证意见后离开。

理由：专家组应当提交论证报告，对论证的内容提出明确的意见，并在论证报告上签字。

3. （1）施工总承包单位项目经理组织基础工程验收不妥当。

理由：应由总监理工程师组织基础工程验收。

（2）本工程地基基础分部工程验收还应包括的人员有：总监理工程师、建设单位项目负责人、设计单位项目负责人、勘察单位项目负责人、施工单位技术负责人等。

4. 事件四中的不妥之处及正确做法：

（1）不妥之处一：混凝土浇筑从高处开始，沿短边方向自一端向另一端进行。

正确做法：混凝土浇筑从低处开始，沿长边方向自一端向另一端进行。

（2）不妥之处二：混凝土保湿养护持续7d。

正确做法：保湿养护持续时间不少于14d。

（3）不妥之处三：养护至72h时，测温显示混凝土内部温度70℃，混凝土表面温度35℃。

正确做法：表面以内40～100mm处，养护阶段与表面温度差值不应大于25℃，拆模后与环境温度差值不应大于25℃。

5. 事件五中的不妥之处及正确做法：

（1）不妥之处一：项目经理部编制防火设施平面布置图后，立即交由施工人员按此进行施工。

正确做法：施工组织设计要有消防方案及防火设施平面图，并按照有关规定报公安监督机关审批或备案。

（2）不妥之处二：在基坑上口周边四个转角处分别设置了临时消火栓；东西向距离120m，加上基坑工作面、支护等距离，临时消火栓间距超过东西向距离120m。

正确做法：东西向增设1个临时消火栓；消火栓间距不大于120m；距拟建房屋不小于5m，不大于25m，距路边不大于2m。

（3）不妥之处三：在60m²的木工棚内配备了2只灭火器。

正确做法：在60m²的木工棚内至少配备3只灭火器，因为临时木工间、油漆间、木机具间等，每25m²必须配备一只灭火器。

第十四章

建筑工程相关技术标准

▶学习提示

　　本章为建筑工程相关技术标准，主要内容为施工管理过程中各分部分项工程的施工技术标准，历年考试中选择题与案例分析题都占有部分分值。学习本章内容时，应结合技术部分建筑工程施工技术章节的相关内容联系记忆。

▶考情分析

近四年考试真题分值统计表　（单位：分）

节序	节名	2020 年			2019 年			2018 年			2017 年		
		单选	多选	案例	单选	多选	案例	单选	多选	案例	单选	多选	案例
第一节	安全防火及室内环境污染控制相关规定	1	2	—	2	—	—	—	—	—	2	—	2
第二节	地基基础工程相关标准	—	2	—	2	—	—	—	—	—	—	—	2
第三节	主体结构工程相关标准	—	—	8	—	—	—	—	—	5	—	1	5
第四节	屋面及装饰装修工程相关标准	—	2	—	—	—	5	—	—	—	—	—	—
第五节	项目管理相关规定	—	—	—	—	—	12	2	—	—	—	—	7
	合计	1	6	8	4	—	17	2	—	5	2	1	16

第一节　安全防火及室内环境污染控制相关规定

考点 1　装修材料燃烧性能等级★★★

装修材料燃烧性能等级见表14-1-1。

表 14-1-1　装修材料燃烧性能等级

等级	装修材料燃烧性能
A	不燃性
B_1	难燃性
B_2	可燃性
B_3	易燃性

考点 2　外墙外保温系统保温材料燃烧性能要求★★

（1）材料燃烧性能要求见表14-1-2。

表 14-1-2　材料燃烧性能要求

燃烧性能	与基层墙体、装饰层间无空腔		与基层墙体、装饰层间有空腔
	住宅	其他建筑	
A	高度＞100m	高度＞50m	高度＞24m
B_1	27m＜高度≤100m	24m＜高度≤50m	高度≤24m
B_2	高度≤27m	高度≤24m	—

（2）当建筑外墙外保温系统按有关规范要求采用燃烧性能为 B_1、B_2 级的保温材料时，应在保温系统中每层设置水平防火隔离带。防火隔离带应采用燃烧性能等级为 A 级的材料，防火隔离带的高度不应小于300mm。

（3）建筑的外墙外保温系统应采用不燃材料在其表面设置防护层，防护层应将保温材料完全包覆。

实战演练

［2017真题·单选］建筑高度110m的外墙保温材料的燃烧性能等级应为（　　）。

A. A级

B. A 或 B_1 级

C. B_1 级

D. B_2 级

［解析］按照外墙外保温系统保温材料燃烧性能要求，建筑高度超过100m的外墙保温材料的燃烧性能等级应为 A 级。

［答案］A

重点提示

明确相关规定以应对选择题。外墙外保温系统保温材料燃烧性能要求可与建筑高度相联系考查案例分析题。

第十四章

考点 3 民用建筑工程分类★★★

民用建筑工程分类见表 14-1-3。

表 14-1-3 民用建筑工程分类

类型	内容
Ⅰ类民用建筑工程	住宅、居住功能公寓、医院病房、老年人照料房屋设施、幼儿园、学校教室、学生宿舍等
Ⅱ类民用建筑工程	办公楼、商店、旅馆、文化娱乐场所、书店、图书馆、展览馆、体育馆、公共交通等候室、餐厅等

考点 4 室内环境污染物浓度限量★★★

民用建筑工程室内环境污染物浓度限量见表 14-1-4。

表 14-1-4 民用建筑工程室内环境污染物浓度限量

污染物	Ⅰ类民用建筑	Ⅱ类民用建筑	污染物	Ⅰ类民用建筑	Ⅱ类民用建筑
氡/（Bq/m³）	≤150	≤150	甲苯（mg/m³）	≤0.15	≤0.20
甲醛/（mg/m³）	≤0.07	≤0.08	二甲苯（mg/m³）	≤0.20	≤0.20
氨/（mg/m³）	≤0.15	≤0.20	TVOC（mg/m³）	≤0.45	≤0.50
苯/（mg/m³）	≤0.06	≤0.09			

重点提示

掌握室内环境污染物种类，以及各种污染物在不同等级建筑中的浓度要求。注意检测浓度是各检测点结果的平均值。

考点 5 室内环境污染物浓度检测点数★★

室内环境污染物浓度检测点数见表 14-1-5。

表 14-1-5 室内环境污染物浓度检测点数

房间使用面积/m²	检测点数/个	房间使用面积/m²	检测点数/个
＜50	1	≥500、＜1000	不少于 5
≥50、＜100	2	≥1000	≥1000m² 的部分，每增加 1000m² 增设 1 点，增加面积不足 1000m² 时按增加 1000m² 计算
≥100、＜500	不少于 3		

考点 6 室内环境污染物浓度抽检要求★★★

（1）当房间内有 2 个及以上检测点时，应采用对角线、斜线、梅花状均衡布点，并取各点检测结果的平均值作为该房间的检测值。

（2）民用建筑工程验收时，环境污染物浓度现场检测点应距内墙面不小于 0.5m、距楼地面高度 0.8～1.5m。检测点应均匀分布，避开通风道和通风口。

（3）民用建筑工程及室内装修工程的室内环境质量验收，应在工程完工至少 7d 以后、工程交付使用前进行。

（4）幼儿园、学校教室、学生宿舍、老年人照料房屋设施室内装饰装修验收时，室内空气中氡、甲醛、氨、苯、甲苯、二甲苯、TVOC 的抽检量不得少于房间总数的 50%，且不得少于 20 间。当房间总数不大于 20 间时，应全数检测。

（5）民用建筑工程验收时，凡进行了样板间室内环境污染物浓度检测且检测结果合格的，其同一装饰装修设计样板间类型的房间抽检量可减半，并不得少于 3 间。

（6）当对民用建筑室内环境中的甲醛、氨、苯、甲苯、二甲苯、TVOC 浓度检测时，装饰装修工程中完成的固定式家具应保持正常使用状态；采用集中通风的民用建筑工程，应在通风系统正常运行的条件下进行；采用自然通风的民用建筑工程，检测应在对外门窗关闭 1h 后进行。

（7）民用建筑室内环境中氡浓度检测时，对采用集中通风的民用建筑工程，应在通风系统正常运行的条件下进行；采用自然通风的民用建筑工程，应在房间的对外门窗关闭 24h 以后进行。

（8）检测结果的判定与处理：当室内环境污染物浓度检测结果不符合规范规定时，应对不符合项目再次加倍抽样检测，并应包括原合格的同类型房间及原不合格房间。

重点提示

民用建筑工程及室内装修工程的室内环境质量验收，应在工程完工至少 7d 以后、工程交付使用前进行。此处考试时经常会混淆 7d 的概念，如背景资料中在工程交付使用后 7d 验收，则属错误做法。

实战演练

[经典例题·单选] 民用建筑工程验收时，进行了样板间室内环境污染物浓度检测且检测结果合格，抽检数量可减半，但不得少于（　　）间。

A. 2　　　　　　　　　　　　　　　　B. 3

C. 5　　　　　　　　　　　　　　　　D. 7

[解析] 民用建筑工程验收时，凡进行了样板间室内环境污染物浓度检测且检测结果合格的，抽检数量减半，并不得少于 3 间。

[答案] B

[2017 真题·案例节选]

背景资料：

某新建别墅群项目，总建筑面积 45000m²，各幢别墅均为地下 1 层，地上 3 层，砖混结构。

监理工程师对室内装饰装修工程检查验收后，要求在装饰装修完工后第 5 天进行 TVOC 等室内环境污染物浓度检测。项目部对检测时间提出异议。

问题：

4. 项目部对检测时间提出异议是否正确？并说明理由。针对本工程，室内环境污染物浓度检测还应包括哪些项目？

[答案]

4.（1）项目部对检测时间提出异议正确。

理由：民用建筑工程及室内装修工程的室内环境质量验收，应在工程完工至少 7d 以后、工程交付使用前进行。

（2）针对本工程室内环境污染物浓度检测还有氡、甲醛、氨、苯、甲苯、二甲苯等。

> **重点提示**
>
> （1）该考点选择题与案例分析题均可考查，案例分析题考查居多。
>
> （2）注意检测应在工程完工至少 7d 以后、工程交付使用前进行。掌握检测方法与检测点的布置要求。

第二节　地基基础工程相关标准

考点 1　素灰土地基、砂和砂石地基★★

（1）素、灰土地基：施工前应检查素土、灰土土料、石灰或水泥等配合比及灰土的拌合均匀性；施工中应检查分层铺设的厚度、夯实时的加水量、夯压遍数及压实系数。

（2）砂、砂石地基：施工前应检查砂、石等原材料质量和配合比及砂、石拌合的均匀性。施工中应检查分层厚度、分段施工时搭接部分的夯实情况、加水量、压实遍数、压实系数。

（3）施工结束后，应进行地基承载力检验。

考点 2　桩基础要求★★

（1）桩位的放样允许偏差：群桩 20mm；单排桩 10mm。

（2）灌注桩混凝土强度检验的试件应在施工现场随机抽取。来自同一搅拌站的混凝土，每浇筑 $50m^3$ 必须至少留置 1 组试件；当混凝土浇筑量不足 $50m^3$ 时，每连续浇筑 12h 必须至少留置 1 组试件。对单柱单桩，每根桩应至少留置 1 组试件。

（3）工程桩应进行承载力检验。设计等级为甲级或地质条件复杂时，应采用静载试验的方法对桩基承载力进行检验，检验桩数不应少于总桩数的 1％，且不应少于 3 根，当总桩数少于 50 根时，不应少于 2 根。在有经验和对比资料的地区，设计等级为乙级、丙级的桩基可采用高应变法对桩基进行竖向抗压承载力检测，检测数量不应少于总桩数的 5％，且不应少于 10 根。

（4）工程桩应进行桩身完整性检验。抽检数量不应少于总桩数的 20％，且不应少于 10 根。每根柱子承台下的桩抽检数量不应少于 1 根。

> **重点提示**
>
> （1）该考点案例分析题与选择题均可考查，案例分析题考查居多。
>
> （2）桩基础的承载力检验以及桩身质量检验是近年来考查的重点，对于以上要求的数字表达要重点记忆。
>
> （3）混凝土灌注桩在灌注混凝土前要进行二次清孔，这是重要工序。

考点 3　一级基坑★

（1）重要工程或支护结构做主体结构的一部分。

（2）开挖深度大于 10m。

（3）与邻近建筑物、重要设施的距离在开挖深度以内的基坑。

（4）基坑范围内有历史文物、近代优秀建筑、重要管线等须严加保护的基坑。

考点 4　地下工程防水等级★★

地下工程防水等级分为 4 级，1 级防水标准为不允许渗水，结构表面无湿渍。

考点 5　地下防水混凝土要求★

（1）防水混凝土适用于抗渗等级不小于 P6 的地下混凝土结构，不适用于环境温度高于 80℃的地下工程。

（2）防水混凝土的抗压强度和抗渗性能必须符合设计要求，防水混凝土的变形缝、施工缝、后浇带、穿墙管道、埋设件等设置和构造必须符合设计要求。

考点 6　地下防水涂料防水层要求★

（1）涂料防水层适用于受侵蚀性介质作用或受振动作用的地下工程；有机防水涂料宜用于主体结构的迎水面，无机防水涂料宜用于主体结构的迎水面或背水面。

（2）采用有机防水涂料时，基层阴阳角处应做成圆弧；在转角处、变形缝、施工缝、穿墙管等部位应增加胎体增强材料和增涂防水层，宽度不应小于 500mm。

第三节　主体结构工程相关标准

考点 1　砌体结构基本规定★★

（1）基底标高不同时，应从低处砌起，并应由高处向低处搭砌。

（2）在墙上留置临时施工洞口，其侧边离交接处墙面不应小于 500mm，洞口净宽度不应超过 1m。

（3）施工脚手眼补砌时，灰缝应填满砂浆，不得用干砖填塞。

（4）宽度超过 300mm 的洞口上部，应设置过梁。

（5）砌体施工质量控制等级分为 A、B、C 三级，配筋砌体不得为 C 级施工。

（6）在墙体砌筑过程中，当砌筑砂浆初凝后，块体被撞动或需移动时，应将砂浆清除后再铺浆砌筑。

（7）多孔砖的孔洞应垂直于受压面砌筑。

考点 2　混凝土小型空心砌块砌体工程要求★★

（1）施工时所用的小砌块的产品龄期不应小于 28d。

（2）底层室内地面以下或防潮层以下的砌体，应采用强度等级不低于 C20（或 Cb20）的混凝土灌实小砌块的孔洞。

（3）小砌块应将生产时的底面朝上反砌于墙上。

（4）施工洞口可预留直槎，但在洞口砌筑和补砌时，应在直槎上下搭砌的小砌块孔洞内用强度等级不低于 C20（或 Cb20）的混凝土灌实。

考点 3　钢筋分项工程主控项目★★

（1）钢筋进场时，应按国家现行相关标准的规定抽取试件作屈服强度、抗拉强度、伸长率、弯曲性能和重量偏差检验（成型钢筋进场可不检验弯曲性能）。

（2）当发现钢筋脆断、焊接性能不良或力学性能显著不正常等现象时，应对该批钢筋进行化学成分检验或其他专项检验。

（3）同一构件中相邻纵向受力钢筋的绑扎搭接接头宜相互错开。绑扎搭接接头中钢筋的横向净距不应小于钢筋直径，且不应小于 25mm。

（4）钢筋绑扎搭接接头连接区段的长度为 $1.3l_l$（l_l 为搭接长度），凡搭接接头中点位于该连接区段长度内的搭接接头均属于同一连接区段。

（5）同一连接区段内，纵向受拉钢筋搭接接头面积百分率应符合下列规定：

1）对梁类、板类及墙类构件，不宜大于25%。

2）对柱类构件，不宜大于50%。

3）当工程中确有必要增大接头面积百分率时，对梁类构件，不应大于50%；对其他构件，可根据实际情况放宽。

重点提示

纵向受力钢筋的接头面积百分率，是计算从搭接中心取1.3倍搭接长度（称为连接区段）内共有几个搭接中心。如图14-3-1所示，钢筋的接头面积百分率为50%。

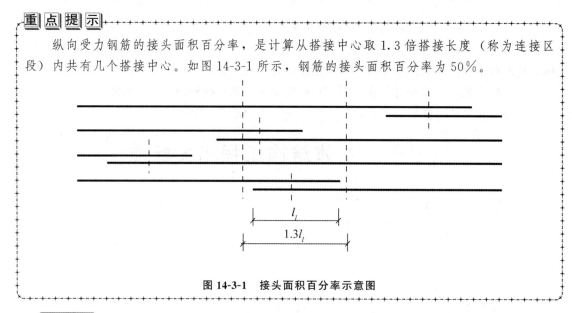

图14-3-1　接头面积百分率示意图

考点 4　混凝土试件留置要求★★★

（1）用于检查结构构件混凝土强度的试件，应在混凝土的浇筑地点随机抽取。取样与试件留置应符合下列规定：

1）每拌制100盘且不超过100m³的同配合比的混凝土，取样不得少于一次。

2）每工作班拌制的同一配合比的混凝土不足100盘时，取样不得少于一次。

3）当一次连续浇筑超过1000m³时，同一配合比的混凝土每200m³取样不得少于一次。

4）每一楼层、同一配合比的混凝土，取样不得少于一次。

5）每次取样应至少留置一组标准养护试件，同条件养护试件的留置组数应根据实际需要确定。

（2）应在浇筑完毕后的12h以内对混凝土加以覆盖并保湿养护。

（3）混凝土养护用水与拌制用水相同。

重点提示

（1）该考点案例分析题与选择题均可考查。

（2）该考点均为记忆性内容，重点掌握钢筋原材料的技术要求与混凝土施工技术要求。

✎实战演练

［经典例题·多选］下列关于混凝土取样与试块留置的说法，正确的有（　　　）。

A. 用于检查结构构件混凝土强度的试件，应在混凝土运至施工现场浇筑首方灰时抽取

B. 每一楼层取样不得少于一次

C. 每次取样至少留置一组标准养护试件

D. 当一次连续浇筑超过 1000m³ 时，每 200m³ 取样不得少于一次

E. 每次取样至少留置三组标准养护试件

［解析］结构混凝土的强度等级必须符合设计要求。用于检查结构构件混凝土强度的试件，应在混凝土的浇筑地点随机抽取。对于同一配合比的混凝土，取样与试件留置应符合下列规定：①每拌制 100 盘且不超过 100m³ 同配合比的混凝土，取样不得少于一次；②每工作班拌制不足 100 盘时，取样不得少于一次；③每次连续浇筑超过 1000m³ 时，每 200m³ 取样不得少于一次；④每一楼层取样不得少于一次；⑤每次取样至少留置一组标准养护试件，同条件养护试件留置组数根据实际需要确定。

［答案］BCD

考点 5　混凝土结构子分部工程验收文件★

混凝土结构子分部工程验收时，除应符合《混凝土结构工程施工质量验收规范》（GB 50204—2015）的有关规定外，还应提供下列文件和记录：

（1）工程设计文件、预制构件安装施工图和加工制作详图。

（2）预制构件、主要材料和配件的质量证明文件、进场验收记录、抽样复验报告。

（3）预制构件安装施工记录。

（4）钢筋套筒灌浆型式检验报告、工艺检验报告和施工检验记录，浆锚搭接连接的施工检验记录。

（5）后浇混凝土部位的隐蔽工程检查验收文件。

（6）后浇混凝土、灌浆料、坐浆材料强度检测报告。

（7）外墙防水施工质量检验记录。

（8）装配式结构分项工程质量验收文件。

（9）装配式工程的重大质量问题的处理方案和验收记录。

（10）其他文件和记录。

第四节　屋面及装饰装修工程相关标准

考点 1　垫层厚度要求★

垫层厚度要求见表 14-4-1。

表 14-4-1　垫层厚度要求

垫层类型	厚度不应小于
灰土垫层	100mm
砂石垫层	
碎石垫层和碎砖垫层	
三合土垫层（石灰、砂、碎砖）	
四合土垫层（水泥、石灰、砂、碎砖）	80mm
炉渣垫层	
陶粒混凝土垫层	

续表

垫层类型	厚度不应小于
砂垫层	60mm
水泥混凝土垫层	

考点 **2** 住宅室内装饰装修分户工程验收应提供的工程资料和检测资料★

住宅室内装饰装修分户工程验收应提供的工程资料和检测资料见表14-4-2。

表 14-4-2 住宅室内装饰装修分户工程验收应提供的工程资料和检测资料

类别	内容
工程资料	(1) 装修原材料及产品的质量证明文件及相关复验报告 (2) 装修工序的隐蔽工程验收记录 (3) 分项工程的质量验收记录 (4) 分户工程验收的相关文件及表格
检测资料	(1) 室内环境检测报告 (2) 绝缘电阻检测报告 (3) 水压试验报告 (4) 通水、通气试验报告 (5) 防雷测试报告 (6) 外窗气密性、水密性检测报告

考点 **3** 施工现场用电规定★

(1) 施工现场用电应从户表以后设立临时施工用电系统。

(2) 安装、维修或拆除临时施工用电系统，应由电工完成。

(3) 临时施工供电开关箱中应装设漏电保护器。进入开关箱的电源线不得用插销连接。

(4) 临时用电线路应避开易燃、易爆物品堆放地。

(5) 暂停施工时应切断电源。

第五节 项目管理相关规定

考点 **1** 材料进场复验★★

材料进场复验的内容见表14-5-1。

表 14-5-1 材料进场复验的内容

部位	内容
墙体节能材料	(1) 增强网的力学性能、抗腐蚀性能 (2) 黏结材料的黏结强度 (3) 保温板材的材料密度、导热系数、抗压强度或压缩强度
幕墙节能材料	(1) 隔热型材：抗剪强度、抗拉强度 (2) 幕墙玻璃：传热系数、遮阳系数、可见光透射比、中空玻璃露点 (3) 保温材料：导热系数、密度

续表

部位	内容
建筑外窗节能材料	（1）夏热冬暖地区：玻璃遮阳系数、可见光透射比、气密性、中空玻璃露点 （2）夏热冬冷地区：玻璃遮阳系数、可见光透射比、气密性、传热系数、中空玻璃露点 （3）严寒、寒冷地区：气密性、传热系数和中空玻璃露点
屋面节能材料	抗压强度或压缩强度、燃烧性能、导热系数、密度
地面节能材料	抗压强度或压缩强度、导热系数、燃烧性能、密度

实战演练

[2017真题·案例节选]

背景资料：

某新建住宅工程项目，建筑面积 23000m²，地下 2 层，地上 18 层，现浇钢筋混凝土剪力墙结构，项目实行施工总承包管理。

该工程的外墙保温材料和黏结材料等进场后，项目部会同监理工程师审核了其导热参数、燃烧性能等质量证明文件；在监理工程师见证下，对保温、黏结和增强材料进行了复验取样。

问题：

3. 外墙保温、黏结和增强材料复试项目有哪些？

[答案]

3.（1）外墙保温材料的复试项目有：导热系数、材料密度、抗压强度或压缩强度。

（2）黏结和增强材料的复试项目有：黏结材料的黏结强度、增强网的力学性能、抗腐蚀性能等。

名师总结

本章为建筑工程相关技术标准，主要内容为施工管理过程中各分部分项工程的施工技术标准，历年考试中选择题与案例分析题都占有部分分值，考查案例分析题时可将相关技术标准与现场质量管理结合。

同步强化训练

案例分析题

背景资料：

某学校活动中心工程，现浇钢筋混凝土框架结构，地下 2 层，地上 6 层，采用自然通风。

在施工过程中，发生了下列事件：

事件一：在基础底板混凝土浇筑前，监理工程师督查施工单位的技术管理工作，要求施工单位按规定检查混凝土运输单，并做好混凝土扩展度测定等工作。全部工作完成并确认无误后，方可浇筑混凝土。

事件二：主体结构施工过程中，施工单位对进场的钢筋按国家现行有关标准抽样检验了抗拉强度、屈服强度。结构施工至四层时，施工单位进场一批 72 吨 18 螺纹钢筋，在此前因同厂家、同牌号的该规格钢筋已连续三次进场检验均一次检验合格，施工单位对此批钢筋仅抽取一组试件送检，监理工程师认为取样组数不足。

事件三：建筑节能分部工程验收时，由施工单位项目经理主持、施工单位质量负责人以及相关专业的质量检查员参加，总监理工程师认为该验收主持及参加人员均不满足规定，要求重新组织验收。

事件四：该工程交付使用 7d 后，建设单位委托有资质的检验单位进行室内环境污染检测，在对室内环境的甲醛、苯、氨、TVOC 浓度进行检测时，检测人员将房间对外门窗关闭 30 分钟后进行检测，在对室内环境的氡浓度进行检测时，检测人员将房间对外门窗关闭 12h 后进行检测。

问题：

1. 事件一中，除已列出的工作内容外，施工单位针对混凝土运输单还要做哪些技术管理与测定工作？

2. 事件二中，施工单位还应增加哪些钢筋原材料检测项目？通常情况下钢筋原材料检验批量最大不宜超过多少吨？监理工程师的意见是否正确？并说明理由。

3. 事件三中，节能分部工程验收应由谁主持？还应有哪些人员参加？

4. 事件四中有哪些不妥之处？并分别说明正确说法。

参考答案及解析

案例分析题

1. 事件一中，施工单位还需要检查水泥出厂合格证、现场试验的水泥强度和安定性报告，砂石试验报告，坍落度检测报告。

2. （1）事件二中，施工单位还应增加的检测项目：①冷弯性能；②强屈比；③实际屈服强度和标准屈服强度的比；④总延伸率。

   （2）钢筋原材料检验批量最大量不超过 60 吨，需要两批。

   （3）监理工程师的意见正确。

   理由：普通钢筋 60 吨为一个检验批，72 吨钢筋应抽取样两次。

3. （1）节能分部工程验收应由总监理工程师（建设单位项目负责人）主持。

   （2）施工单位项目经理、项目技术负责人和相关专业的质量检查员、施工员参加；施工单位的质量或技术负责人应参加；设

计单位节能设计人员应参加。

4. （1）不妥之处一：在对室内环境的甲醛、苯、氨、TVOC 浓度进行检测时，检测人员将房间对外门窗关闭 30 分钟后进行检测。

   正确做法：民用建筑工程室内环境中甲醛、苯、氨、总挥发性有机化合物（TVOC）浓度检测时，对采用自然通风的民用建筑工程，检测应在对外门窗关闭 1h 后进行。

   （2）不妥之处二：在对室内环境的氡浓度进行检测时，检测人员将房间对外门窗关闭 12h 后进行检测。

   正确做法：民用建筑工程室内环境中氡浓度检测时，对采用自然通风的民用建筑工程，应在房间的对外门窗关闭 24h 以后进行检测。

参考文献

[1] 中华人民共和国住房和城乡建设部，中华人民共和国国家质量监督检验检疫总局．混凝土结构设计规范：GB 50010—2010 [S]．2015 年版．北京：中国建筑工业出版社，2015.

[2] 中华人民共和国住房和城乡建设部，中华人民共和国国家质量监督检验检疫总局．混凝土结构工程施工规范：GB 50666—2011 [S]．北京：中国建筑工业出版社，2011.

[3] 中华人民共和国住房和城乡建设部，中华人民共和国国家质量监督检验检疫总局．民用建筑工程室内环境污染控制标准：GB 50325—2020 [S]．2020 年版．北京：中国计划出版社，2020.

[4] 中华人民共和国住房和城乡建设部，中华人民共和国国家质量监督检验检疫总局．建设工程项目管理规范：GB/T 50326—2017 [S]．北京：中国建筑工业出版社，2017.

[5] 中华人民共和国住房和城乡建设部，中华人民共和国国家质量监督检验检疫总局．建筑施工组织设计规范：GB/T 50502—2009 [S]．北京：中国建筑工业出版社，2009.

[6] 中华人民共和国住房和城乡建设部，中华人民共和国国家质量监督检验检疫总局．砌体结构工程施工质量验收规范：GB 50203—2011 [S]．北京：中国建筑工业出版社，2011.

[7] 中华人民共和国住房和城乡建设部，中华人民共和国国家质量监督检验检疫总局．混凝土结构工程施工质量验收规范：GB 50204—2015 [S]．北京：中国建筑工业出版社，2015.

[8] 中华人民共和国住房和城乡建设部．建筑施工扣件式钢管脚手架安全技术规范：JGJ 130—2011 [S]．北京：中国建筑工业出版社，2011.

亲爱的读者：

如果您对本书有任何 **感受、建议、纠错**，都可以告诉我们。

我们会精益求精，为您提供更好的产品和服务。

祝您顺利通过考试！

扫码参与调查

建造师考试研究院